"十三五" 国家重点出版物出版规划项目

卓越工程能力培养与工程教育专业认证系列规划教材

（电气工程及其自动化、自动化专业）

电力电子学基础

张　波　　丘东元　编著

机械工业出版社

电力电子技术作为电能高效变换和高效利用的关键技术,已经广泛应用于工业生产、新能源发电、现代化交通、航空航天、信息系统等众多领域。随着电力电子技术的发展,电力电子技术已经成为一门系统科学——电力电子学。本书由四部分组成,第一部分是电力电子学的预备知识;第二部分是基本电力电子变换器原理和设计;第三部分是电力电子变换器的通用技术;第四部分是电力电子变换器的应用。书中系统地介绍了学习电力电子学所需的预备知识,增加了电力电子变换器参数设计的内容,归纳了电力电子的通用技术,介绍了电力电子变换器在不同领域的典型应用。

本书循序渐进,适合电气工程及其自动化、自动化专业及相关专业的本科生学习;本书内容丰富,基本涵盖了近年来电力电子领域出现的新技术,可供研究人员、工程技术人员参考。本书附有大量的习题,并给出了解题的过程和答案,适合相关专业人员自学。

图书在版编目 (CIP) 数据

电力电子学基础/张波,丘东元编著. —北京:机械工业出版社,2020.9 (2024.7 重印)

"十三五"国家重点出版物出版规划项目 卓越工程能力培养与工程教育专业认证系列规划教材. 电气工程及其自动化、自动化专业

ISBN 978-7-111-65918-1

Ⅰ.①电… Ⅱ.①张… ②丘… Ⅲ.①电力电子学-高等学校-教材 Ⅳ.①TM1

中国版本图书馆 CIP 数据核字 (2020) 第 107536 号

机械工业出版社 (北京市百万庄大街 22 号 邮政编码 100037)
策划编辑:于苏华 责任编辑:于苏华 聂文君
责任校对:梁 静 封面设计:鞠 杨
责任印制:常天培
北京机工印刷厂有限公司印刷
2024 年 7 月第 1 版第 5 次印刷
184mm×260mm · 14.5 印张 · 356 千字
标准书号:ISBN 978-7-111-65918-1
定价:39.80 元

电话服务 网络服务
客服电话:010-88361066 机 工 官 网:www.cmpbook.com
010-88379833 机 工 官 博:weibo.com/cmp1952
010-68326294 金 书 网:www.golden-book.com
封底无防伪标均为盗版 机工教育服务网:www.cmpedu.com

序

工程教育在我国高等教育中占有重要地位，高素质工程科技人才是支撑产业转型升级、实施国家重大发展战略的重要保障。当前，世界范围内新一轮科技革命和产业变革加速进行，以新技术、新业态、新产业、新模式为特点的新经济蓬勃发展，迫切需要培养、造就一大批多样化、创新型卓越工程科技人才。目前，我国高等工程教育规模世界第一。我国工科本科在校生约占我国本科在校生总数的 1/3。近年来我国每年工科本科毕业生占世界总数的 1/3 以上。如何保证和提高高等工程教育质量，如何适应国家战略需求和企业需要，一直受到教育界、工程界和社会各方面的关注。多年以来，我国一直致力于提高高等教育的质量，组织并实施了多项重大工程，包括卓越工程师教育培养计划（以下简称卓越计划）、工程教育专业认证和新工科建设等。

卓越计划的主要任务是探索建立高校与行业企业联合培养人才的新机制，创新工程教育人才培养模式，建设高水平工程教育教师队伍，扩大工程教育的对外开放。计划实施以来，各相关部门建立了协同育人机制。卓越计划要求试点专业要大力改革课程体系和教学形式，依据卓越计划培养标准，遵循工程的集成与创新特征，以强化工程实践能力、工程设计能力与工程创新能力为核心，重构课程体系和教学内容，加强跨专业、跨学科的复合型人才培养，着力推动基于问题的学习、基于项目的学习、基于案例的学习等多种研究性学习方法，加强学生创新能力训练，"真刀真枪"做毕业设计。卓越计划实施以来，培养了一批获得行业认可、具备很好的国际视野和创新能力、适应经济社会发展需要的各类型高质量人才，教育培养模式改革创新取得突破，教师队伍建设初见成效，为卓越计划的后续实施和最终目标的达成奠定了坚实基础。各高校以卓越计划为突破口，逐渐形成各具特色的人才培养模式。

2016 年 6 月 2 日，我国正式成为工程教育"华盛顿协议"第 18 个成员，标志着我国工程教育真正融入世界工程教育，人才培养质量开始与其他成员达到了实质等效，同时，也为以后我国参加国际工程师认证奠定了基础，为我国工程师走向世界创造了条件。专业认证把以学生为中心、以产出为导向和持续改进作为三大基本理念，与传统的内容驱动、重视投入的教育形成了鲜明对比，是一种教育范式的革新。通过专业认证，把先进的教育理念引入我国工程教育，有力地推动了我国工程教育专业教学改革，逐步引导我国高等工程教育实现从以教师为中心向以学生为中心转变、从以课程为导向以产出为导向转变、从质量监控向持续改进转变。

在实施卓越计划和开展工程教育专业认证的过程中，许多高校的电气工程及其自动化、自动化专业结合自身的办学特色，引入先进的教育理念，在专业建设、人才培养模式、教学内容、教学方法、课程建设等方面积极开展教学改革，取得了较好的效果，建设了一大批优质课程。为了将这些优秀的教学改革经验和教学内容推广给广大高校，中国工程教育专业认证协会电子信息与电气工程类专业认证分委员会、教育部高等学校电气类专业教学指导委员会、教育部高等学校自动化类专业教学指导委员会、中国机械工业教育协会自动化学科教学委员会、中国机械工业教育协会电气工程及其自动化学科教学委员会联合组织规划了"卓越工程能力培养与工程教育专业认证系列规划教材（电气工程及其自动化、自动化专业）"。本套教材通过国家新闻出版广电总局的评审，入选了"十三五"国家重点图书。本套教材密切联系行业和市场需求，以学生工程能力培养为主线，以教育培养优秀工程师为目标，突出学生工程理念、工程思维和工程能力的培养。本套教材在广泛吸纳相关学校在"卓越工程师教育培养计划"实施和工程教育专业认证过程中的经验和成果的基础上，针对目前同类教材存在的内容滞后、与工程脱节等问题，紧密结合工程应用和行业企业需求，突出实际工程案例，强化学生工程能力的教育培养，积极进行教材内容、结构、体系和展现形式的改革。

经过全体教材编审委员会委员和编者的努力，本套教材陆续跟读者见面了。由于时间紧迫，各校相关专业教学改革推进的程度不同，本套教材还存在许多问题。希望各位老师对本套教材多提宝贵意见，以使教材内容不断完善提高。也希望通过本套教材在高校的推广使用，促进我国高等工程教育教学质量的提高，为实现高等教育的内涵式发展贡献一份力量。

卓越工程能力培养与工程教育专业认证系列规划教材

（电气工程及其自动化、自动化专业）

编审委员会

前　言

电力电子技术发展至今，已经成为电气工程学科的主干课程之一，国内外大部分高等院校已经把电力电子技术与电机学、电力系统分析并列为三大专业基础课程。然而，与电机学、电力系统分析教材比较，电力电子技术教材尚缺乏系统性，体现在：一是尚没有归纳总结出电力电子技术学习的预备知识，不利于循序渐进地学习；二是在电力电子变换器原理的介绍中，没有采用工作模态及其等效电路的分析方法，学生在未来的研究生学习或实际应用中，还需弥补这些知识；三是电力电子器件内容十分丰富，应当作为单独的一门课程，否则既讲不深又增加学习其他内容的难度；四是陆续出现的电力电子新技术，尚需要与基本电力电子变换器有机衔接，才能较好地融入到教材内容中；五是作为应用性极强的技术，缺乏电力电子变换器参数设计内容，难以学以致用。为此，从系统观点去认识电力电子技术，并用系统方法去梳理电力电子技术，使之上升到电力电子学的范畴，既促进了电力电子学科的发展，也便于学生的学习。

本书尝试将电力电子变换器原理分析中通用的参数计算方法、调制技术、模态分析方法和仿真工具作为电力电子学的预备知识介绍，对于电力电子器件，也作为预备知识的一部分，但仅介绍本书用到器件的基本开关特性。对于基本电力电子变换器原理，按照整流、逆变、直流斩波和交交变流顺序，统一采用模态分析方法进行论述，并介绍变换器的参数设计方法。将提高和改善电力电子变换器性能的技术统称为电力电子变换器通用技术，按均压均流技术、软开关技术、多重化技术、多电平技术、同步整流技术和功率因数校正技术介绍。此外，为了加深对电力电子变换器原理的理解，介绍了各类电力电子变换器在不同领域的典型应用。

由于作者学识有限，书中一定有疏漏之处，恳请采用本书作为教材的教师和同学批评指正。

编著者

于华南理工大学

目　录

第1章 概 述

电力电子技术目前是一门广泛应用于工业生产、新能源发电、现代化交通、航空航天、信息系统等领域的支撑技术，是电能高效变换和高效利用的关键技术。随着电力电子技术的发展，逐渐形成电力电子器件、变换器拓扑、变换器特性分析、变换器调制机理、变换器控制等科学理论，电力电子技术已经成为一门系统科学——电力电子学。本章主要介绍电力电子学的基本范畴、发展历史、应用场合及未来发展，从而给读者一个电力电子学的初步概念。

1.1 电力电子学基本范畴

19 世纪 60 年代以来，随着第二次工业革命的蓬勃发展，人类进入了电气时代。电力作为主要能源，广泛应用于工业、交通、通信、居民生活等领域。无论是日常生活中使用的电灯、电脑、电视和空调，还是交通上使用的电动汽车和高速铁路，或者工业上使用的电镀和电解设备，均离不开电能。通常人们所用的电力有交流和直流两种，从电网直接得到的是交流电，从蓄电池和干电池等得到的是直流电。但从以上电源中得到的电能往往不能满足负载的要求，需要进行电能变换。对于电能变换的需求，催生了电力电子学。

"电力电子学是电气工程三大学科（电子学、电力学和控制理论）的交叉学科。其中，电子学包括器件和电路，电力学包括静止和旋转功率设备，控制理论包括连续和离散控制。"这是美国著名电力电子专家 Dr. Newell 在 1974 年的演讲中给出的电力电子学的经典定义，并使用图 1-1 所示的倒三角表征了电力电子学定义的三个内容及其相互关系。

简单来说，电力电子学是一门有效地使用半导体器件，应用电路理论以及设计、分析方法，实现对电能高效变换和控制的学科，它可以分为电力电子器件、电力电子变换器、电力电子系统动力学及电力电子可靠性分析等几大部分。目前电力电子学中使用的电力电子器件均为半导体器件，没有电力电子器件就没有电力电子学，因此电力电子器件是电力电子学发展的基础。电力电子变换器技术通常称为"变流技术"，它包括各

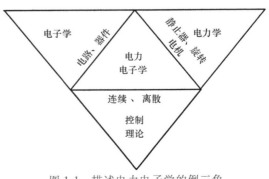

图 1-1 描述电力电子学的倒三角

种电力电子器件构成的电力电子电路，实现电能的变换和控制，是电力电子学的基础。对电

力电子变换器构成的装置或系统进行分析和控制，就形成了电力电子系统动力学。随着电力电子系统装置或系统的广泛应用，可靠性成为电力电子学关注的一个重要问题。

根据输入输出电能类型的不同，电力电子变换器主要包括四种：

1）输入为交流电，输出为直流电的整流器，也称 AC-DC 变换器。

2）输入为直流电，输出为交流电的逆变器，也称 DC-AC 变换器。

3）输入为直流电，输出也为直流电的直流变换器，也称 DC-DC 变换器。

4）输入为交流电，输出也为交流电的交交变换器，也称 AC-AC 变换器。

四种变换器的符号如图 1-2 所示。

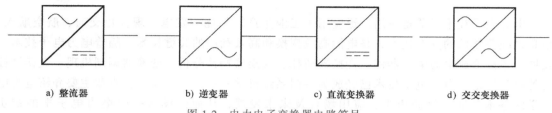

   a）整流器   b）逆变器   c）直流变换器   d）交交变换器

图 1-2　电力电子变换器电路符号

整流器和逆变器的功能是改变电能类型，将交流变成直流或将直流变成交流；直流变换器和交交变换器不改变电能的类型，而是将一种幅值的直流变换成另一种幅值的直流，或将一种幅值、频率、相数的交流变换成另一种幅值、频率、相数的交流。在具体变换器应用中，四种电力电子变换器既可以独立构成电能变换电路，也可以通过组合实现电能变换。例如在光伏发电系统中，首先需要一个直流升压变换器将光伏电池产生的低压直流转化为高压直流，然后再经逆变器变换成工频交流，接入电网。因此，应根据实际需求，灵活选择四类变换器及组合，以实现电能变换的目的。

电力电子变换器通过控制电力电子器件的导通或关断实现电能变换，当器件导通时，等效电阻很小，相当于短路；当器件关断时，等效电阻很大，相当于断路。由于电力电子器件工作于开关状态，因此衡量一个电力电子器件特性的指标包括开关频率、开关损耗以及承受的电压、电流应力等。

电力电子变换器控制包括调制和反馈控制。调制是根据电能变换需求，开环控制电力电子变换器的输出电压、电流，例如在逆变器中，通过控制电力电子器件的通断，按照正弦波规律输出交流电压或电流，因此电力电子变换器工作原理包括电路结构和调制方式。反馈控制则是当负载或输入电源或其他电路参数变化时，使电力电子变换器保持输出的电压、电流稳定。

电力电子变换器与负载、控制器构成了电力电子系统，根据现代控制理论，一个系统是否能够正常运行，必须从系统结构、工作状态的能控性、状态变量的能观性、系统运行的稳定性等方面进行系统动力学分析，才能进行控制器的设计。对于电力电子系统而言，也不例外，因此电力电子系统动力学是电力电子学的应用基础。

随着电力电子系统应用范围的不断扩展，亟待解决的问题还有很多，学科体系还在逐渐完善，还需进一步从材料学发展新型的电力电子器件，从开关拓扑理论研究电力电子变换器的构造机理，从非线性理论研究电力电子系统动力学特性，从器件、电路、装置和系统层面提高电力电子系统的可靠性。

1.2 电力电子学发展历史

电力电子学是为了满足生产和生活中对于电能变换的需求而诞生的，电力电子学的发展历史，就是使用不同的电力电子器件进行电能变换的历史。图 1-3 为以电力电子器件、电力电子变换器为主线的电力电子学发展过程。

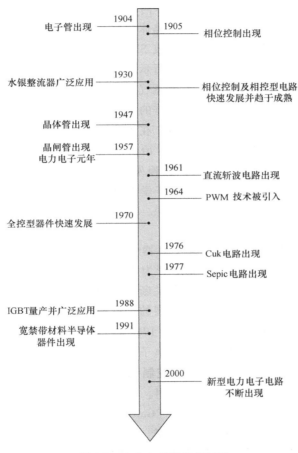

图 1-3 电力电子学发展过程

最早的电能变换使用的是交/直流电机组，例如要将一种交流变成直流，需要用交流电动机带动直流发电机，发出直流电。显然，采用这种方式进行电能变换需要使用旋转电机，效率低、结构复杂、维护成本高、不易控制。

1904 年，英国科学家弗莱明发明了世界上第一支电子管，不久之后出现了水银整流器，它是电子管的一种，通过在真空的玻璃管中充入水银，获得比其他电子管更大的电流控制能力。水银整流器是电能变换领域的第一个突破，其外形如图 1-4 所示。水银整流器可分为可控整流器与不可控整流器两类，其中可控整流器与之后出现的晶闸管性能类似，不可控整流器与二极管性能类似。在水银整流器出现的同时，相控调制原理也已经出现。由于制造工艺的限制，直到 20 世纪 30 年代水银整流器才在工业上得到应用。20 世纪 30～50 年代，作为交/直流电机组的替代品，水银整流器广泛应用于电化学工业、冶金工业、电力机车牵引甚至高压直流输电中。1954 年，瑞典高特藏岛世界上第一条高压直流输电线路中就使用了水银整流器。同一时期，各种整流器、逆变器、交交变换器以及相位调制方式随之发展起来。

1957 年，应用于大功率电能变换的晶体闸流管出现，这是电能变换领域的第二个大突破。晶体闸流管通常简称为晶闸管或可控硅（Thyristor 或 Silicon Controlled Rectifier，SCR），其外形如图 1-5 所示。相较于水银整流器，晶闸管中不含有毒的水银蒸气，同时功率损耗更小、开关速度更快，具有更优秀的电气性能和控制性能，因而迅速取代水银整流器，在工业上大量应用。此外，这一时期电化学工业、冶金工业、电动交通行业和高压直流输电技术的快速发展，

图 1-4 水银整流器

也为晶闸管的大量应用提供了舞台。电力电子学的基本概念和基础理论也随着晶闸管的出现而发展。因此，一般认为电力电子学诞生的标志是晶闸管的出现，1957 年也被称为电力电子元年。

1961 年，晶闸管出现后不久，直流变换器及斩控调制原理开始出现。由于此时所使用的晶闸管为半控型器件，因此需要使用强制换流电路以实现器件关断。晶闸管直流变换器也称为斩波器，其功能与后续发展的全控型直流变换器基本相同。伴随着斩波器的发展，1964 年，信息电子领域的脉冲宽度调制技术被引入电力电子学中，但由于此时斩波器所使用的换流电路结构和控制都较为复杂，斩波电路在实际工业中未能得到广泛应用。

图 1-5 晶闸管

20 世纪 70 年代，以门极可关断晶闸管（Gate-Turn-Off Thyristor，GTO）、电力双极性晶体管（Giant Transistor，GTR）和电力场效应管（Power Metal Oxide Semiconductor Field Effect Transistor，电力 MOSFET）为代表的全控型器件相继出现，标志着电能变换实现了第三个突破。常见的电力场效应管外形如图 1-6 所示。与晶闸管半控型器件相比，全控型器件除了可以通过门极控制导通，还可以控制关断。斩波器无需换流电路，仅使用全控型器件就能实现，其结构和控制都变得简单。此外，全控型器件的开关速度高于晶闸管，可以工作于较高开关频率。这些优越的特性使得全控型器件得到了广泛应用，直流变换器及斩控调制原理也得到迅速发展。

1976 年，除了传统降压 Buck、升压 Boost 和升降压 Buck-Boost 直流变换器之外，新型的升降压 Cuk 直流变换器被提出；1977 年，贝尔实验室提出了另一种升降压 Sepic 直流变换器，随之又提出了 Sepic 直流变换器的对偶电路——Zeta 直流变换

图 1-6 电力场效应管

器。至此，六种基本的直流变换器均被提出，采用这些变换器设计的开关电源相较于传统的线性电源，具有效率高、体积小等优势，因而在自动化控制、通信以及家用电器等领域得到了广泛的应用。

在此之后的 20 世纪 80 年代，以绝缘栅双极晶体管（Insulated-Gate Bipolar Transistor，IGBT）为代表的复合型器件快速发展。IGBT 是一种全控型器件，其结构上是 MOSFET 与 GTR 的复合，既继承了 MOSFET 驱动功率小、开关速度快的优点，又继承了 GTR 通态压降小、载流能力大、可承受关断电压高的优点。IGBT 由于其优异的性能，成为现代电力电子变换器的主导器件，常用的 IGBT 模块如图 1-7 所示。近年来，我国建成的柔性直流输电工程和快速发展的高铁机车中，核心器件都是 IGBT。除了 IGBT 外，复合型器件中应用较多的还有 MOS 控制晶闸管（MOS Controlled Thyristor，MCT）和集成门极换流晶闸管（Integrated Gate-Commutated Thyristor，IGCT），它 们 均 为 MOSFET 与 GTO 的复合。

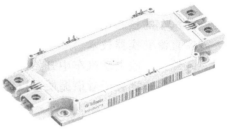

图 1-7 绝缘栅双极晶体管模块

20 世纪 90 年代，随着半导体材料技术的发展，以碳化硅（Silicon Carbide，SiC）和氮化镓（Gallium Nitride，GaN）为代表的宽禁带半导体材料开始应用于电力电子器件的制造。1991 年出现了基于碳化硅材料制造的肖特基二极管，1994 年出现了基于碳化硅材料制造的 MOSFET。与传统的硅基器件相比，基于碳化硅和氮化镓制造的半导体器件具有导通电阻小、耐压能力强、开关速度快等优点。迄今为止，虽然宽禁带半导体开关器件在电力电子变换器中还没有广泛应用，但可以预计，它们将进一步丰富电力电子学的内容，促进电力电子学的发展。

1.3 电力电子技术应用及未来发展

目前基于电力电子学的电力电子技术已经广泛应用于工业生产、交通运输、电力系统、信息处理、新能源发电等各个领域。本节将简要介绍这些应用中所使用的电力电子技术内容、特点以及目前的主要发展方向。

1. 工业应用

电力电子技术在工业上最大的应用是电机驱动，工业生产离不开各种交直流电机，而目前电机的驱动电源均为电力电子技术。传统的交直流电机转速控制十分困难，调速系统复杂、效率低下。采用逆变器技术，可以连续地控制交流电的频率、幅值，实现交流电机的变频调速；采用直流变换器技术，可以平滑地调节直流电压幅值，实现直流电机的调压调速，且效率高、调速系统体积小，具有传统交直流电机调速无法比拟的动态响应特性。

除了电机驱动外，电力电子技术还为多种工业应用提供电源，其中最有代表性的是电化学工业电源。电化学工业是以电化学反应为基础的工业，包括电解、电镀等。在电化学工业中，需要整流器技术，将电网的交流电变为电化学负载需要的直流电。然而由于电化学负载特性的需求，其电源的额定电压很低，仅为十几伏特，但额定电流很大，可以达到数千安培。采用同步整流技术，可以使用导通损耗较低的 MOSFET 器件代替二极管，实现低电压输出时高效率的工作；采用并联均流技术，可以实现大电流的输出，从而满足电化学电源的需求。

因此，电力电子技术在工业领域既可以实现高品质的供电，又可以提升工业生产效能和产品质量。

2. 交通运输

在交通运输领域，电力电子技术也具有广泛的应用。电力机车经过受电弓接入交流电，然后采用整流器、逆变器技术，转换为变频电源驱动交流电机。作为我国电气化铁路标志的"复兴号"高铁，其核心部件之一就是由 IGBT 器件构成的逆变器。此外，机车上的各种辅助电源也离不开电力电子技术。由于电力机车运行环境较为恶劣，进一步提高电力电子变换器可靠性与使用寿命成为未来的发展方向。

除了电气化铁路，近年来电动汽车的推广也促进了电力电子技术的发展。与电动机一样，电动汽车的核心也是由 IGBT 器件构成的电机驱动电源。电动汽车还存在蓄电池充电问题，需要直流变换器技术，一个可靠的蓄电池充放电系统，可以延长电池的寿命，减少充电时间。此外，一些电动汽车中开始配备无线充电技术，充电时汽车与充电桩之间无需物理的接触，通过电磁耦合或者谐振便可以实现电能传输，这给电力电子技术提出了新的课题。

3. 电力系统

近年来，电力系统中使用的电力电子技术不断增多，电力系统出现电力电子化的趋势。电力系统中的电力电子装置主要应用于高压直流输电、无功补偿和有源滤波等方面。

高压直流输电是传统交流输电方式的一种替代方案，其在输送端先将交流电整流为直流电，传输到接收端后再将直流电逆变为交流电。与交流输电相比，直流输电中不存在趋肤效应，相同直径导线的等效电阻更小，损耗更低。此外，交流输电至少需要三相三根导线，直流输电一般只需两根导线，线路成本更低。与交流输电相比，直流输电在高压、远距离电能传输上存在优势。作为直流输电的关键部分，输送端和接收端的换流站中最为核心的就是电力电子变换器。受制于器件耐压水平的限制，传统的直流输电中使用的是晶闸管等半控型器件，其电路拓扑也为相控型的整流和逆变电路。近年来，随着 IGBT 等器件制造工艺的提升以及多电平变换器研究的不断深入，使用全控型器件的柔性直流输电工程不断应用于实践，作为其核心的模块化多电平变换技术也成为研究的热点。

无功补偿和谐波抑制对电力系统的正常运行有着重要的意义。传统的无功补偿采用投切电容的形式，控制器根据无功补偿的容量，投入相应数量的电容，但这是一种有级调节方式，无法完全补偿系统中的无功。而静止无功发生器（Static Var Generator，SVG）的出现解决了这一问题，它本质上相当于一个逆变电路，通过产生与电网大小相等但相位相反的无功电流，实现对无功功率的补偿。具有类似原理的还有有源电力滤波器（Active Power Filter，APF），只不过 APF 产生的是与电网中谐波电流或谐波电压幅值相等、大小相反的电流或电压，抵消谐波，达到滤波的目的。与传统的无源滤波器相比，有源滤波器的体积更小，滤波性能更好，在电网中得到了广泛应用。

4. 信息电子

电力电子电源即开关电源，广泛用于各种信息电子设备中，如台式电脑和笔记本电脑的电源，以及空调、电冰箱中的控制电路的电源等，这些电源功率通常仅有几十瓦至几百瓦。手机等移动电子设备的充电器也是开关电源，但功率仅有几瓦。通信交换机、巨型计算机等大型设备的电源也是开关电源，但功率较大，可达数千瓦至数兆瓦。此外，在对供电可靠性要求较高的场合，常常需要不间断电源（Uninterruptible Power Supply，UPS）。UPS 也是由整流器、逆变器、直流变换器和蓄电池组成的电力电子装置。

随着集成电路技术的进一步发展，现代信息电子设备更加小型化和集成化。为了顺应这一发展趋势，信息电子电源也朝着小型化的方向发展，而缩小电源装置体积最直接的方式就是提高开关频率，但是高频化也带来了电磁干扰和开关损耗较高的问题。针对这一问题研究学者们提出了软开关技术。近年来各种性能优异的软开关电路不断被提出，推动着电力电子变换器开关频率的不断提高。

5. 新能源发电

新能源发电技术的发展离不开电力电子技术。传统的火力发电、水力发电和核能发电等发出的均为恒定频率的交流电，经过变压器变换后可以直接并网。但是新能源电源并不是如此，比如光伏发电的输出为低压直流电。因此需要电力电子变换器将新能源电源的电能转化为恒定电压、恒定频率的交流电进行并网。

对于光伏发电，目前主要使用两级式的结构，首先使用升压直流变换器将光伏电池输出的低压直流转化为高压直流，然后使用逆变器将高压直流转化为交流电并网。此时由于传统的升压直流变换器的电压增益已经无法满足要求，需要新型的高增益直流变换器，目前主要的研究方向包括开关电感技术、开关电容技术、阻抗源变换器技术等。此外，光伏电池的效率与输出电流的大小有关，通过合理控制输出电流，可以提高光伏电池的效率。在这一方面，目前主要研究方向是最大功率点追踪技术。

对于风力发电，传统的恒速恒频风电机组存在可靠性低、不易控制的缺点，因此被变速恒频风力发电机组取代，而变速恒频风力发电机组的核心就是交交变流器。在风力发电中，因为风速经常变化，变换器的工作状况也随之改变，这对变换器的寿命产生不良影响，因此风力发电机组中电力电子变换器的可靠性研究成为一个热点。此外，变速恒频风力发电还存在最大功率点追踪的问题。

6. 家用电器

照明是人们生活中不可缺少的部分。作为新一代的照明器件，LED 相较于传统的白炽灯和荧光灯等具有体积小、光效高、光衰小、寿命长等优点，在日常生活中得到了大量运用。LED 负载需要一个能够输出恒定直流电流的电源，因此 LED 驱动电路主要为整流器。但是 LED 灯泡本身的理论寿命可达 10 万小时，而传统的整流器中所使用的电解电容寿命仅为 2000 小时左右，电解电容成为制约 LED 灯具整体寿命的瓶颈，因此无电解电容的 LED 驱动电路成为一个研究的热点。

除了照明外，人们生活中所用的其他电器也离不开电力电子技术。家中常用的洗衣机、空调和冰箱最为核心的部分均为电动机。随着交交变频技术的发展，其电机由原先的定频电机逐步变为变频电机，以提高电器的效率、减少功耗。

1.4　本书的内容安排和特点

本书的内容除了第 1 章概述外，可以分为四大部分。

第一部分是电力电子学的预备知识，即第 2 章。第 2 章是全书的基础，与现有教材不同，该部分系统集中地介绍了电力电子变换器主要元器件的工作特性、电力电子变换器的参数计算、调制技术、模态分析方法和仿真工具。考虑半导体开关器件涉及微电子学、材料等学科知识，应当另外开设专门的课程学习，因此本书仅介绍电力二极管、晶闸管、电力场效应晶体管、绝缘栅双极晶体管的开关特性。通过这部分的学习，可以掌握电力电子学的基本分析和设计方法。

第二部分是各种基本电力电子变换器，包括第 3～6 章。该部分的内容是本书的主体，内容包括 AC-DC、DC-AC、DC-DC 和 AC-AC 等四大基本变换器。与现有教材不同，本书所有的变换器分析均采用第 2 章介绍的模态分析方法进行。通过这部分的学习，可以掌握电力电子变换器的基本原理和参数设计方法。

第三部分是电力电子变换器的通用技术，即第 7 章。该部分介绍了提高电力电子变换器性能的主要技术，包括均压均流技术、软开关技术、多重化技术、多电平技术、同步整流技术和功率因数校正技术，这些通用技术也是目前电力电子学热门的研究方向。与现有教材不同，本书较全面、系统地归纳了电力电子变换器的通用技术，通过这部分的学习，可以了解电力电子变换器应用中遇到的一些共性问题以及解决这些问题的技术手段。

第四部分是电力电子变换器的应用，即第 8 章。该部分介绍了各类电力电子变换器的典型应用，包括通信电源、UPS、交直流调速、有源电力滤波器、无功补偿、高压直流输电、风力发电、光伏发电、电动汽车充电及驱动等。主要从具体应用系统出发，体现电力电子变换器在系统中的功用。通过这部分的学习，可以对实际电力电子产品和装置有一个全面认识，加深对电力电子变换器原理的理解。

为了便于学习，本书每章结尾都有小结和习题。小结对全章的主要内容进行了归纳，有助于掌握全章的知识体系。习题则包含各章的主要知识点，以便加深对本章内容的理解。

本书是以电力电子变换器为主线撰写的，它是电力电子学的主体和基础，事实上一个完整的电力电子产品、装置和系统的分析和设计，还应当包括电力电子器件开关特性分析、电力电子变换器控制设计、电力电子变换器系统动力学分析、电力电子系统可靠性分析等。但作为一本面向本科生的入门教材，本书的目的是让学生牢固掌握电力电子变换器原理和分析方法，为继续深入学习电力电子学其他知识打下扎实的基础。

习　题

1-1　什么是电力电子学？

1-2　如何理解电力电子学是一门交叉学科？

1-3　利用电力电子技术可实现哪些电力变换？

1-4　电力电子技术在日常生活中还有哪些应用？

第2章　电力电子学预备知识

电力电子变换器由电力电子器件、电感、电容、电阻、电源等组成，电力电子器件的开关特性，使得电力电子变换器能够实现电能变换。因此，与线性电路不同，电力电子变换器是一个开关电路。本章将介绍电力电子变换器主要元器件的工作特性、变换器的参数计算、开关器件的参数定义、调制技术、模态分析方法，最后介绍电力电子变换器的仿真工具，为后续各章的学习提供一个基础。

2.1　主要元器件功能和作用

2.1.1　电力电子器件

电力电子器件在电力电子变换器中起到一个开关的作用，相当于一个无触点电子开关，在外部信号的控制下导通和断开，实现对电能的控制。电力电子器件理想的开关特性，要求导通时无损耗，导通电阻为零；关断时无漏电流，电阻无穷大，且导通关断无时间延迟。图 2-1a 是一个简单电力电子电路，其中 S 为理想电力电子器件；u_g 为控制信号，高电平触发开关导通，低电平关断。从图 2-1b 可见，当 S 导通时，负载电阻 R 上电压为电源电压 U_{in}；当 S 关断时，负载电阻 R 上电压为零，从而在负载上获得直流方波电压。

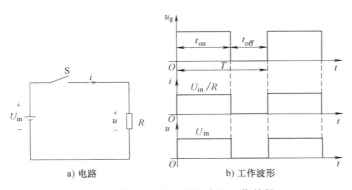

a) 电路　　　　　　　　　　　b) 工作波形

图 2-1　简单电力电子电路及工作特性

然而，由于半导体的导电特性，电力电子器件无法达到理想开关的条件，导通时存在损耗，关断时漏电流不等于零。常用的电力电子器件有电力二极管、晶闸管、电力场效应晶体管、绝缘栅双极晶体管等，其中电力二极管为不可控器件，即无需控制信号就可实现导通和关断；晶闸管为半控型器件，即只能控制其导通，无法控制其关断；电力场效应晶体管、绝缘栅双极晶体管为全控型器件，即导通关断均可控制。

2.1.1.1　电力二极管

电力二极管（Power Diode）是用于电力变换的二极管，图 2-2 是电力二极管的电气符号及开关特性或伏安特性，其中 A 为二极管阳极，K 为阴极。二极管的基本原理是基于 PN 结的单向导电性，当 PN 结外加正向电压（正向偏置）时，形成自 P 区流入从 N 区流出的电流，称为正向电流 I_F，此时正向导通；当 PN 结外加反向电压时（反向偏置）时，PN 结表现为高阻态，几乎没有电流流过，进入反向截止状态；但当施加的反向电压过大，反向电流将会急剧增大，破坏 PN 结，从而反向击穿。

从图 2-2b 电力二极管开关特性或伏安特性可知，电力二极管正向导通时，需要的外加正向电压必须大于门槛电压 U_{TO}；对应于导通电流 I_F，电力二极管两端要承受其正向电压降 U_F，也即存在导通损耗；关断时，承受反向电压的电力二极管则会产生微小而数值恒定的反向漏电流。

2.1.1.2　晶闸管

晶闸管是三端四层半导体开关器件，共有三个 PN 结，其可承受的电压和电流仍然是目前电力电子器件中最高的，且工作可靠，因此被广泛地使用在大容量的应用场合。

图 2-3 是晶闸管的电气符号及开关特性或伏安特性，其中阳极 A、阴极 K 和门极（控制端）G 为晶闸管的三个端口。当晶闸管承受反向电压时，不论门极是否有触发电流，晶闸管都不会导通，处于截止关断状态；当晶闸管承受正向电压，且超过临界电压，

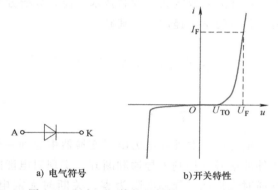

a) 电气符号　　　　b)开关特性

图 2-2　电力二极管的电气符号及开关特性

即正向转折电压 U_{bo} 时，在门极施加触发电流，晶闸管导通，处于导通状态。

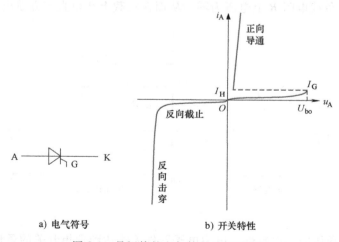

a) 电气符号　　　　　　b) 开关特性

图 2-3　晶闸管的电气符号及开关特性

然而，晶闸管一旦被导通，门极就失去控制作用，即使门极触发电流消失，晶闸管依然保持导通，需要利用外加反向电压，使流过晶闸管的电流降到接近于零的维持电流 I_H 以下，

才能使已导通的晶闸管关断。

2.1.1.3 电力场效应晶体管

电力场效应晶体管简称电力 MOSFET，常用电力 MOSFET 的电气符号及开关特性如图 2-4。相比其他电力电子器件，电力 MOSFET 具有开关速度快、工作频率高的显著优点。

电力 MOSFET 是三端器件，具有栅极 G、漏极 D 和源极 S。它通过栅极电压控制漏极电流，当漏源极间接正向电压 U_{DS} 时，若栅极和源极间电压 U_{GS} 为零，漏源极之间无电流流过，处于截止关断状态；若栅极和源极之间加一正电压 U_{GS} 且大于开启电压（或阈值电压）U_T，在正向电压 U_{DS} 驱动下，漏极和源极之间导电，流过漏极电流 I_D。U_{GS} 越大，导电能力越强，I_D 越大。

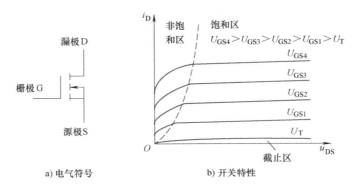

a) 电气符号   b) 开关特性

图 2-4 电力 MOSFET 的电气符号及开关特性

2.1.1.4 绝缘栅双极晶体管

绝缘栅双极晶体管（IGBT）综合了电力晶体管和电力场效应晶体管的优点，具有良好的特性，如输入阻抗高、驱动功率小、开关速度快、导通压降较低、功耗较小、能承受高电压大电流等。因此，应用领域十分广泛。

IGBT 也是三端器件，具有栅极 G、集电极 C 和发射极 E。IGBT 的驱动原理与电力MOSFET 基本相同，栅极和发射极间的电压 U_{GE} 决定 IGBT 的开通和关断。典型 IGBT 的电气符号及开关特性如图 2-5 所示。当 U_{GE} 为正且大于开启电压时，外加正向电压 U_{CE}，IGBT导通；当 U_{GE} 为反向电压或不加信号时，IGBT 关断。

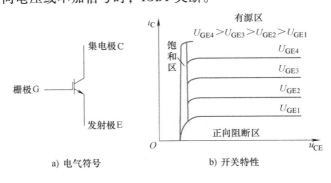

a) 电气符号   b) 开关特性

图 2-5 IGBT 的电气符号及开关特性

2.1.2 电感与电容

电感和电容是电力电子变换器两个最基本的无源元件，它们的作用是储能、滤波、扼流、限压和减小开关电压、电流应力等。由于电力电子变换器运行在开关状态，电感、电容常态化地工作于瞬态情况。

2.1.2.1 电感瞬态特性及伏秒平衡原理

图 2-6 是电感的电气符号，当电感 L 上流过电流 $i_L(t)$ 时，根据电磁感应定律，电感两端的电压 $u_L(t)$ 将满足以下关系

$$u_L(t) = L \frac{\mathrm{d}i_L(t)}{\mathrm{d}t} \tag{2-1}$$

显然，当 $i_L(t)$ 增加时，感应电动势 $e_L(t) = -u_L(t)$，与 $i_L(t)$ 方向相反，阻碍 $i_L(t)$ 增加；当 $i_L(t)$ 减小时，$e_L(t)$ 与 $i_L(t)$ 方向相同，阻碍 $i_L(t)$ 减小，因此电感具有维持电流不变的功能。

假设 $t = t_{0-}$ 时电感电流为 $i_L(t_{0-})$，由式（2-1）可得

$$i_L(t_{0+}) = i_L(t_{0-}) + \frac{1}{L} \int_{t_{0-}}^{t_{0+}} u_L(t) \, \mathrm{d}t \tag{2-2}$$

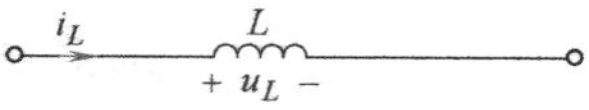

图 2-6 电感的电气符号

由于实际电路中电感的电压 $u_L(t)$ 为有限值，则电感电流 $i_L(t)$ 不能跃变，即有 $i_L(t_{0+}) = i_L(t_{0-})$，故电感电流具有连续性。

进一步可以得到电感的瞬时储能

$$w_L = \int_{-\infty}^{t} L i_L \frac{\mathrm{d}i_L}{\mathrm{d}\xi} \mathrm{d}\xi = \frac{1}{2} L i_L^2(t) \tag{2-3}$$

可见，电感的储能只与当时的电流值有关，由于电感电流不能跃变，反映了储能也无法突变。

若一个电感以周期 T 循环充放电，稳态时任一个周期起始电感电流等于下一个周期的起始电流，即 $i_L(t_0) = i_L(t_0 + T)$，电感电压的平均值可由下式计算

$$\frac{1}{T} \int_{t_0}^{t_0+T} u_L(t) \, \mathrm{d}t = \frac{1}{T} \int_{t_0}^{t_0+T} L \frac{\mathrm{d}i_L(t)}{\mathrm{d}t} \mathrm{d}t = \frac{L}{T} \left[i_L(t_0 + T) - i_L(t_0) \right] = 0 \tag{2-4}$$

式（2-3）、式（2-4）说明电感能在一段时间内把从外部吸收的能量转化为磁场能量储存起来，在另一段时间内又把能量释放回电路，因此电感元件是无源的储能元件，本身不消耗能量。

式（2-4）可用图 2-7 表示，由式（2-1）可以得到电感电流的变化量为

$$\begin{cases} \Delta I_{L+} = \dfrac{1}{L} \displaystyle\int_{t_0}^{t_1} u_L(t) \, \mathrm{d}t = \dfrac{U_{L+}(t_1 - t_0)}{L} \\[4mm] \Delta I_{L-} = \dfrac{1}{L} \displaystyle\int_{t_1}^{t_0+T} u_L(t) \, \mathrm{d}t = \dfrac{U_{L-}(t_0 + T - t_1)}{L} \end{cases} \tag{2-5}$$

稳定情况下，$i_L(t_0) = i_L(t_0 + T)$，因而有 $\Delta I_{L+} = \Delta I_{L-}$，即

$$U_{L+}(t_1 - t_0) = U_{L-}(t_0 + T - t_1) \tag{2-6}$$

式（2-6）即为伏秒平衡原理，说明电感两端电压与时间乘积在一个周期内为零，一般用于计算直流变换器的输入输出电压比。

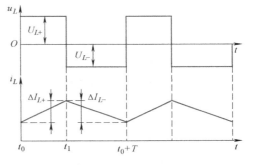

图 2-7　电感电压和电流波形

2.1.2.2　电容瞬态特性及安秒平衡原理

图 2-8 是电容的电气符号，在电容 C 两端外加电压 $u_C(t)$ 时，在 $u_C(t)$ 作用下产生电流 $i_C(t)$，电荷聚集到电容的正负极板上，$i_C(t)$ 和 $u_C(t)$ 满足以下关系

$$i_C(t) = C \frac{\mathrm{d}u_C(t)}{\mathrm{d}t} \qquad (2-7)$$

假设 $t = t_{0-}$ 时电容上电压为 $u_C(t_{0-})$，由上式可得

$$u_C(t_{0+}) = u_C(t_{0-}) + \frac{1}{C}\int_{t_{0-}}^{t_{0+}} i_C(t)\,\mathrm{d}t \qquad (2-8)$$

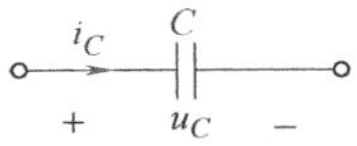

图 2-8　电容的电气符号

由于 $i_C(t)$ 为有限值，则 $u_C(t)$ 不能跃变，即有 $u_C(t_{0+}) = u_C(t_{0-})$，$u_C(t)$ 具有连续性。

电容上的瞬时储能为

$$w_C = \int_{-\infty}^{t} C u_C \frac{\mathrm{d}u_C}{\mathrm{d}\xi}\mathrm{d}\xi = \frac{1}{2}C u_C^2(t) \qquad (2-9)$$

电容上的储能只与当时的电压值有关，电容电压不能跃变，因此储能也无法突变。

若一个电容以周期 T 循环充放电，稳态时任一个周期起始电容电压等于下一个周期的起始电压，即 $u_C(t_0) = u_C(t_0 + T)$，电容电流的平均值为

$$\frac{1}{T}\int_{t_0}^{t_0+T} i_C(t)\,\mathrm{d}t = \frac{1}{T}\int_{t_0}^{t_0+T} C \frac{\mathrm{d}u_C(t)}{\mathrm{d}t}\mathrm{d}t = \frac{C}{T}\left[u_C(t_0+T) - u_C(t_0)\right] = 0 \qquad (2-10)$$

式（2-9）和式（2-10）揭示了电容能在一段时间内把从外部吸收的能量转化为电场能量储存起来，在另一段时间内又把能量释放回电路，因此电容元件是储能元件，并不消耗能量。

式（2-10）可用图 2-9 表示，由式（2-7）可以得到电容电压的变化量为

$$\begin{cases} \Delta U_{C+} = \dfrac{1}{C}\displaystyle\int_{t_0}^{t_1} i_C(t)\,\mathrm{d}t = \dfrac{I_{C+}(t_1 - t_0)}{C} \\[4mm] \Delta U_{C-} = \dfrac{1}{C}\displaystyle\int_{t_1}^{t_0+T} i_C(t)\,\mathrm{d}t = \dfrac{I_{C-}(t_0 + T - t_1)}{C} \end{cases} \qquad (2-11)$$

稳定状态下，有 $\Delta U_{C+} = \Delta U_{C-}$，即

$$I_{C+}(t_1 - t_0) = I_{C-}(t_0 + T - t_1) \qquad (2-12)$$

式（2-12）表明，电容满足安秒平衡原理，即流过电容的电流与时间乘积在一个周期内为零。

2.1.3　电感电容电路的谐振特性

电感、电容电路的谐振特性对提高电力电子变换器性能十分重要，利用谐振可以实现器件换流、减少器件损耗等。基本电感电容谐振电路可分为串联谐振和并联谐振。

2.1.3.1　串联谐振电路

RLC 串联谐振电路如图 2-10 所示，电路固有频率 $\omega_r = 1/\sqrt{LC}$。设输入电压为 $u = \sqrt{2}\,U\sin\omega t$，

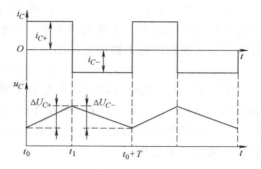

图 2-9　电容电流和电压波形

电源角频率为 ω，输入阻抗为 $Z = R + j\left(\omega L - \dfrac{1}{\omega C}\right)$，

则输入电流为 $i = \sqrt{2}\,I\sin(\omega t - \theta)$，其中 $I = U\Big/\sqrt{R^2 + \left[\omega L - \dfrac{1}{\omega C}\right]^2}$，$\theta = \arctan\left[\left(\omega L - \dfrac{1}{\omega C}\right)\Big/R\right]$ 为输入电压 u 与电流 i 的相位角。

当电源频率 ω 等于固有频率 ω_r 时，电路发生谐振，输入阻抗为 $Z = R$，$\theta = 0$；当电源频率 ω 低于谐振频率 ω_r 时，$\theta < 0$，输入电流超前于输入电压，电路呈现容性；当电源频率 ω 高于谐振频率 ω_r 时，$\theta > 0$，输入电流滞后于输入电压，电路呈现感性。图 2-11 给出了串联谐振电路相位角 θ 和电源频率 ω 的关系曲线。

品质因数是串联谐振电路的重要参数之一，其表达式如下

$$Q = \frac{\omega_r L}{R} = \frac{1}{\omega_r C R} \tag{2-13}$$

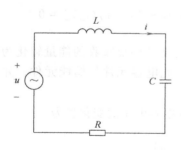

图 2-10　RLC 串联谐振电路

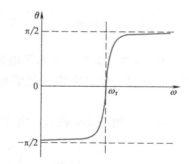

图 2-11　串联谐振电路相位角 θ 与电源频率 ω 的关系曲线

2.1.3.2　并联谐振电路

RLC 并联谐振电路如图 2-12 所示，电路固有频率 $\omega_r = 1/\sqrt{LC}$。设输入电流为 $i = \sqrt{2}\,I\sin\omega t$，输入角频率为 ω，输入阻抗为 $Z = 1\Big/\left[\dfrac{1}{R} + j\left(\omega C - \dfrac{1}{\omega L}\right)\right]$，则电容两端电压为 $u_C = \sqrt{2}\,U_C\sin(\omega t + \theta)$，其中 $U_C = I\Big/\sqrt{\dfrac{1}{R^2} + \left(\omega C - \dfrac{1}{\omega L}\right)^2}$，$\theta = \arctan\left[R\left(\dfrac{1}{\omega L} - \omega C\right)\right]$ 为电容电压 u_C 与输入电流 i 的相位角。

当输入频率 ω 等于固有频率 ω_r 时，电路发生谐振，输入阻抗为 $Z=R$，$\theta=0$；当输入频率 ω 低于谐振频率 ω_r 时，$\theta>0$，谐振电压超前于输入电流，电路呈现感性；当输入频率 ω 高于谐振频率 ω_r 时，$\theta<0$，谐振电压滞后于输入电流，电路呈现容性。图 2-13 给出了并联谐振电路 θ 和 ω 的关系曲线。

并联谐振电路品质因数 Q' 与串联谐振电路品质因数 Q 的关系为

$$Q' = \frac{1}{Q} \tag{2-14}$$

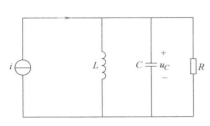

图 2-12　RLC 并联谐振电路

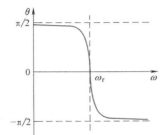

图 2-13　并联谐振电路相位角 θ 与
电源频率 ω 的关系曲线

2.2　电参数计算

在电力电子变换器中，电压和电流往往都是周期性的非正弦波形，谐波分析法是一种常用的分析方法。此外，电力电子器件的参数选择也有其特殊性。

2.2.1　电压和电流的瞬时值

设电力电子变换器电压和电流瞬时值分别为 $u(t)$ 和 $i(t)$，则它们的一般形式如下

$$\begin{cases} u(t) = U_0 + \sum_{k=1}^{\infty} U_{km}\sin(k\omega t + \varphi_k) \\ i(t) = I_0 + \sum_{k=1}^{\infty} I_{km}\sin(k\omega t + \phi_k) \end{cases} \tag{2-15}$$

式中，U_0、I_0 为电压、电流的直流分量；U_{km}、I_{km} 为其各次交流分量的幅值；φ_k、ϕ_k 为各次交流电压、电流分量的相位角；$k=1$，2，3…；ω 为基波角频率。U_0、I_0、U_{km}、I_{km} 分别由下式决定

$$U_0 = \frac{1}{T}\int_{t_0}^{t_0+T} u(t)\,\mathrm{d}t \tag{2-16}$$

$$I_0 = \frac{1}{T}\int_{t_0}^{t_0+T} i(t)\,\mathrm{d}t \tag{2-17}$$

$$U_{km} = \frac{2}{T}\sqrt{\left[\int_{t_0}^{t_0+T} u(t)\cos(k\omega t)\,\mathrm{d}t\right]^2 + \left[\int_{t_0}^{t_0+T} u(t)\sin(k\omega t)\,\mathrm{d}t\right]^2} \tag{2-18}$$

$$I_{km} = \frac{2}{T} \sqrt{\left[\int_{t_0}^{t_0+T} i(t) \cos(k\omega t) \, dt \right]^2 + \left[\int_{t_0}^{t_0+T} i(t) \sin(k\omega t) \, dt \right]^2} \tag{2-19}$$

式中，T 为电压电流的周期，$T = 2\pi / \omega$。

2.2.2 电压和电流的有效值、平均值

根据电压和电流有效值的定义，可得

$$\begin{cases} U = \sqrt{\dfrac{1}{T} \displaystyle\int_{t_0}^{t_0+T} u^2(t) \, dt} \\[3mm] I = \sqrt{\dfrac{1}{T} \displaystyle\int_{t_0}^{t_0+T} i^2(t) \, dt} \end{cases} \tag{2-20}$$

考虑到式（2-15），显然有

$$\begin{cases} U = \sqrt{U_0^2 + \dfrac{1}{2} \displaystyle\sum_{k=1}^{\infty} U_{km}^2} = \sqrt{U_0^2 + \displaystyle\sum_{k=1}^{\infty} U_k^2} \\[4mm] I = \sqrt{I_0^2 + \dfrac{1}{2} \displaystyle\sum_{k=1}^{\infty} I_{km}^2} = \sqrt{I_0^2 + \displaystyle\sum_{k=1}^{\infty} I_k^2} \end{cases} \tag{2-21}$$

式中，U_k、I_k 分别为各次交流电压、电流分量的有效值。由上式可见，电力电子变换器输出电压、电流的有效值等于直流分量的二次方与各次谐波分量有效值二次方之和的二次方根。

电力电子变换器电压和电流的平均值为

$$\begin{cases} U_{\mathrm{av}} = \dfrac{1}{T} \displaystyle\int_0^T u(t) \, dt \\[3mm] I_{\mathrm{av}} = \dfrac{1}{T} \displaystyle\int_0^T i(t) \, dt \end{cases} \tag{2-22}$$

参照式（2-21）和式（2-22），可以计算出电力电子变换器主要电压、电流波形的有效值和平均值，参见表 2-1。

表 2-1 电力电子变换器中主要波形的有效值和平均值

波　　形	$f(t)$ 的傅里叶级数表达式	平均值 I_{av}	有效值 I
	$\dfrac{A_m}{\pi} - \dfrac{A_m}{2} \cos(\omega t)$ $+ \dfrac{2A_m}{\pi} \displaystyle\sum_{k=1}^{\infty} \dfrac{1}{1 - 4k^2} \cos(k\pi) \cos(2k\omega t)$	$\dfrac{A_m}{\pi}$	$\dfrac{A_m}{2}$
	$\dfrac{4A_m}{\pi} \left[\dfrac{1}{2} + \dfrac{1}{1 \times 3} \cos(2\omega t) \right.$ $- \dfrac{1}{3 \times 5} \cos(4\omega t)$ $\left. + \dfrac{1}{5 \times 7} \cos(6\omega t) - \cdots \right]$	$\dfrac{2A_m}{\pi}$	$\dfrac{A_m}{\sqrt{2}}$

（续）

波　形	$f(t)$的傅里叶级数表达式	平均值 I_{av}	有效值 I
	$\dfrac{8A_m}{\pi^2}\left[\sin(\omega t)-\dfrac{1}{9}\sin(3\omega t)+\cdots+\dfrac{(-1)^{\frac{k-1}{2}}}{k^2}\sin(k\omega t)+\cdots\right]$	0	$\dfrac{A_m}{\sqrt{3}}$
	$\dfrac{4A_m}{\pi}\left[\sin(\omega t)+\dfrac{1}{3}\sin(3\omega t)+\cdots+\dfrac{1}{k}\sin(k\omega t)+\cdots\right]$	0	A_m
	$A_m\left[\alpha+\dfrac{2}{\pi}\sin(\alpha\pi)\cos(\omega t)+\dfrac{1}{\pi}\sin(2\alpha\pi)\cos(2\omega t)+\dfrac{1}{\pi}\sin(3\alpha\pi)\cos(3\omega t)+\cdots\right]$	αA_m	$\sqrt{\alpha}\,A_m$

2.2.3　有功功率及功率因数

电力电子变换器的有功功率为

$$P = \frac{1}{T}\int_{t_0}^{t_0+T} u(t)i(t)\,\mathrm{d}t \tag{2-23}$$

将式（2-15）代入上式，有

$$P = U_0 I_0 + \sum_{k=1}^{\infty} U_k I_k \cos(\varphi_k - \phi_k) \tag{2-24}$$

视在功率定义为电压、电流有效值的乘积，即

$$S = UI \tag{2-25}$$

则功率因数 λ 为

$$\lambda = \frac{P}{S} = \frac{P}{UI} \tag{2-26}$$

如果电力电子变换器的输入电压为正弦波，那么功率因数为1意味着输入电流是一个与输入电压同相位的正弦波。

2.2.4　纹波和谐波

从式（2-15）可见，电力电子变换器的电压电流波形中含有直流和交流两部分。对于整流器和直流变换器，输出为直流电压或电流，则除了直流分量外，交流部分就为纹波；对于逆变器和交流变换器，输出为交流电压或电流，则除了基频交流外，其他频率的交流称为

谐波。

纹波的大小可以纹波系数（Ripple Factor，RF）衡量，例如电压纹波系数为电压的交流分量和直流分量之比，即

$$RF = \frac{U_{ac}}{U_{dc}} = \frac{\sqrt{\sum_{k=1}^{\infty} U_k^2}}{U_0} = \frac{\sqrt{U^2 - U_0^2}}{U_0} \tag{2-27}$$

谐波的大小可以用谐波总畸变率（Total Harmonic Distortion，THD）衡量，例如电流谐波畸变率为

$$THD = \frac{\sqrt{\sum_{k=2}^{\infty} I_k^2}}{I_1} \tag{2-28}$$

此外还有峰值系数（Crest Factor，CF），例如电流峰值系数为电流峰值与有效值之比，即

$$CF = \frac{I_{peak}}{I} \tag{2-29}$$

波形系数（Form Factor，FF），例如电压波形系数为电压有效值和直流分量之比，即

$$FF = \frac{U}{U_0} \tag{2-30}$$

2.2.5 器件主要参数

1. 额定电流

电力电子器件的额定电流定义为正向平均电流 $I_{F(av)}$，是指在指定管壳温度和散热条件下，器件允许流过的最大工频半波电流的平均值。然而，由于电力电子器件最高工作结温是根据流过电流的有效值确定的，且流过器件的实际电流波形一般不是正弦半波，因此确定器件的 $I_{F(av)}$ 时需采用发热等效效应即有效值相等的原则计算。假设流过电力电子器件电流波形的有效值为 I，参见表 2-1，则对应器件的额定电流或正向平均电流为 $I_{F(av)} = I/1.57$。

2. 正向电压降

正向电压降 U_F 定义为在指定温度下，电力电子器件流过某一指定的稳态正向电流时对应的正向电压降。

3. 反向重复峰值电压

反向重复峰值电压 U_{RRM} 定义为电力电子器件允许重复施加在阳极与阴极之间的反向峰值电压。

4. 最高工作结温

最高工作结温 T_j 定义为电力电子器件管芯不至损坏前提下所能承受的最高平均温度。

除以上参数外，不同类型的电力电子器件还有不同的参数指标。

2.3 调制原理

2.3.1 相控原理

由于晶闸管只能通过对门极的控制使其导通，但不能使其关断。为了利用交流输入电压过零后自然反向强迫关断晶闸管，晶闸管只能在正半波或负半波工作。因此在晶闸管整流器中，提出相控原理，即在交流输入电压正半波或负半波，通过控制晶闸管门极触发脉冲的相位，来控制晶闸管在正或负半波的导通时间，从而调节直流输出电压大小，简称为相控方式。

以图 2-14 来说明晶闸管整流器的相控原理。假设输入交流正弦电压为 u_i，要求输出电压为 u_o，晶闸管在输入电压的正半波工作，为了调节输出直流电压，改变晶闸管的触发导通时刻，u_o 波形随之改变，直流输出电压平均值为

$$U_o = \frac{1}{2\pi}\int_\alpha^\pi \sqrt{2}\,U\sin\omega t\,\mathrm{d}(\omega t) = 0.45U\frac{1+\cos\alpha}{2} \tag{2-31}$$

式中，α 称为延迟触发角（也称为触发角或控制角）。调节 α，U_o 随之变化，实现了调压的目的。

2.3.2 斩控原理

斩控原理是针对直流变换器提出来的，例如采用全控型器件电力 MOSFET，假设电力 MOSFET 的驱动信号为 u_g，控制电力 MOSFET 在一个周期 T 内的导通时间 t_{on}，则可将输入直流电压 U_i 变成如图 2-15 所示周期脉冲电压 u_o，此时，u_o 的平均值为

$$U_o = \frac{t_{on}}{t_{on}+t_{off}}U_i = \frac{t_{on}}{T}U_i = DU_i \tag{2-32}$$

式中，t_{off} 为关断时间，则开关周期 $T = t_{on}+t_{off}$，并定义占空比 $D = t_{on}/T$。控制 D 的大小，就实现了输出直流电压的控制。

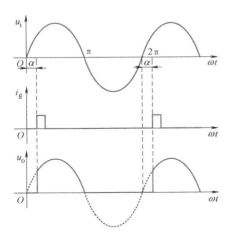

图 2-14　晶闸管整流器相控原理

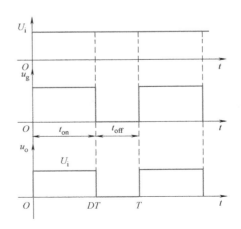

图 2-15　直流变换器斩控原理

2.3.3　PWM 原理

脉宽调制（Pulse Width Modulation，PWM）原理，是针对逆变器提出来的。面积等效原理是 PWM 控制技术的重要理论基础——冲量相等而形状不同的窄脉冲加在具有惯性的环节上时，其效果基本相同。下面以一个简单的例子说明面积等效原理，图 2-16 是三个面积相等的窄脉冲，将它们分别作为激励源，输入到惯性环节中，得到如图 2-17 所示的响应波形，可以看出，输出响应基本是相同的。如果把各输出波形用傅里叶变换分析，可发现它们的低频段非常接近，仅在高频段略有差异。

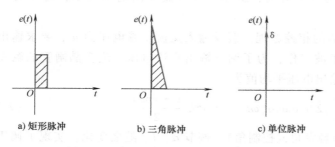

a) 矩形脉冲　　　b) 三角脉冲　　　c) 单位脉冲

图 2-16　冲量相等而形状不同的窄脉冲

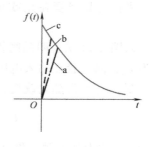

图 2-17　冲量相等各种窄脉冲
的响应波形

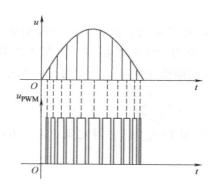

图 2-18　用 PWM 波等效代替正弦半波

根据 PWM 原理，逆变器可以输出要求的正弦波电压。如图 2-18，以输出的正弦电压正半波为例分析，将正弦正半波 u 看成是由多个彼此相连的脉冲波组成，然后把上述脉冲波用相同数量的等面积矩形脉冲波代替，并使它们的中点重合，就得到了基波与正弦正半波 u 相同的 PWM 波形。正弦负半波的 PWM 波形生成方法与之相同。

2.4　分析方法

2.4.1　工作模态及等效电路

在分析电力电子变换器时，模态分析和等效电路是通常使用的方法。工作模态是指根据电力电子变换器的工作原理，控制其中电力电子器件导通和关断，所形成的不同运行回路，这些回路对应的电路就是等效电路。

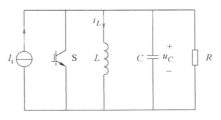

图 2-19　带开关的并联 RLC 谐振电路

为了便于理解，在图 2-12 并联谐振电路基础上，增加一个并联开关支路 S，如图 2-19 所示。当 S 关断时，并联谐振电路工作，称之为工作模式 1，等效电路如图 2-20a 所示；当 S 开通时，并联谐振电路失去激励，输入电流源流入 S，称之为工作模式 2，等效电路如图 2-20b 所示。

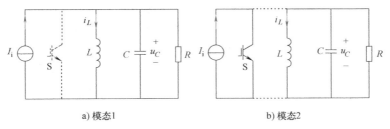

a) 模态1　　　　　　　　　　　　b) 模态2

图 2-20　带开关并联谐振电路的工作模态及其等效电路

2.4.2　状态方程

在电力电子变换器工作模态及其等效电路基础上，根据基尔霍夫定理列写工作模态的电压和电流方程，然后以电感电流、电容电压为状态变量，得到的微分方程组，称为状态方程。

仍以图 2-19 为例，以电感 L 的电流 i_L 和电容 C 的电压 u_C 为状态变量，对应图 2-20a 工作模态 1 的等效电路，可以得到以下状态方程

$$\begin{cases} \dfrac{\mathrm{d}i_L}{\mathrm{d}t} = \dfrac{u_C}{L} \\ \dfrac{\mathrm{d}u_C}{\mathrm{d}t} = -\dfrac{i_L}{C} - \dfrac{u_C}{RC} + \dfrac{I_\mathrm{i}}{C} \end{cases} \tag{2-33}$$

同理可以得到图 2-20b 工作模态 2 等效电路的状态方程为

$$\begin{cases} \dfrac{\mathrm{d}i_L}{\mathrm{d}t} = \dfrac{u_C}{L} \\ \dfrac{\mathrm{d}u_C}{\mathrm{d}t} = -\dfrac{i_L}{C} - \dfrac{u_C}{RC} \end{cases} \tag{2-34}$$

任何电力电子变换器都可根据以上方法列出状态方程，由此可以进一步分析电力电子变换器的静动态特性和开展参数计算。

2.5　仿真工具

在电力电子变换器分析和设计中，数值仿真可以极大地提高工作效率。目前，已经开发了众多适用于电力电子变换器仿真的工具。本节将对几种常用仿真软件的性能特点及适用范

围进行介绍。

2.5.1　MATLAB

MATLAB 是 Matrix 和 Laboratory 两个词的组合，意为矩阵实验室。MATLAB 软件是美国 MathWorks 公司出品的商业数学软件，主要包括 MATLAB 和 Simulink 两大部分。MATLAB 作为控制领域中最流行的 CAD 软件，自 1980 年推出以来一直受到工程技术人员的重视和广泛应用。该软件除了具有传统的交互式编程能力外，还包括强大的矩阵运算、数据处理和图像处理功能。MATLAB 所包含的动态系统仿真工具 Simulink 提供了一个图形化的用户界面（GUI）和由信号源、线性和非线性器件、连接件以及各种工具箱组成的模型库，用户还可以定制和创建自己的模型库，为电力电子变换器的建模和分析提供了仿真平台。

利用 MATLAB 对电力电子变换器进行仿真和分析，常用的方法有以下两种：一是编程方法，通过编写代码来实现对电力电子变换器的建模、稳态计算和动态分析等；二是在 MATLAB/Simulink 平台上进行可视化仿真。利用 MATLAB 的 SimPowerSystems 工具箱中已有的元件模型，在 MATLAB/Simulink 平台上放置元器件并设置参数，即可完成电力电子变换器电路的搭建。在此基础上，可以获得电力电子变换器的仿真波形并且进行各种稳态和暂态分析。实际上，上述两种方法通常可以联合使用。很多专业的电力电子仿真软件都有和 MATLAB 的交互接口，它们之间可以进行交互联合仿真，充分发挥了 MATLAB 的优化专长和其他软件的优点，因此 MATLAB 是目前电力电子变换器仿真设计工具的最佳选择之一。

2.5.2　PSIM

PSIM 全称 Power Simulation，是面向电力电子领域以及电机控制领域的仿真应用包软件，由 PSIM 电路程序、PSIM 仿真器、SIMVIEW 波形形成过程项目组成。PSIM 具有仿真速度快、用户界面友好等特点，并具有波形解析等功能，为电力电子变换器的解析、控制系统设计、电机驱动研究等提供了强有力的仿真环境。同样，PSIM 具有与其他仿真工具的连接接口，例如主回路可以用 PSIM 实现，控制部分用 MATLAB/Simulink 实现，从而实现更高精度的全面仿真。同时，PSIM 将电力电子器件等效为理想开关，能够进行快速的仿真。此外，PSIM 软件仿真元件库拥有丰富的元器件模型，可以进行各种电路级和系统级电力电子变换器的建模仿真。作为电力电子技术领域仿真速度最快的软件之一，PSIM 在全世界范围内多个高校、大型企业、研究机构得到了广泛的应用。

2.5.3　其他仿真软件

目前常用的电力电子变换器仿真软件除了上述两款仿真软件外，还有其他特色鲜明的仿真软件同样得到了广泛的使用，如 PSpice、Saber 等。在实际应用中，可以根据仿真软件的特点和优势进行选择。

1. PSpice

PSpice 是由 Spice 发展而来的用于微机系列的通用电路分析程序，于 1972 年由美国加州大学伯克利分校的计算机辅助设计小组利用 FORTRAN 语言开发而成，主要用于大规模集成电路的计算机辅助设计，也可以应用于电力电子变换器的仿真。

PSpice 软件具有出色的电路图绘制功能、电路模拟仿真功能、图形后处理功能和元器件符号制作功能，以图形方式输入，自动进行电路检查，生成图表，模拟和计算电路。PSpice 软件由于收敛性好，适于做系统级和电路级仿真，具有快速、准确的仿真能力，被公认为通用电路模拟程序中最优秀的软件，具有广阔的应用前景。

2. Saber

相比 PSpice，Saber 是功能更为强大的仿真软件。Saber 仿真软件是美国 Synopsys 公司的一款 EDA 软件，被誉为全球最先进的系统仿真软件，是唯一的多技术、多领域的系统仿真产品，现已成为混合信号、混合技术设计和验证工具的业界标准，可用于电子、电力电子、机电一体化、机械、光电、光学、控制等不同类型系统构成的混合系统仿真。

与其他仿真软件相比，Saber 具有以下几个显著的优点：一是用户能够创建自己的原理图，启动 Saber 完成各种仿真分析，例如偏置点分析、直流分析、交流分析、瞬态分析、参数分析、傅里叶分析、噪声分析、应力分析、失真分析等；二是拥有 Cosmos Scope，用于波形查看和仿真结果分析，可以对波形进行准确的定量分析。Saber 拥有市场上最大的电气、混合信号、混合技术模型库，它具有很大的通用模型库和较为精确的具体型号器件模型，使得 Saber 的仿真与实际电路吻合度高，仿真电路与实际电路的结果相差无几。但 Saber 的不足之处在于操作较为复杂，软件价格高昂。

2.6　本章小结

本章对电力电子学预备知识进行了介绍，它们在本书中十分重要，是学习后面各类电力电子变换器的基础。要求学习掌握：

（1）电力电子器件的主要类型、开关特性；电感、电容的瞬态特性、伏秒及安秒平衡原理。

（2）电力电子变换器输出电压、电流有效值、平均值、谐波、纹波、有功功率、功率因数的计算方法，以及电力电子器件参数定义等。

（3）电力电子变换器的调制原理，包括相控原理、斩控原理和 PWM 原理。

（4）电力电子变换器分析方法，即工作模态分析、等效电路建立、状态方程列写。

（5）常用的几种电力电子变换器仿真工具及其特点。

习　　题

2-1　比较二极管、晶闸管、电力 MOSFET 以及 IGBT 四种开关器件的导通条件。

2-2　电力电子器件一般工作在什么状态？电感和电容在电力电子变换器中起什么作用？

2-3　图 2-21 中的阴影部分为晶闸管处于导通区间的电流波形，各波形的电流幅值均为 $I_m = 100A$，试计算各波形的电流平均值 I_{d1}、I_{d2} 和电流有效值 I_1、I_2。若考虑两倍的电流安全裕度，额定电流为 100A 的晶闸管能否满足上述波形电流的要求？

2-4　已知某电力电子变换器的输出电压波形如图 2-22 所示，其有效值为 100V，试计算输出平均电压 U_d。

2-5　已知某电力电子变换器的输入电流 $i(t)$ 波形如图 2-23 所示，试计算

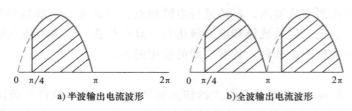

a) 半波输出电流波形   b) 全波输出电流波形

图 2-21 晶闸管电流波形

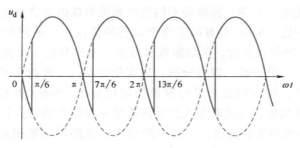

图 2-22 输出电压波形

（1）电流的有效值 I；

（2）电流的 3、5、7 次谐波分量有效值 I_3、I_5、I_7。

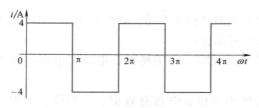

图 2-23 输入电流波形

2-6   简述电力电子变换器的相控原理、斩控原理。

2-7   根据面积等效原理，试举例说明 PWM 调制原理。

第3章 AC-DC变换器

AC-DC 变换器也称为整流器，其功能是将交流电转换为直流电，为直流负载提供电能。本章将讨论几种典型的整流器，包括采用电力二极管的不可控整流器、采用晶闸管的可控整流器以及采用全控型开关器件的 PWM 整流器和 VIENNA 整流器，内容涉及电路结构、工作原理、输出特性、器件应力分析和参数设计等；最后给出一些典型整流器的设计实例。

3.1 不可控整流器

3.1.1 单相不可控整流器

利用电力二极管的单向导电性可以实现 AC-DC 变换，单相不可控整流器的特点是由单相交流电源供电，最基本的电路是单相半波不可控整流器，常用的电路是单相桥式不可控整流器和单相全波不可控整流器。

3.1.1.1 单相半波不可控整流器

单相半波不可控整流器如图 3-1 所示，电力二极管 VD 和电阻负载 R 串联，接入变压器 T 的二次侧。变压器 T 起升降压和电隔离的作用，其一次电压和二次电压瞬时值分别用 u_1 和 u_2 来表示，有效值分别用 U_1 和 U_2 表示。

为了简化电力电子变换器的工作过程分析，电力二极管被看作理想开关器件，即导通时其管压降等于零，相当于短路；截止时其漏电流等于零，相当于开路。不考虑二极管的导通、关断过程，可以认为其导通与关断过程瞬时完成。

由于电力二极管承受正向电压时导通，承受反向电压时截止，根据二极管导通和截止两种不同状态，带电

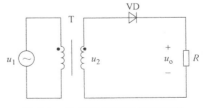

图 3-1 单相半波不可控整流器

阻负载的单相半波不可控整流器具有 2 种工作模态，工作模态对应的等效电路如图 3-2 所示。

模态 1，在 u_2 正半周期间，VD 承受正向电压导通，整流输出电压 $u_o = u_2$。

模态 2，在 u_2 负半周期间，VD 承受反向电压截止，整流输出电压 $u_o = 0$。VD 承受的最大反向电压为变压器二次电压最大值，即 $\sqrt{2}\,U_2$。

根据上述分析，可以得到带电阻负载单相半波不可控整流器的工作波形，如图 3-3 所

示。显然，该电路整流输出电压的波形为正弦波的绝对值，其平均值为

$$U_o = \frac{1}{2\pi}\int_0^\pi \sqrt{2}U_2\sin\omega t d(\omega t) = \frac{\sqrt{2}}{\pi}U_2 = 0.45U_2 \tag{3-1}$$

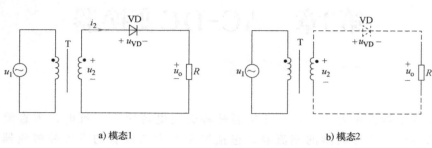

a) 模态1   b) 模态2

图 3-2　单相半波不可控整流器的等效电路

3.1.1.2　单相桥式不可控整流器

由于单相半波不可控整流器只在电源电压的正半周有电压输出，变压器二次电流 i_2 含有直流分量，会导致变压器铁心直流磁化，因此该电路在实际中很少应用。应用较多的是单相桥式不可控整流器，如图3-4所示。

根据电源电压和二极管的工作状态，带电阻负载的单相桥式不可控整流器具有 2 种工作模态，工作模态对应的等效电路如图3-5所示。

模态 1，在 u_2 正半周期间，VD_1、VD_4 承受正向电压导通，整流输出电压 $u_o = u_2$。VD_2、VD_3 承受反向电压截止，承受的反向电压最大值为 $\sqrt{2}U_2$。

模态 2，在 u_2 负半周期间，VD_2、VD_3 承受正向电压导通，整流输出电压 $u_o = -u_2$，输出电压仍为正值。VD_1、VD_4 承受反向电压截止，承受的反向电压最大值也为 $\sqrt{2}U_2$。

由于 VD_1 和 VD_4 同时导通和截止，故 VD_1 和 VD_4 称为一对桥臂。类似地，VD_2 和 VD_3 组成另一对桥臂。根据上述分析，带电阻负载单相桥式不可控整流器的工作波形如图3-6所示，可见整流输出电压的波形为正弦半波，其平均值为

$$U_o = \frac{1}{\pi}\int_0^\pi \sqrt{2}U_2\sin\omega t d(\omega t) = \frac{2\sqrt{2}}{\pi}U_2 = 0.9U_2$$

$$\tag{3-2}$$

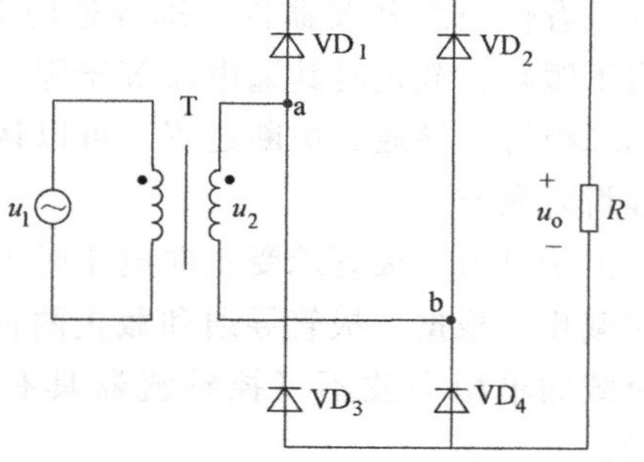

3.1.1.3　单相全波不可控整流器

单相全波不可控整流器是另一种实用的单相不可控整流器，只需要 2 个电力二极管，但变压器 T 的二次侧带中心抽头。带电阻负载的单相

图 3-3　带电阻负载单相半波不可控整流器的工作波形

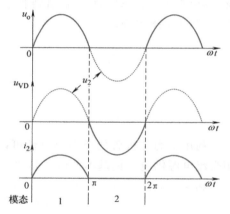

图 3-4　带电阻负载的单相桥式不可控整流器

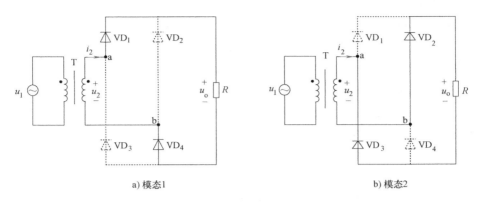

a) 模态1　　　　　　　　　　　　b) 模态2

图 3-5　单相桥式不可控整流器的等效电路

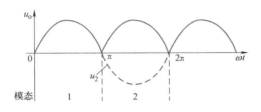

图 3-6　带电阻负载单相桥式不可控整
流器的输出电压波形

全波不可控整流器如图 3-7 所示，相当于变压器二次侧
的上半部分和下半部分分别接入一个单相半波不可控整
流器，故也称为双半波不可控整流器。

　　参考图 3-2 单相半波不可控整流器的工作模态，可
知单相全波不可控整流器共有 2 种工作模态，分别是
VD$_1$ 导通和 VD$_2$ 截止、VD$_1$ 截止和 VD$_2$ 导通，对应的
等效电路如图 3-8 所示。

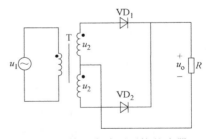

图 3-7　单相全波不可控整流器

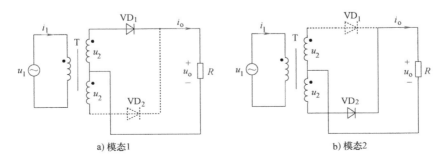

a) 模态1　　　　　　　　　　　　b) 模态2

图 3-8　带电阻负载单相全波不可控整流器的等效电路

模态 1，在 u_2 正半周期间，VD_1 承受正向电压导通，$u_{VD1} = 0$。此时变压器二次绕组上半部分流过电流，输出电压 $u_o = u_2$。

模态 2，在 u_2 负半周期间，VD_2 承受正向电压导通，变压器二次绕组下半部分流过电流，输出电压 $u_o = -u_2$。由于 VD_2 导通，VD_1 承受变压器二次绕组的所有电压，即 $u_{VD1} = 2u_2$，故 VD_1 的反向电压最大值为 $2\sqrt{2}\,U_2$。

根据上述工作模态的分析，带电阻负载单相全波不可控整流器的典型工作波形如图 3-9 所示。与带电阻负载的单相桥式不可控整流器相比，两个电路的直流输出波形相同，但它们的区别在于：

1）单相全波整流器的变压器二次绕组带中心抽头，结构比单相桥式整流器的变压器复杂。

2）单相全波整流器只有 2 个二极管，比单相桥式整流器少 2 个。

3）单相全波整流器的二极管承受的最大反向电压为 $2\sqrt{2}\,U_2$，是单相桥式整流器的 2 倍，因此单相全波整流器一般适用于低输出电压的场合。

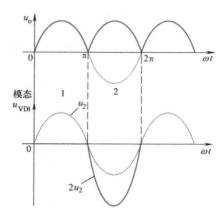

图 3-9　带电阻负载单相全波不可控整流器的工作波形

3.1.2　电容滤波的单相不可控整流器

从上述分析可见，单相桥式或全波不可控整流器的输出电压为正弦半波，脉动比较大，为了得到比较平直的直流电压，需要在整流器的输出端与负载之间接入 LC 滤波器。由于整流输出电压的谐波频率不高，通常只需采用电容滤波，得到的带电容滤波单相桥式不可控整流器如图 3-10 所示，所接负载为电阻负载。

由于电阻负载与电容并联，整流输出电压 u_o 等于电容电压 u_C，因此，根据电容电压 u_C 和变压器二次电压 u_2 之间的大小关系，电容滤波的单相桥式不可控整流器共有 3 种工作模态，与图 3-4 所示的单相桥式不可控整流器相比，增加了一种所有二极管均截止的模态，即模态 3，对应的等效电路如图 3-11 所示。各工作模态的分析如下。

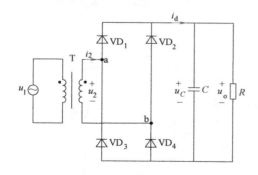

图 3-10　电容滤波的单相桥式不可控整流器

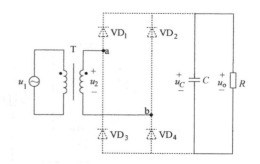

图 3-11　电容滤波单相桥式不可控整流器工作模态 3 的等效电路

模态1，如图3-5a所示，在 u_2 正半周期间，仅在 $u_2>u_C$ 时，二极管 VD_1、VD_4 导通，$u_o=u_2$。此时，交流电源向电容 C 充电，同时向负载 R 供电，变压器二次电流等于流过二极管的电流，即 $i_2=i_d$。

模态2，如图3-5b所示，在 u_2 负半周期间，仅在 $-u_2>u_C$ 时，二极管 VD_2、VD_3 导通，$u_o=-u_2$。此时，变压器二次电流与流过二极管的电流反相，即 $i_2=-i_d$。

模态3，如图3-11所示，当 $|u_2|\leqslant u_C$ 时，二极管 $VD_1\sim VD_4$ 均截止，电容 C 向负载 R 放电，$u_o=u_C$，同时 u_C 下降。

根据上述分析，电容滤波的单相桥式不可控整流器的典型工作波形如图3-12所示。空载时，$R=\infty$，放电时间常数为无穷大，输出电压可保持在电源电压的峰值，U_o 为最大值 $\sqrt{2}U_2$；随着负载增加，U_o 下降，逐渐趋近于 $0.9U_2$，即趋近于电阻负载时的特性。因此，输出电压的大小

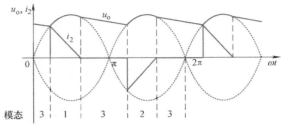

图3-12 电容滤波单相全桥不可控整流器的工作波形

在 $0.9U_2\sim\sqrt{2}U_2$ 范围内变化。但要注意，当 R 很小或重载时，电容放电很快，几乎失去储能作用。以上分析中均未考虑实际电路中存在的变压器漏抗以及线路电感等，当二极管导通的瞬间，变压器二次电流 i_2 会产生突变（见图3-12），从而导致严重的电磁干扰问题。为了抑制电流突变带来的电磁干扰，常在整流输出端串入小电感，从而将电容滤波变为电感电容滤波。考虑上述电感后，i_2 的波形不再是突然上升。

3.1.3 三相不可控整流器

当整流负载容量较大，或要求直流电压脉动较小、易滤波时，应采用由三相交流电源供电的整流器。变压器的一次侧通常接成三角形，以避免3次谐波流入电网，为了得到中性线，变压器的二次侧接成星形。在三相不可控整流器中，最基本的是三相半波不可控整流器，应用较为广泛的是三相桥式不可控整流器。

3.1.3.1 三相半波不可控整流器

带电阻负载的三相半波可控整流器如图3-13所示，二极管 VD_1、VD_2 和 VD_3 分别接入 a、b、c 三相电源，它们的阴极连接在一起，故称为共阴极接法。对于采用共阴极接法的三个二极管，哪一个二极管对应的相电压最大，则该二极管承受的正向阳极电压最大，该二极管导通，另外两个二极管因承受反向电压处于截止状态。因此，带电阻负载的三相半波可控整流器包括3种工作模态，对应的等效电路如图3-14所示。

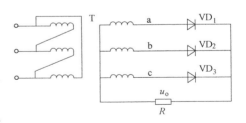

图3-13 带电阻负载的三相
半波不可控整流器

模态1，在相电压 u_a 最大期间（$\omega t=\pi/6\sim5\pi/6$），a 相电位高于 b、c 两相电位，VD_1 承受的正向阳极电压最大，故 VD_1 导通，$u_{VD1}=0$。此时，输出电压 $u_o=u_a$，a 相电流等于流过二极管 VD_1 的电流，也等于负载电流，即 $i_a=i_{VD1}=i_o=u_a/R$。由于 $u_b<u_a$，故 $u_{VD2}=u_b-$

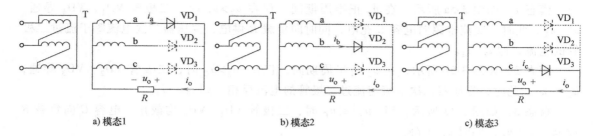

a) 模态1　　　　　　　　b) 模态2　　　　　　　　c) 模态3

图 3-14　带电阻负载三相半波不可控整流器的等效电路

$u_a = u_{ba} < 0$，VD_2 承受反压处于截止状态。同理，VD_3 也截止。

　　模态 2，在相电压 u_b 最大期间（$\omega t = 5\pi/6 \sim 3\pi/2$），b 相电位高于 a、c 两相电位，故 VD_2 导通，输出电压 $u_o = u_b$。VD_1 和 VD_3 均承受反压截止，$u_{VD1} = u_{ab}$。

　　模态 3，在相电压 u_c 最大期间（$\omega t = 3\pi/2 \sim 13\pi/6$），c 相电位高于 a、b 相电位，$VD_3$ 导通，输出电压 $u_o = u_c$。VD_1 和 VD_2 均承受反压截止，$u_{VD1} = u_{ac}$。

　　带电阻负载三相半波不可控整流器的输出波形如图 3-15 所示，整流输出电压在一个电源周期内脉动 3 次，且每次脉动的波形都一样，为三相电源电压中最大的一个，即电源电压的正包络线，故其平均值为

$$U_o = \frac{1}{2\pi/3} \int_{\frac{\pi}{6}}^{\frac{5\pi}{6}} \sqrt{2} U_2 \sin\omega t\, d(\omega t) = \frac{3\sqrt{6}}{2\pi} U_2 = 1.17 U_2 \qquad (3-3)$$

　　此外，二极管承受的最大反向电压为变压器二次线电压的峰值 $\sqrt{6}\, U_2$。

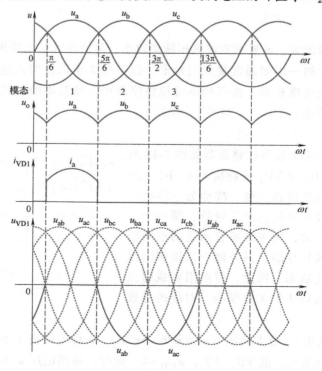

图 3-15　带电阻负载三相半波不可控整流器的工作波形

3.1.3.2　三相桥式不可控整流器

带电阻负载的三相桥式不可控整流器如图
3-16 所示，VD_1 和 VD_4 与 a 相电源连接，VD_2
和 VD_5 与 c 相电源连接，VD_3 和 VD_6 与 b 相电
源连接。三个二极管 VD_1、VD_3 和 VD_5 的阴极
连接在一起，称为共阴极组，共阴极组中哪一
个二极管阳极所接相电压的值最大，则该二极
管导通；另三个二极管 VD_4、VD_6 和 VD_2 的阳
极连接在一起，称为共阳极组，共阳极组中哪
一个二极管阴极所接相电压的值最小，则该二
极管导通。

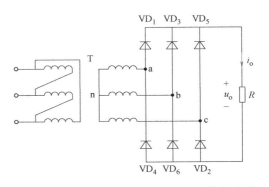

图 3-16　带电阻负载的三相桥式不可控整流器

按照相电压的大小，可将一个电源周期分成 6 个时段，每个时段内共阴极组和共阳极组
各有 1 个二极管导通，故三相桥式不可控整流器共有 6 种工作模态，对应的等效电路如
图 3-17 所示。

模态1，在相电压 u_a 最大、u_b 最小期间（$\omega t = \pi/6 \sim \pi/2$），共阴极组中的 VD_1 和共阳极
组中的 VD_6 导通，此时输出电压 $u_o = u_a - u_b = u_{ab}$，a 相电流等于流过二极管 VD_1 的电流，也
等于负载电流，$i_a = i_{VD1} = i_o = u_{ab}/R$。

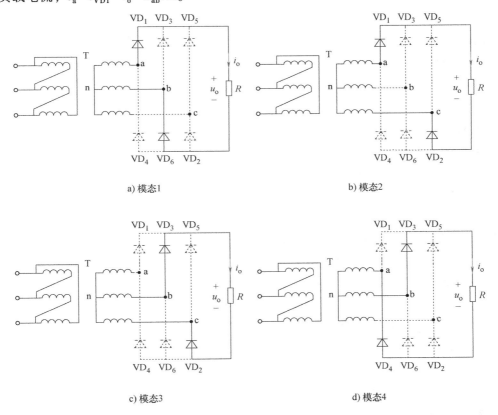

a) 模态1

b) 模态2

c) 模态3

d) 模态4

图 3-17　带电阻负载三相桥式不可控整流器的等效电路

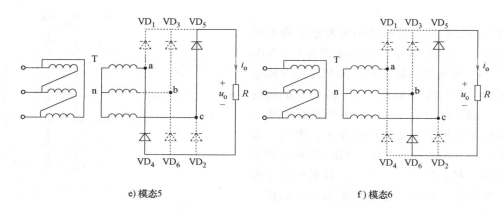

e) 模态5   f) 模态6

图 3-17   带电阻负载三相桥式不可控整流器的等效电路（续）

模态 2，在相电压 u_a 最大、u_c 最小期间（$\omega t = \pi/2 \sim 5\pi/6$），$VD_1$ 和 VD_2 导通，整流输出电压 $u_o = u_a - u_c = u_{ac}$，$i_a = i_{VD1} = i_o = u_{ac}/R$。

模态 3，在相电压 u_b 最大、u_c 最小期间（$\omega t = 5\pi/6 \sim 7\pi/6$），$VD_3$ 和 VD_2 导通，整流输出电压 $u_o = u_b - u_c = u_{bc}$。此时，二极管 VD_1 承受的电压是 u_{ab}，即 $u_{VD1} = u_{ab}$。

模态 4，在相电压 u_b 最大、u_a 最小期间（$\omega t = 7\pi/6 \sim 3\pi/2$），$VD_3$ 和 VD_4 导通，整流输出电压 $u_o = u_b - u_a = u_{ba}$。由于 VD_4 导通，a 相电流与负载电流反相，即 $i_a = -i_o = -u_{ba}/R$。VD_1 承受的电压仍是 u_{ab}，$u_{VD1} = u_{ab}$。

模态 5，在相电压 u_c 最大、u_a 最小期间（$\omega t = 3\pi/2 \sim 11\pi/6$），$VD_5$ 和 VD_4 导通，整流输出电压 $u_o = u_c - u_a = u_{ca}$，$i_a = -i_o = -u_{ca}/R$。此时 VD_1 承受的电压是 u_{ac}，即 $u_{VD1} = u_{ac}$。

模态 6，在相电压 u_c 最大、u_b 最小期间（$\omega t = 11\pi/6 \sim 13\pi/6$），$VD_5$ 和 VD_6 导通，整流输出电压 $u_o = u_c - u_b = u_{cb}$，VD_1 承受的电压仍是 u_{ac}，$u_{VD1} = u_{ac}$。

图 3-18 给出了带电阻负载三相桥式不可控整流器的工作波形，整流输出电压 u_o 在一个电源周期内脉动 6 次，且每次脉动的波形都一样，为线电压波形的一部分，故该电路也称为 6 脉波整流器，其输出电压平均值为

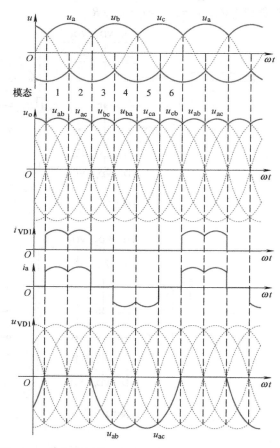

图 3-18   带电阻负载三相桥式不可控整流器的工作波形

$$U_o = \frac{1}{\pi/3} \int_{\frac{\pi}{3}}^{\frac{2\pi}{3}} \sqrt{6} U_2 \sin\omega t \, d(\omega t) = \frac{3\sqrt{6}}{\pi} U_2 = 2.34 U_2 \tag{3-4}$$

从图 3-18 中可见，变压器的相电流在一个电源周期内有正有负，不会出现变压器直流磁化现象。此外，二极管承受的最大反向电压为变压器二次线电压的峰值 $\sqrt{6} U_2$，和三相半波不可控整流器一致。

3.1.4 电容滤波的三相不可控整流器

为了获得更平直的输出电压，可在三相桥式不可控整流器的输出端并联电容，得到的带电容滤波三相桥式不可控整流器如图 3-19 所示。与 3.1.2 节的分析相似，但带电容滤波三相桥式不可控整流器共有 7 种工作模态，当变压器二次线电压的绝对值大于电容电压时，电路工作在图 3-17 所示的 6 种二极管导通情况；当变压器二次线电压的绝对值小于电容电压时，所有二极管均截止，电容 C 对负载 R 放电，负载电压等于电容电压，并呈指数规律下降，被定义为模态 7，对应的等效电路如图 3-20 所示。

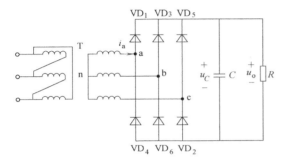

图 3-19 电容滤波的三相桥式不可控整流器

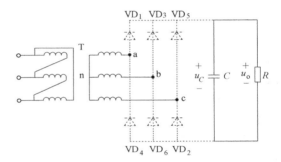

图 3-20 电容滤波三相桥式不可控整流器
工作模态 7 的等效电路

根据上述分析，得到带电容滤波三相桥式不可控整流器的输出波形如图 3-21 所示。空载时，输出电压将保持在线电压的峰值，其平均值为 $\sqrt{6} U_2$ 或 $2.45 U_2$；随着负载加重，输出电压平均值减小，当负载加重到一定程度后，输出电压波形与图 3-18 一致，其平均值为 $2.34 U_2$。可见，U_o 在 $2.34 U_2 \sim 2.45 U_2$ 之间变化。

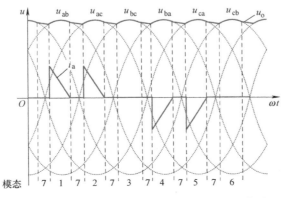

图 3-21 电容滤波三相桥式不可控整流器的工作波形

3.2 晶闸管可控整流器

采用电力二极管的不可控整流器，其缺点是输出电压不可以调节。将不可控整流器中的电力二极管替换为半控型器件——晶闸管，可以得到一系列可控整流器。晶闸管导通的条件是承受正向阳极电压并施加门极触发脉冲。根据相控原理，通过控制晶闸管触发脉冲的相位，即控制触发角 α 的大小，可以控制晶闸管可控整流器输出电压的大小。

3.2.1 单相可控整流器

3.2.1.1 单相半波可控整流器

带电阻负载的单相半波可控整流器如图 3-22 所示，根据晶闸管导通和阻断两种不同开关状态，该电路具有 2 种工作模态，对应的等效电路与单相半波不可控整流器（图 3-2）相似。

模态 1，在 u_2 正半周期间，VT 承受正向阳极电压，若在 $\omega t = \alpha$ 时刻给 VT 门极施加触发脉冲，则 VT 导通。忽略晶闸管通态电压，有 $u_{VT} = 0$，此时 $u_o = u_2$。由于变压器二次电流既是晶闸管电流也是负载电流，故 $i_2 = u_o / R = u_2 / R$。当 $\omega t = \pi$ 即 u_2 降为零时，i_2 也降为零，此时流过晶闸管的电流为零，VT 关断，模态 1 结束。

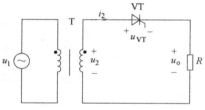

图 3-22　单相半波可控整流器

模态 2，晶闸管 VT 处于断态，电路中无电流，负载电阻两端电压为零，u_2 全部施加于 VT 两端，即 $u_{VT} = u_2$。

根据上述分析，带电阻负载单相半波可控整流器的工作波形如图 3-23 所示。根据图 3-23 可知，整流输出电压的平均值 U_o 为

$$U_o = \frac{1}{2\pi} \int_\alpha^\pi \sqrt{2} U_2 \sin\omega t \, d(\omega t) = \frac{\sqrt{2} U_2}{\pi} \frac{1 + \cos\alpha}{2} = 0.45 U_2 \frac{1 + \cos\alpha}{2} \tag{3-5}$$

根据式（3-5），当 $\alpha = 0$ 时，整流输出电压平均值为最大，$U_o = U_{omax} = 0.45 U_2$，此时相当于单相半波不可控整流器。随着 α 增大，U_o 减小，当 $\alpha = \pi$ 时，$U_o = 0$，因此该电路触发角 α 的移相范围为 $0 \sim \pi$。可见，调节 α 即可控制 U_o 的大小。

3.2.1.2 单相桥式可控整流器

1. 带电阻负载的工作情况

将单相桥式不可控整流器中的二极管替换为晶闸管，得到的单相桥式可控整流器如图 3-24 所示，其中晶闸管 VT_1 和 VT_4 组成一对桥臂，VT_2 和 VT_3 组成另一对桥臂，同一桥臂上的两个晶闸管同时导通或关断。

当单相桥式全控整流器所接负载为电阻负载时，根据两对桥臂的晶闸管通断状态，可以得到 3 种工作

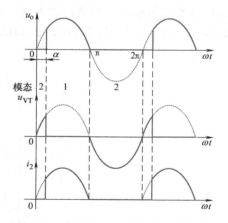

图 3-23　带电阻负载的单相半波可控整流器工作波形

模态，对应的等效电路与带电容滤波的单相桥式不可控整流器（见图 3-5 和图 3-11）相似。工作模态介绍如下。

模态 1，在 u_2 的正半周期间，a 端电位高于 b 端电位，VT_1 和 VT_4 承受正向阳极电压。若在 $\omega t = \alpha$ 时刻同时给 VT_1 和 VT_4 施加门极触发脉冲，VT_1 和 VT_4 导通，即 $u_{VT1,4} = 0$。此时，输出电压 $u_o = u_2$，变压器二次电流 i_2 等于晶闸管电流（即负载电流），故 $i_2 = i_{VT1,4} = i_o = u_2/R$。当 u_2 过零时，晶闸管电流也降到零，VT_1 和 VT_4 关断，模态 1 结束。

模态 2，在 u_2 的负半周期间，a 端电位低于 b 端电位，VT_2 和 VT_3 承受正向阳极电压。若在 $\omega t = \pi + \alpha$ 时刻触发 VT_2 和 VT_3 导通，输出电压 $u_o = -u_2$，变压器二次电流 i_2 与晶闸管电流（即负载电流）反相，故 $i_2 = -i_o = u_2/R$。由于 VT_2 和 VT_3 已导通，VT_1 和 VT_4 各自承受电压 u_2，即 $u_{VT1,4} = u_2$。当 u_2 过零时，晶闸管电流又降为零，VT_2 和 VT_3 关断，模态 2 结束。

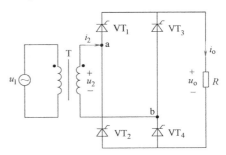

图 3-24　带电阻负载单相桥式可控整流器

模态 3，4 个晶闸管均为断态，电路中无电流，负载电压 u_o 为零。VT_1 和 VT_4 串联承受电压 u_2，即 $u_{VT1,4} = u_2/2$。

从上述分析可知，带电阻负载的单相桥式全控整流器在一个电源周期内按"模态 3—模态 1—模态 3—模态 2"顺序工作，得到的工作波形如图 3-25 所示。

整流输出电压的平均值为

$$U_o = \frac{1}{\pi}\int_{\alpha}^{\pi}\sqrt{2}\,U_2\sin\omega t\,\mathrm{d}(\omega t) = \frac{2\sqrt{2}\,U_2}{\pi}\frac{1 + \cos\alpha}{2} = 0.9U_2\frac{1 + \cos\alpha}{2} \tag{3-6}$$

当 $\alpha = 0$ 时，$U_o = U_{omax} = 0.9U_2$，输出电压与单相桥式不可控整流器相同；当 $\alpha = \pi$ 时，$U_o = 0$。因此，带电阻负载的单相桥式可控整流器触发角 α 的移相范围为 $0 \sim \pi$。

向负载输出的直流电流平均值为

$$I_o = \frac{U_o}{R} = \frac{2\sqrt{2}\,U_2}{\pi R}\frac{1 + \cos\alpha}{2} = 0.9\frac{U_2}{R}\frac{1 + \cos\alpha}{2} \tag{3-7}$$

由图 3-25 可见，晶闸管承受的最大正向电压和反向电压分别为 $\frac{\sqrt{2}}{2}U_2$ 和 $\sqrt{2}\,U_2$。由于两对桥臂轮流导电，流过晶闸管电流的平均值只有负载电流平均值的一半，流过晶闸管的电流有效值为

$$I_{VT} = \sqrt{\frac{1}{2\pi}\int_{\alpha}^{\pi}\left(\frac{\sqrt{2}\,U_2}{R}\sin\omega t\right)^2\mathrm{d}(\omega t)} = \frac{U_2}{\sqrt{2}\,R}\sqrt{\frac{1}{2\pi}\sin2\alpha + \frac{\pi - \alpha}{\pi}} \tag{3-8}$$

变压器二次电流有效值 I_2 为

$$I_2 = \sqrt{\frac{1}{\pi}\int_{\alpha}^{\pi}\left(\frac{\sqrt{2}\,U_2}{R}\sin\omega t\right)^2\mathrm{d}(\omega t)} = \frac{U_2}{R}\sqrt{\frac{1}{2\pi}\sin2\alpha + \frac{\pi - \alpha}{\pi}} \tag{3-9}$$

由式（3-8）和式（3-9）可得晶闸管电流有效值与变压器二次电流有效值的关系是

$$I_{VT} = \frac{1}{\sqrt{2}}I_2 \qquad (3\text{-}10)$$

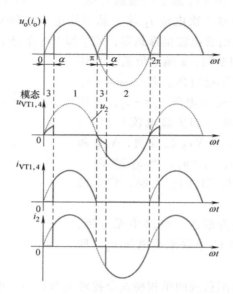

图 3-25　带电阻负载单相桥式可控整流器的工作波形

2. 带阻感负载的工作情况

带阻感负载的单相桥式可控整流器如图 3-26 所示，阻感负载的特点是负载电感对电流有平波作用，负载电流不能突变。假设负载电感很大且电路已工作于稳态，负载电流 i_o 连续且近似为一条水平线，电流的平均值不变。

由于负载电流连续，流过晶闸管的电流不会下降到零，给晶闸管施加反压才能使其关断。因此，带阻感负载的单相桥式可控整流器稳态工作时不存在 4 个晶闸管都为断态的情况，两对桥臂将轮流导通，对应的 2 种工作模态参考图 3-5。工作模态介绍如下。

模态 1，在 u_2 的正半周期间、$\omega t = \alpha$ 时刻，同时给 VT_1 和 VT_4 施加门极触发脉冲，VT_1 和 VT_4 导通，输出电压 $u_o = u_2$；流过晶闸管的电流等于负载电流，

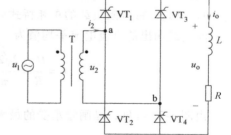

图 3-26　带阻感负载单相桥式可控整流器

$i_{VT1,4} = i_o$。当 u_2 过零变负时，由于负载电流连续，晶闸管 VT_1 和 VT_4 中仍流过电流 i_o，并不关断。

模态 2，在 u_2 的负半周期间、$\omega t = \pi + \alpha$ 时刻，同时给 VT_2 和 VT_3 施加门极触发脉冲，由于 VT_2 和 VT_3 已承受正向阳极电压，故两管导通，此时输出电压 $u_o = -u_2$。VT_2 和 VT_3 导通后，u_2 通过 VT_2 和 VT_3 分别向 VT_1 和 VT_4 施加反压使其关断，流过 VT_1 和 VT_4 的电流迅速转移到 VT_2 和 VT_3 上，有 $i_{VT2,3} = i_o$，此过程称为换相，亦称换流。

模态 2 一直持续到下一周期模态 1 工作才终止，故模态 1 和模态 2 轮流工作，得到的工

作波形如图 3-27 所示。

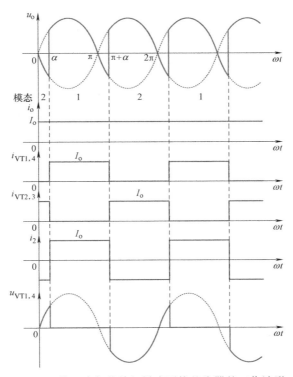

图 3-27　带阻感负载单相桥式可控整流器的工作波形

整流输出电压 u_o 的平均值为

$$U_o = \frac{1}{\pi} \int_{\alpha}^{\pi+\alpha} \sqrt{2} U_2 \sin\omega t \mathrm{d}(\omega t) = \frac{2\sqrt{2}}{\pi} U_2 \cos\alpha = 0.9 U_2 \cos\alpha \qquad (3\text{-}11)$$

当 $\alpha = 0$ 时，$U_{o\max} = 0.9 U_2$；$\alpha = \pi/2$ 时，$U_o = 0$。因此，带阻感负载单相桥式可控整流器的 α 移相范围为 $0 \sim \pi/2$。

由图 3-27 可见，晶闸管承受的最大正反向电压均为 $\sqrt{2} U_2$。负载电流的平均值和晶闸管电流的有效值分别为 $I_o = \dfrac{U_o}{R}$ 和 $I_{VT} = \dfrac{1}{\sqrt{2}} I_o = 0.707 I_o$。变压器二次电流 i_2 的波形为正负脉宽各为 π 的矩形波，其基波滞后变压器二次电压 u_2 的相位为 α，有效值 $I_2 = I_o$。

3. 带反电动势负载的工作情况

当单相桥式可控整流器接蓄电池、直流电机的电枢等负载时，忽略整流器各部分的电感，负载可看作由反电动势与电阻串联而成，如图 3-28 所示。

与带电阻负载时相比，带反电动势负载的单相桥式全控整流器，只有在 u_2 的绝对值大于反电动势 E，即 $|u_2| > E$ 时，晶闸管才承受正向阳极电压，可以触发导通。因此，晶闸管的触发导通条件为 $\alpha > \delta$，其中 δ 称为停止导电角，其定义为

$$\delta = \arcsin \frac{E}{\sqrt{2} U_2} \qquad (3\text{-}12)$$

显然，带反电动势负载的单相桥式可控整流器同样具有与带电阻负载相似的 3 种工作模

态，即 VT$_1$ 和 VT$_4$ 导通、VT$_2$ 和 VT$_3$ 导通、4 个晶闸管均阻断，但工作条件不一样，具体分析如下。

模态 1，在 u_2 的正半周期间且 $\omega t = \alpha > \delta$ 时刻，给 VT$_1$ 和 VT$_4$ 施加门极触发脉冲，VT$_1$ 和 VT$_4$ 导通，输出电压 $u_o = u_2$，晶闸管电流即负载电流为 $i_{VT1,4} = i_o = \dfrac{u_2 - E}{R}$。当 $\omega t = \pi - \delta$ 或 $u_2 = E$ 时，晶闸管电流下降到零，VT$_1$ 和 VT$_4$ 关断，模态 1 结束。

模态 2，在 u_2 的负半周期间且 $\omega t = \pi + \alpha$ 时刻，触发导通 VT$_2$ 和 VT$_3$，输出电压 $u_o = -u_2$。

模态 3，4 个晶闸管均为断态，电路中无电流，但输出电压 u_o 等于反电动势，$u_o = E$。

综上分析，带反电动势负载单相桥式可控整流器的工作波形如图 3-29 所示。输出电流 i_o 的波形在一个周期内部分时间为零，这种情况称为<u>电流断续</u>。整流输出电压和输出电流的平均值分别为

$$U_o = \frac{1}{\pi} \int_{\alpha}^{\pi+\alpha} u_o \mathrm{d}(\omega t) = \frac{1}{\pi}\left[\int_{\alpha}^{\pi-\delta} \sqrt{2} U_2 \sin\omega t \mathrm{d}(\omega t) + \int_{\pi-\delta}^{\pi+\alpha} E \mathrm{d}(\omega t) \right]$$

$$= 0.45 U_2 [\cos\alpha - \cos(\pi-\delta)] + \frac{\alpha+\delta}{\pi} E \tag{3-13}$$

$$I_o = \frac{U_o - E}{R} \tag{3-14}$$

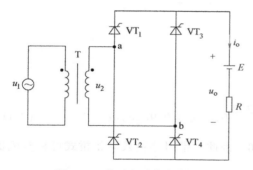

图 3-28　带反电动势负载的
单相桥式可控整流器

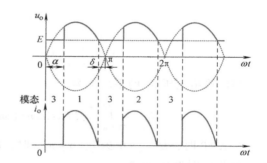

图 3-29　带反电动势负载单相桥式可控整
流器的工作波形

3.2.1.3　单相全波可控整流器

带电阻负载的单相全波可控整流器如图 3-30 所示，参考单相半波可控整流器的工作模态，可知单相全波可控整流器一共有 3 种工作模态，分别是 VT$_1$ 导通、VT$_2$ 导通、VT$_1$ 和 VT$_2$ 关断，对应的等效电路如图 3-31 所示，工作模态分析如下。

模态 1，在 u_2 正半周期间且 $\omega t = \alpha$ 时刻，给 VT$_1$ 施加门极触发脉冲，则 VT$_1$ 导通，变压器二次绕组上半部分流过电流，此时输出电压 $u_o = u_2$。当 u_2 下降为零时，负载电流即晶闸管电流 $i_o = \dfrac{u_o}{R}$ 亦降为零，VT$_1$ 关断，模态 1 结束。

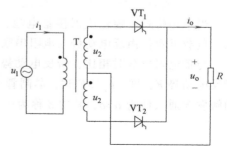

图 3-30　单相全波可控整流器

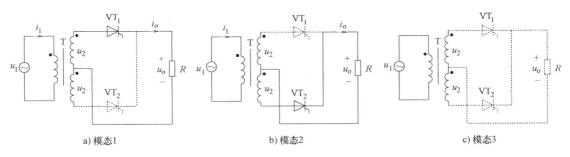

a) 模态1   b) 模态2   c) 模态3

图 3-31 带电阻负载单相全波可控整流器的等效电路

模态 2，在 u_2 负半周期间且 $\omega t = \pi + \alpha$ 时刻，给 VT_2 施加门极触发脉冲，则 VT_2 导通，变压器二次绕组下半部分流过电流，此时输出电压 $u_o = -u_2$。由于 VT_2 导通，VT_1 承受整个变压器二次绕组的电压，即 $u_{VT1} = 2u_2$。当 u_2 过零时，VT_2 关断，模态 2 结束。

模态 3，晶闸管 VT_1 和 VT_2 均处于断态，电路中无电流，负载电阻两端电压为零，VT_1 承受 u_2，故有 $u_{VT1} = u_2$。

根据上述分析，带电阻负载单相全波可控整流器的典型工作波形如图 3-32 所示。与带电阻负载的单相桥式可控整流器的工作波形（图 3-25）相比，两个电路的直流输出波形或变压器一次电流波形基本一致，两者之间的区别在于变压器二次侧的结构、晶闸管的数量、晶闸管承受的电压应力以及导电回路的管压降等。

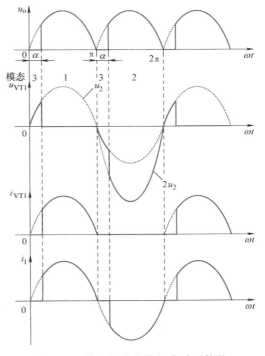

图 3-32 带电阻负载单相全波可控整流器的工作波形

3.2.2 三相可控整流器

3.2.2.1 三相半波可控整流器

1. 带电阻负载的工作情况

带电阻负载的三相半波可控整流器如图 3-33 所示，采用共阴极接法的三个晶闸管（VT_1、VT_2、VT_3）分别接入变压器二次侧的 a、b、c 三相。如果对三个晶闸管同时施加门极触发脉冲，阳极所接交流相电压值最大的一个晶闸管将导通。因此，各相晶闸管开始承受最大正向阳极电压的时刻是相电压的交点，该交点也称为自然换相点。按照触发角 α 的定义，自然换相点是晶闸管能触发导通的最早时刻，也就是三相可控整流器中各相晶闸

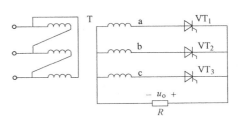

图 3-33 带电阻负载的三相半波可控整流器

管触发角 α 的起点，如 VT_1 的触发角 $\alpha=0$ 对应的是 a 相正弦电压 $\omega t=\pi/6$ 的位置。在自然换相点触发相应的晶闸管导通，相当于工作在三相半波不可控整流器的情况。

根据晶闸管的通断状态，带电阻负载的三相半波可控整流器包括 3 个晶闸管单独导通和 3 个晶闸管均关断等 4 种工作模态，对应的等效电路如图 3-34 所示。

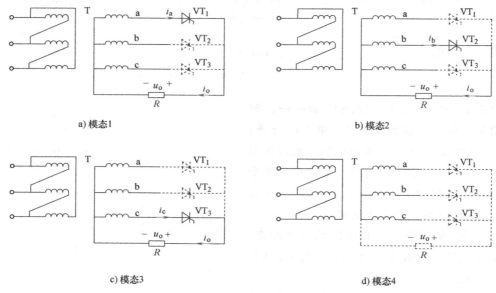

a) 模态1   b) 模态2

c) 模态3   d) 模态4

图 3-34　带电阻负载三相半波可控整流器的等效电路

模态 1，在变压器二次相电压 u_a 最大期间（$\omega t=\pi/6\sim5\pi/6$），VT_1 承受的正向阳极电压最大，若在此期间给 VT_1 施加门极触发脉冲，VT_1 导通，$u_{VT1}=0$。此时，输出电压 $u_o=u_a$，负载上的电压波形是相电压波形的一部分。VT_2 承受的是 b 相与 a 相之间的电压差，由于 $u_b<u_a$，$u_{VT2}=u_b-u_a=u_{ba}<0$，故 VT_2 截止。同理，VT_3 也承受反压截止。

模态 2，在 u_b 最大期间（$\omega t=5\pi/6\sim3\pi/2$），$VT_2$ 承受的正向阳极电压最大，若触发 VT_2 导通，输出电压 $u_o=u_b$。由于 $u_a-u_c<u_b$，VT_2 导通后，VT_1 和 VT_3 均承受反压截止，有 $u_{VT1}=u_{ab}$，故晶闸管承受的最大反向电压为变压器二次线电压的峰值 $\sqrt{6}U_2$。

模态 3，在 u_c 最大期间（$\omega t=3\pi/2\sim13\pi/6$），$VT_3$ 承受的正向阳极电压最大。若触发 VT_3 导通，输出电压 $u_o=u_c$。VT_1 和 VT_2 承受反压截止，有 $u_{VT1}=u_{ac}$。

模态 4，当 3 个晶闸管均处于断态时，电路中无电流，输出电压 u_o 为零。晶闸管各自承受变压器二次相电压，有 $u_{VT1}=u_a$，$u_{VT2}=u_b$，$u_{VT3}=u_c$。

在一个电源周期中，VT_1、VT_2、VT_3 轮流触发导通，每个晶闸管的最大导通角为 $2\pi/3$。晶闸管导通时，流经晶闸管的电流既等于相电流又等于负载电流，如模态 1 中 $i_{VT1}=i_a=i_o=u_a/R$，因此当相电压 u_a 下降到零，晶闸管电流也下降为零，VT_1 关断，模态 1 结束。当 $\alpha=\pi/6$ 时，模态 1 结束的时刻正好对应于 a 相电压 $\omega t=\pi$ 的位置，即 u_a 为零，负载电流处于连续与断续的临界状态，对应的典型工作波形如图 3-35a 所示。当 $\alpha\leqslant\pi/6$ 时，模态 1 结束时负载电流不为零，电路将从模态 1 直接切换至模态 2，这种工作情况称为负载电流连续，电路将以"模态 1—模态 2—模态 3"的顺序循环工作。其中 $\alpha=0$ 对应的典型工作波形参考三相半波不可控整流器的波形（图 3-15）。当 $\alpha>\pi/6$ 时，负载电流在模态 1 结束前已经下降到零，电路将进入模态 4，直到模态 2 来临。这种工作情况称为**负载电流断续**，电路将以"模态 1—模态 4—模态 2—模态 4—模态 3—模态 4"的顺序循环工作。$\alpha = \pi/3$ 对应的典型工作波形如图 3-35b 所示。

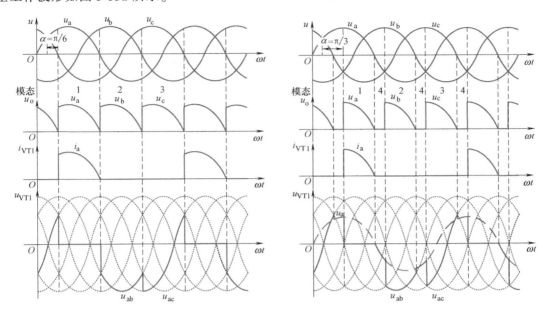

a) $\alpha = \pi/6$,负载电流临界连续   b) $\alpha = \pi/3$,负载电流断续

图 3-35 带电阻负载三相半波可控整流器的工作波形

已知自然换相点 $\alpha = 0$ 对应相电压 $\omega t = \pi/6$ 的位置，根据图 3-35，带电阻负载三相半波可控整流器的整流输出电压平均值为：

1）$\alpha \leqslant \pi/6$ 时，负载电流连续

$$U_o = \frac{1}{2\pi/3} \int_{\frac{\pi}{6}+\alpha}^{\frac{5\pi}{6}+\alpha} \sqrt{2} U_2 \sin\omega t \, d(\omega t) = \frac{3\sqrt{6}}{2\pi} U_2 \cos\alpha = 1.17 U_2 \cos\alpha \qquad (3\text{-}15)$$

当 $\alpha = 0$ 时，U_o 最大，$U_{omax} = 1.17 U_2$，与式（3-3）相同。

2）$\alpha > \pi/6$ 时，负载电流断续

$$U_o = \frac{1}{2\pi/3} \int_{\frac{\pi}{6}+\alpha}^{\pi} \sqrt{2} U_2 \sin\omega t \, d(\omega t) = \frac{3\sqrt{2}}{2\pi} U_2 \left[1 + \cos\left(\frac{\pi}{6} + \alpha\right) \right] \qquad (3\text{-}16)$$

当 $\alpha = 5\pi/6$ 时，$U_o = 0$，故带电阻负载三相半波可控整流器的触发角移相范围是 $0 \sim 5\pi/6$。

2. 带阻感负载的工作情况

如果负载为阻感负载，且电感值很大，负载电流连续并近似为一条水平线，因此，带阻感负载的三相半波可控整流器不存在 3 个晶闸管同时关断的工作模态。在一个周期中，VT_1、VT_2、VT_3 轮流导通，与带电阻负载时负载电流连续的工作情况相似。带阻感负载三相半波可控整流器的典型工作波形如图 3-36 所示。

带阻感负载三相半波可控整流器的整流输出电压大小与式（3-15）相同，即 $U_o = 1.17$ $U_2 \cos\alpha$。当 $\alpha = \pi/2$，$U_o = 0$，触发角的移相范围是 $0 \sim \pi/2$。

由于 3 个晶闸管轮流导电，晶闸管电流或变压器二次相电流的有效值为

$$I_{VT} = \frac{1}{\sqrt{3}} I_o = \frac{\sqrt{3}}{3} \frac{U_o}{R} \qquad (3-17)$$

由于晶闸管截止时承受的均是变压器二次线电压，因此其最大正反向电压为 $\sqrt{6} U_2$。

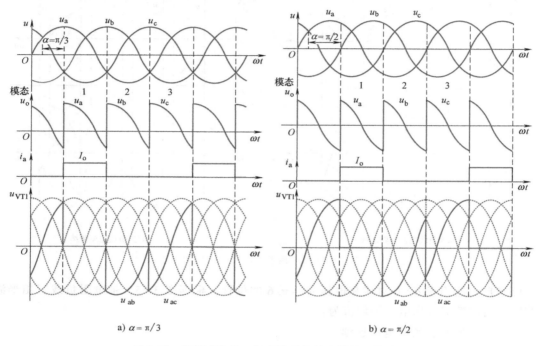

a) $\alpha = \pi/3$ b) $\alpha = \pi/2$

图 3-36　带阻感负载三相半波可控整流器的工作波形

3.2.2.2　三相桥式可控整流器

1. 带电阻负载的工作情况

图 3-37 所示为带电阻负载的三相桥式可控整流器，可以看作由两个三相半波可控整流器组成。三个晶闸管（VT_1、VT_3、VT_5）的阴极连接在一起构成共阴极组，另外三个晶闸管（VT_4、VT_6、VT_2）的阳极连接在一起构成共阳极组，其中 VT_1 和 VT_4 与 a 相电源连接，VT_3 和 VT_6 与 b 相电源连接，VT_5 和 VT_2 与 c 相电源连接。如果对晶闸管同时施加门极触发脉冲，对于共阴极组的三个晶闸管，阳极所接变压器二次相电压值最大的一个导通；对于共阳极组的三个晶闸管，则是阴极所接变压器二次相电压值最小的一个导通，因此，三相桥式可控整流器晶闸管触发角的起点仍是自然换相角。按照相电压的大小，晶闸管采用上述编号方式，可以保证按从 1 至 6 的顺序导通。

从图 3-37 可知，若要构成导电回路，共阳极组和共阴极组中各需要一个不同相的晶闸管处于导通状态，因此，三相桥式可控整流器共有 6 种导电工作模态以及 1 种晶闸管全部关断的工作模态，对应的等效电路与带电容滤波的三相桥式不可控整流器（图 3-17 和图 3-20）

相似。工作模态分析如下。

模态 1，在相电压 u_a 最大、u_b 最小期间，若触发共阴极组中的 VT_1 和共阳极组中的 VT_6 导通，则整流输出电压 $u_o = u_a - u_b = u_{ab}$，负载上的电压波形是线电压波形的一部分。此时 a 相电流即流过晶闸管 VT_1 的电流等于负载电流，有 $i_a = i_{VT1} = i_o = \dfrac{u_{ab}}{R}$。

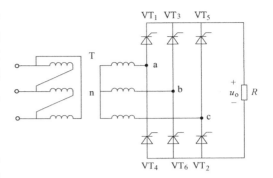

图 3-37　带电阻负载的三相桥式可控整流器

模态 2，在相电压 u_a 最大、u_c 最小期间，若触发 VT_1 和 VT_2 导通，则整流输出电压 $u_o = u_a - u_c = u_{ac}$。此时，$i_a = i_{VT1} = i_o = u_{ac}/R$。

模态 3，在相电压 u_b 最大、u_c 最小期间，若触发 VT_2 和 VT_3 导通，则整流输出电压 $u_o = u_b - u_c = u_{bc}$。此时，$i_a = 0$。

模态 4，在相电压 u_b 最大、u_a 最小期间，若触发 VT_3 和 VT_4 导通，则整流输出电压 $u_o = u_b - u_a = u_{ba}$。由于 VT_4 导通，$i_a = -i_{VT4} = -i_o = -u_{ba}/R$。

模态 5，在相电压 u_c 最大、u_a 最小期间，若触发 VT_4 和 VT_5 导通，则整流输出电压 $u_o = u_c - u_a = u_{ca}$。此时，$i_a = -i_{VT4} = -i_o = -u_{ca}/R$。

模态 6，在相电压 u_c 最大、u_b 最小期间，若触发 VT_5 和 VT_6 导通，则整流输出电压 $u_o = u_c - u_b = u_{cb}$。此时，$i_a = 0$。

模态 7，当晶闸管尚未触发导通，或流过晶闸管的电流为零、所有晶闸管均关断时，整流输出电压 $u_o = 0$。

根据上述工作模态分析，带电阻负载三相桥式可控整流器在不同触发角 α 下的典型工作波形如图 3-38 所示，可以得出以下结论：

1）当 $\alpha = 0$ 时，即在自然换相点对晶闸管施加触发脉冲，相当于三相桥式不可控整流器的工作情况，波形与图 3-18 相似。

2）负载电流连续时，模态 7（6 个晶闸管均关断）不会出现，在一个电源周期中，整流输出电压 u_o 由 6 个波形相同的线电压 u_{ab}、u_{ac}、u_{bc}、u_{ba}、u_{ca}、u_{cb} 脉冲相连而成。增大触发角 α，即推迟晶闸管的起始导通时刻，组成 u_o 的每一段线电压向后推移，u_o 的平均值将降低。

3）当 $\alpha = \pi/3$ 时，变压器二次线电压在模态 1~6 结束时正好下降到零，u_o 出现了为零的点，如图 3-38a 所示，负载电流处于连续与断续临界状态。当 $\alpha < \pi/3$ 时，负载电流连续；当 $\alpha > \pi/3$ 时，负载电流断续，模态 7 出现，如图 3-38b 所示。

从图 3-38 可见，整流输出电压 u_o 在一个电源周期内脉动 6 次，每次脉动的波形都一样，故该电路也属于 6 脉波整流器。已知自然换相点 $\alpha = 0$ 对应的是输出线电压 $\omega t = \pi/3$ 的位置，因此，带电阻负载三相桥式可控整流器的输出电压平均值为

1）$\alpha \leqslant \pi/3$ 时，负载电流连续，

$$U_o = \frac{1}{\pi/3} \int_{\frac{\pi}{3} + \alpha}^{\frac{2\pi}{3} + \alpha} \sqrt{6}\, U_2 \sin\omega t\, \mathrm{d}(\omega t) = \frac{3\sqrt{6}}{\pi} U_2 \cos\alpha = 2.34 U_2 \cos\alpha \qquad (3\text{-}18)$$

当 $\alpha = 0$ 时，U_o 最大，$U_{omax} = 2.34 U_2$，与式（3-4）相同。

2）$\alpha > \pi/3$ 时，负载电流断续，

$$U_o = \frac{1}{\pi/3} \int_{\frac{\pi}{3}+\alpha}^{\pi} \sqrt{6} U_2 \sin\omega t d(\omega t) = \frac{3\sqrt{6}}{\pi} U_2 \left[1 + \cos\left(\frac{\pi}{3} + \alpha\right) \right] \tag{3-19}$$

当 $\alpha = 2\pi/3$ 时，$U_o = 0$，故带电阻负载三相桥式可控整流器的触发角移相范围是 $0 \sim 2\pi/3$。

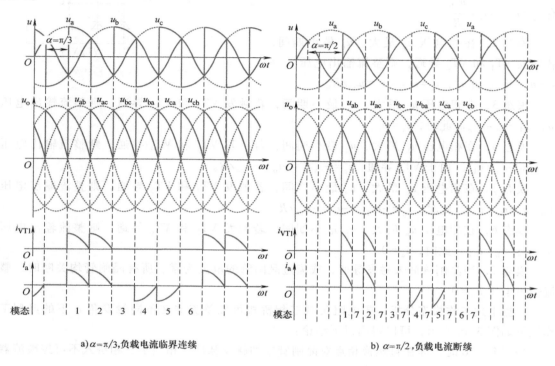

a）$\alpha = \pi/3$，负载电流临界连续   b）$\alpha = \pi/2$，负载电流断续

图 3-38 带电阻负载三相桥式可控整流器的工作波形

2. 带阻感负载的工作情况

当三相桥式可控整流器带阻感负载时，如果 $\omega L \gg R$，那么负载电流 i_o 通常是连续的，而且可以忽略电流在每个导电时段内的脉动，把 i_o 看作一个恒值电流 I_o。由于负载电流连续，此时电路的工作情况与带电阻负载且负载电流连续时十分相似，其典型工作波形如图 3-39 所示。

从图 3-39 中可以看出，当 $\alpha \leqslant \pi/3$ 时，以 $\alpha = \pi/6$ 为例，整流输出电压 u_o 的波形等与带电阻负载时一样，区别在于由于负载不同，同样的整流输出电压加到负载上，得到的负载电流 i_o 波形不同；当 $\alpha > \pi/3$ 时，以 $\alpha = \pi/2$ 为例，u_o 的波形会出现负的部分。由于带阻感负载时输出电压平均值的表达式与式（3-18）相同，即 $U_o = 2.34 U_2 \cos\alpha$，由此可知，阻感负载三相桥式可控整流器的触发角移相范围是 $0 \sim \pi/2$。

已知 VT_1 和 VT_4 的导电角度均为 $2\pi/3$，且导通时刻相差半个电源周期，故 a 相电流 i_a 或变压器二次电流的有效值为

$$I_2 = \sqrt{\frac{1}{2\pi}\left[I_o^2 \times \frac{2\pi}{3} + (-I_o)^2 \times \frac{2\pi}{3}\right]} = \sqrt{\frac{2}{3}}I_o = 0.816I_o \qquad (3\text{-}20)$$

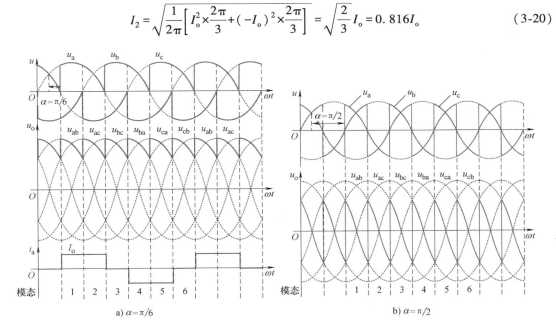

图 3-39 带阻感负载三相桥式可控整流器的工作波形

3.3 PWM 整流器

采用晶闸管的可控整流器，其输入电流滞后于电压，且滞后的角度随着触发角的增大而增大，同时输入电流的谐波含量很大，因此功率因数很低。采用二极管的不可控整流器，虽然输入电流与输入电压的相位基本一致，但是输入电流的谐波含量很大，因此功率因数也很低。

采用全控型开关器件的整流器被称为 PWM 整流器，它通过适当的 PWM 控制方式，可以使输入电流接近正弦波，且和输入电压同相位，达到功率因数近似为 1 的目标，在不同程度上解决了晶闸管可控整流器和二极管不可控整流器存在的问题。

按照电路结构，PWM 整流器可以采用桥式电路结构、VIENNA 电路结构等。按照输出滤波电路的型式，PWM 整流器可以分为电压型和电流型两大类，其中电压型的输出端并联滤波电容，而电流型的输出端串联滤波电感。目前应用较多的是电压型 PWM 整流器，本节主要介绍单相和三相电压型 PWM 整流器。

3.3.1 桥式 PWM 整流器

3.3.1.1 单相桥式 PWM 整流器

单相桥式 PWM 整流器如图 3-40 所示，其中直流侧电容 C 与电阻负载 R 并联，当 C 足够大时，输出电压 u_o 可近似认为恒定，即 $u_o = U_o$。交流侧电感 L_s 通常还包括交流电源或输入变压器的漏感，电阻 R_s 包括电感 L_s 和交流电源或输入变压器的内阻。PWM 整流器的每个桥臂均由一个全控型开关器件和一个反并联二极管组成，根据流过桥臂电流的方向，桥臂导通包括全控型开关导通或二极管导通两种情况。

当交流输入电压 u_s 为正弦波，即 $u_s(t) = \sqrt{2}U_s\sin\omega t$ 时，单相桥式 PWM 整流器的输入功率因数为

$$\lambda = \frac{P}{S} = \frac{U_s I_{s1}\cos\phi_1}{U_s I_s} \qquad (3\text{-}21)$$

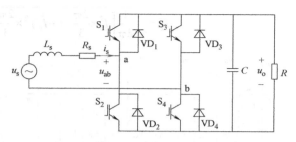

图 3-40　电压型单相桥式 PWM 整流器

式中，U_s 为输入电压 u_s 的有效值；I_s 为输入电流 i_s 的有效值，I_{s1} 为输入电流基波 i_{s1} 的有效值；ϕ_1 为输入电流基波 i_{s1} 与输入电压 u_s 的相位差。

当输入电流 i_s 近似为正弦波且与 u_s 同相位，即 $I_s \cong I_{s1}$ 且 $\phi_1 = 0$，输入功率因数近似为 1。已知单相桥式 PWM 整流电路的电量矢量关系为

$$\dot{U}_s = (R_s + j\omega L_s)\dot{I}_{s1} + \dot{U}_{ab1} \qquad (3\text{-}22)$$

从上式可见，如果整流器交流侧电压 u_{ab} 的基波 u_{ab1} 为一个与 u_s 同频率且幅值和相位均可调节的正弦电压，即 $u_{ab1}(t) = \sqrt{2}U_m\sin(\omega t - \delta)$，那么通过 PWM 控制 u_{ab}，使 i_{s1} 与 u_s 同相位，满足输入功率因数近似为 1 的要求。对应的各电量矢量关系如图 3-41 所示。

为了控制 u_{ab}，首先需要分析单相桥式 PWM 整流器的工作模态。根据桥臂开关在交流电源电压正负半周的通断状态组合，单相全桥 PWM 整流器共有 8 种工作模态，对应的等效电路如图 3-42 所示。工作模态的具体分析如下。

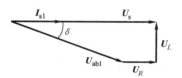

图 3-41　功率因数为 1 时单相桥式 PWM 整流器的相量关系

模态 1，$u_s > 0$ 且 $i_s > 0$，所有开关管关断，VD_1、VD_4 承受正向电压导通，交流输入端 a、b 之间的电压即交流侧电压等于整流输出电压，即 $u_{ab} = U_o$。此时，S_2、S_3 两端承受的电压为整流输出电压 U_o。

模态 2，$u_s > 0$ 且 $i_s > 0$，S_2、S_3 承受正向电压，给它们施加驱动信号，S_2、S_3 导通，交流侧电压 $u_{ab} = -U_o$。此时，S_1、S_4 两端承受的电压也是 U_o。

模态 3，$u_s > 0$ 且 $i_s > 0$，S_2 导通，其他开关管关断，VD_4 承受正向电压导通，交流侧电压 $u_{ab} = 0$，直流侧电容 C 向负载 R 放电。

模态 4，$u_s > 0$ 且 $i_s > 0$，S_3 导通，其他开关管关断，VD_1 承受正向电压导通，交流侧电压 $u_{ab} = 0$，直流侧电容 C 向负载 R 放电。

模态 5，$u_s < 0$ 且 $i_s < 0$，所有开关管关断，VD_2、VD_3 承受正向电压导通，交流侧电压 $u_{ab} = -U_o$。

模态 6，$u_s < 0$ 且 $i_s < 0$，S_1、S_4 承受正向电压，给它们施加驱动信号，S_1、S_4 导通，此时交流侧电压 $u_{ab} = U_o$。

模态 7，$u_s < 0$ 且 $i_s < 0$，S_1 导通，其他开关管关断，VD_3 承受正向电压导通，此时交流侧电压 $u_{ab} = 0$，直流侧电容 C 向负载 R 放电。

模态 8，$u_s < 0$ 且 $i_s < 0$，S_4 导通，其他开关管关断，VD_2 承受正向电压导通，此时交流侧电压 $u_{ab} = 0$，直流侧电容 C 向负载 R 放电。

综上所述，单相桥式 PWM 整流器的交流侧电压 u_{ab} 可由桥臂的开关状态决定，具体为

$$u_{ab} = \begin{cases} U_o, & \text{当} VD_1 、 VD_4 \text{或} S_1 、 S_4 \text{导通} \\ 0, & \text{当} S_1 、 VD_3 , S_2 、 VD_4 , S_3 、 VD_1 \text{或} S_4 、 VD_2 \text{导通} \\ -U_o, & \text{当} VD_2 、 VD_3 \text{或} S_2 、 S_3 \text{导通} \end{cases} \quad （3\text{-}23）$$

根据 PWM 原理，控制桥臂开关 $S_1 \sim S_4$ 的通断状态，可以使 $u_{ab1} = \sqrt{2}\,U_m \sin(\omega t - \delta)$，单相桥式 PWM 整流器的工作波形如图 3-43 所示。

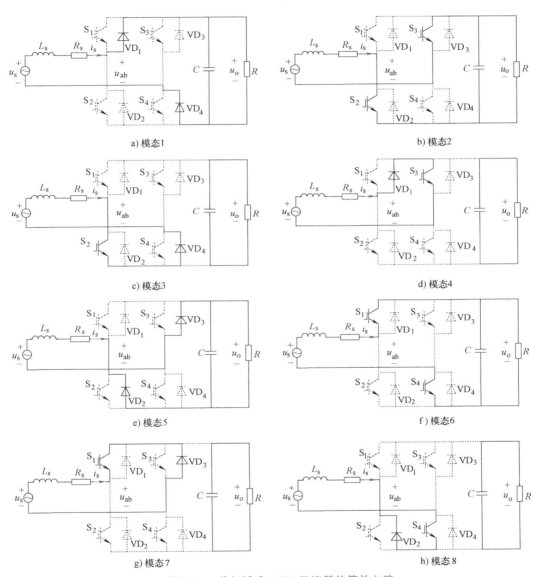

图 3-42　单相桥式 PWM 整流器的等效电路

3.3.1.2　三相桥式 PWM 整流器

三相桥式 PWM 整流器如图 3-44 所示，其中 L_s、R_s 的含义和图 3-40 的单相桥式 PWM 整流器完全相同，有 $L_a = L_b = L_c = L_s$，$R_a = R_b = R_c = R_s$。为便于分析，取直流侧两个电容串联联结点 O 为电压参考点。

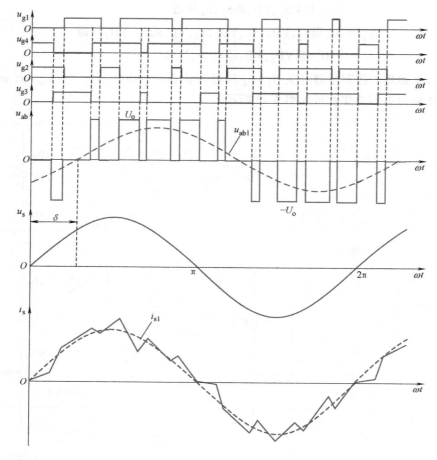

图 3-43　单相桥式 PWM 整流器的工作波形 ($\phi_1 = 0$)

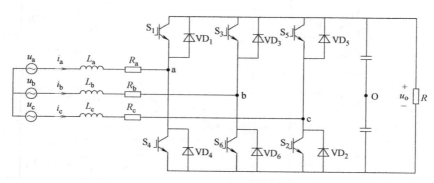

图 3-44　电压型三相桥式 PWM 整流器

由图 3-44 可知，整流桥侧线电压 u_{ab} 为

$$u_{ab} = u_{a0} - u_{b0} \tag{3-24}$$

式中，u_{a0}、u_{b0} 分别是 a 相、b 相对 O 点的电压，其大小由桥臂的开关状态决定，具体为

$$u_{a0} = \begin{cases} U_o/2, & \text{当 } VD_1 \text{ 或} S_1 \text{导通} \\ -U_o/2, & \text{当 } VD_4 \text{ 或} S_4 \text{导通} \end{cases} \tag{3-25}$$

$$u_{bO} = \begin{cases} U_o/2, & \text{当 VD}_3 \text{ 或 S}_3 \text{ 导通} \\ -U_o/2, & \text{当 VD}_6 \text{ 或 S}_6 \text{ 导通} \end{cases} \tag{3-26}$$

从上式可见，得到的整流桥侧线电压 u_{ab} 为一个三电平波形，其电平值为 $-U_o$、0 和 U_o，波形如图 3-45 所示，采用与前述的单相桥式 PWM 整流器相似的控制方式，调节线电压等效基波正弦波 u_{ab1} 的幅值和相位，可以实现输入电压、电流任意相位，以及 U_o 的恒压控制。

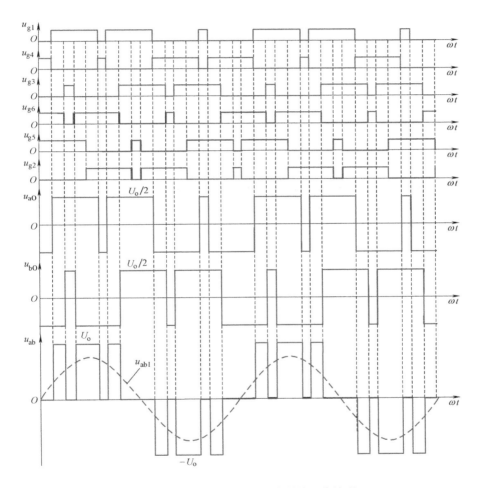

图 3-45　三相桥式 PWM 整流器的工作波形

3.3.2　VIENNA 整流器

由 3.3.1 节分析可知，PWM 整流器具有输入电流谐波含量低、能够实现单位功率因数运行、直流侧电压可控等优点，但其主要缺点是需要较多的全控型功率开关器件，且要避免上下桥臂开关器件直通，为此，VIENNA 整流器被提出。如图 3-46 所示，VIENNA 整流器可以看作由三相桥式不可控整流器演变而来，在每相的交流输入端 a、b、c 与直流侧电容中点 O 之间插入一个开关模块，每个开关模块由 1 个全控型开关器件和 4 个电力二极管组成。

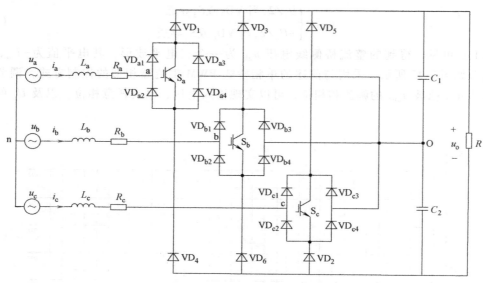

图 3-46　三相 VIENNA 整流器电路

　　下面以 a 相为例说明 VIENNA 整流器的工作原理。根据开关 S_a 的通断状态以及相电流 i_a 的方向，a 相桥臂共有 4 种工作模态，对应的等效电路如图 3-47 所示。工作模态分析如下。

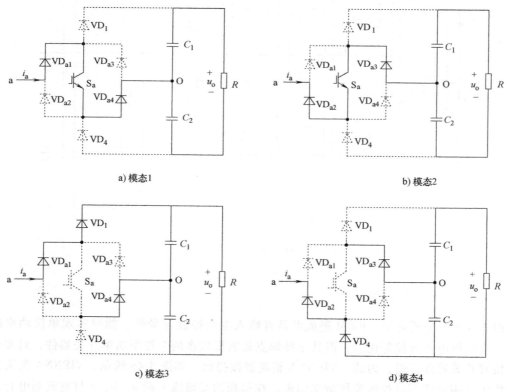

a) 模态1　　　　　　　　　　　　　　　　b) 模态2

c) 模态3　　　　　　　　　　　　　　　　d) 模态4

图 3-47　a 相桥臂的等效电路

模态 1，S_a 导通，若 $i_a>0$，VD_{a1}、VD_{a4} 流过电流，此时桥臂电压 $u_{aO}=0$。截止的二极管承受的电压为 U_{c1} 或 U_{c2}，考虑到电路稳定工作时上下电容电压平衡，有 $U_{c1}=U_{c2}=U_o/2$，因此，VD_1 和 VD_4 两端承受的电压均为整流输出电压的一半，即 $U_o/2$。

模态 2，S_a 导通，若 $i_a<0$，VD_{a2}、VD_{a3} 流过电流，此时桥臂电压 $u_{aO}=0$。同理，VD_1 和 VD_4 两端承受的电压也为 $U_o/2$。

模态 3，S_a 关断，若 $i_a>0$，VD_{a1}、VD_1 流过电流，此时桥臂电压等于上电容 C_1 两端电压，有 $u_{aO}=U_o/2$。S_a、VD_{a2}、VD_{a3} 和 VD_4 两端承受的电压均是 $U_o/2$。

模态 4，S_a 关断，若 $i_a<0$，VD_{a2}、VD_4 流过电流，此时桥臂电压 $u_{aO}=-U_o/2$。同理，S_a、VD_{a1}、VD_{a4} 和 VD_1 两端承受的电压也是 $U_o/2$。

综上分析，三相 VIENNA 整流器桥臂电压 u_{aO} 的大小由下式决定

$$u_{aO}=\begin{cases} U_o/2, & \text{当}i_a>0\text{且 }S_a\text{ 关断} \\ 0, & \text{当 }S_a\text{ 导通} \\ -U_o/2, & \text{当}i_a<0\text{且 }S_a\text{ 关断} \end{cases} \tag{3-27}$$

可见 u_{aO} 共有 0 和 $\pm U_o/2$ 三种电平，同理 u_{bO} 和 u_{cO} 也有三种电平，故三相 VIENNA 整流器也称为三电平整流器。与桥式 PWM 整流器相似，三相 VIENNA 整流器基于 PWM 原理控制 S_a、S_b 和 S_c 的导通和关断，可以得到所需要的工作波形。

与三相桥式 PWM 整流器相比，三相 VIENNA 整流器具有以下优点：

1）每相桥臂只需要一个全控型开关器件，一共需要 3 个，是三相桥式 PWM 整流器的一半。

2）三相桥臂的驱动信号相互独立，不需要设置死区时间，也不存在开关器件的直通现象。

3）所有开关器件所承受的电压均为整流输出电压的一半，是三相桥式 PWM 整流器的一半。

3.4　设计实例

一个完整的整流装置通常包括整流器、冷却系统、保护系统、控制系统等多个部分，本节仅讨论整流器部分的设计。整流器的设计通常包括以下几方面的内容。

1. 整流器的选择

整流器的选择应根据用户的电源情况及装置的容量来确定。一般情况下，装置容量在 5kV·A 以下多采用单相整流器，装置容量在 5kV·A 以上且额定直流电压较高时，多采用三相整流器。

2. 变压器参数的计算

需要计算的变压器参数包括变压器一、二次电压、电流，变压器一、二次侧的容量等。从前面的分析可以看出，变压器的匝比或二次电压 u_2 的有效值大小由需要的直流输出电压平均值 U_o 确定。不考虑变压器的损耗时，变压器的容量为 $S=U_2 I_2$。

3. 开关元件的选型

首先根据整流器的工作原理，计算开关元件所承受的最大正反向电压和流过开关元件的

电流有效值；然后根据整流器的使用场合及要求，确定开关元件电压电流的安全裕量系数；最后根据厂商提供的器件参数，综合技术经济指标选择开关元件的型号。

3.4.1 电容滤波单相不可控整流器的设计

电容滤波的单相不可控整流器常用于小功率单相交流输入场合，目前大量家电产品所采用的电源整流部分如图 3-10 所示。设负载为纯阻性负载，$R = 48\Omega$。电网频率为 50Hz，变压器二次电压为 $U_2 = 220V$。

由 3.1.2 节分析可知，电容滤波单相不可控整流器的整流输出电压 U_o 在 $0.9U_2 \sim \sqrt{2}U_2$ 之间变化。在负载大小一定的情况下，如果希望单相不可控整流器的输出电压为 $U_o \approx 1.2U_2 = 264V$，可根据经验公式 $RC \geqslant \dfrac{3 \sim 5}{2}T$ 选择电容 C 的值，其中 T 为交流电源周期。

因此，滤波电容 C 的大小为

$$C \geqslant \frac{3T}{2R} = \frac{3}{2 \times 48} \times \frac{1}{50}F = 625\mu F$$

由于滤波电容两端的最大电压为整流输出电压的最大值，取 1.1 倍安全裕量，可得滤波电容的耐压值为

$$U_C = 1.1U_{omax} = 1.1 \times \sqrt{2}U_2 = 1.1 \times \sqrt{2} \times 220V = 342V$$

因此，可选取容值为 $680\mu F$、耐压值不低于 400V 的电解电容作为滤波电容。

当 $U_o = 264V$ 时，整流输出电流的平均值为

$$I_o = \frac{U_o}{R} = 5.5A$$

根据电容安秒平衡原理，电容电流在一个周期内的平均值为零，故有 $I_d = I_o$，则二极管电流的平均值为 $I_o/2$。

若 $U_o \approx 1.2U_2$，那么每个二极管在每个周期里的导电角约为 $\pi/4$。假设二极管电流为幅值为 $4I_o$ 的矩形波，那么二极管电流的有效值为

$$I_{VD} = \sqrt{2}I_o = 7.8A$$

取电流安全裕量为 $1.5 \sim 2$，得二极管的额定电流为

$$I_{DN} = (1.5 \sim 2) \times \frac{I_{VD}}{1.57} = 7.4 \sim 9.9A$$

已知二极管承受的反向电压最大值为变压器二次电压最大值，取安全裕量为 $2 \sim 3$，则二极管的额定电压为

$$U_{DN} = (2 \sim 3) \times \sqrt{2}U_2 = 622 \sim 933V$$

因此，可根据上述额定电压和额定电流的范围选取具体的电力二极管型号。

3.4.2 电容滤波三相不可控整流器的设计

对于电容滤波的三相不可控整流器，由于实际中作为负载的后级电路稳态时消耗的直流平均电流是一定的，因此可以视为带电阻负载。设 $R = 48\Omega$，电网频率为 50Hz，变压器二次相电压 $U_2 = 220V$。

参考图 3-19，由 3.1.4 节分析可知，电容滤波三相不可控整流器的整流输出电压 U_o 在 $2.34U_2 \sim 2.45U_2$ 之间变化，当负载一定时，整流输出电压一般稳定在 $2.34U_2$，即

$$U_o = 2.34U_2 = 2.34 \times 220\text{V} = 514.8\text{V}$$

因此，整流输出电流平均值为

$$I_o = \frac{U_o}{R} = \frac{514.8}{48}\text{A} = 10.7\text{A}$$

一般取 $\omega RC = \sqrt{3}$ 作为电容 C 的设计要求，因此滤波电容的大小为

$$C = \frac{\sqrt{3}}{\omega R} = \frac{\sqrt{3}}{2\pi f R} = \frac{\sqrt{3}}{2\pi \times 50 \times 48}\text{F} = 115\mu\text{F}$$

由于滤波电容两端的最大电压为整流电流输出电压的最大值，取 1.1 倍安全裕量，可得滤波电容的耐压值为

$$U_C = 1.1U_{o\max} = 1.1 \times 2.45U_2 = 1.1 \times 2.45 \times 220\text{V} = 593\text{V}$$

在实际设计中，整流器的滤波电容通常采用电解电容，因此，可选取容值为 $120\mu\text{F}$、耐压值不低于 600V 的电解电容作为滤波电容。

由于每个二极管导通角接近 $2\pi/3$，故二极管电流的有效值约为

$$I_{VD} = \frac{1}{\sqrt{3}}I_o = \frac{\sqrt{3}}{3} \times 10.7\text{A} = 6.2\text{A}$$

取安全裕量为 $1.5 \sim 2$，则二极管的额定电流为

$$I_{DN} = (1.5 \sim 2) \times \frac{I_{VD}}{1.57} = 5.9 \sim 7.9\text{A}$$

由于二极管承受的最大反向电压为变压器二次线电压的峰值 $\sqrt{6}U_2$，取安全裕量为 $2 \sim 3$，则二极管的额定电压为

$$U_{DN} = (2 \sim 3) \times \sqrt{6}U_2 = (2 \sim 3) \times \sqrt{6} \times 220\text{V} = 1078 \sim 1617\text{V}$$

因此，可根据上述额定电压和额定电流的范围选取具体的电力二极管型号。

3.4.3　单相桥式可控整流器的设计

某负载参数为 $R = 10\Omega$，$L = 0.2\text{H}$，且输出功率 $P_o = 1\text{kW}$。由于输出功率要求为 1kW，故可以采用单相桥式可控整流器为该负载供电，具体电路如图 3-24 所示。

已知电网频率为 50Hz，电网额定电压 $U_1 = 220\text{V}$，电网电压波动范围为 $\pm 10\%$。由设计要求可得二次侧电压 $u_2 = u_1$，整流输出电压的最大值为

$$U_o = 0.9U_2 = 0.9 \times 220 \times (1 + 10\%)\text{V} = 218\text{V}$$

整流输出电流的最大值为

$$I_o = \sqrt{\frac{P_o}{R}} = \sqrt{\frac{1000}{10}}\text{A} = 10\text{A}$$

晶闸管电流的有效值为

$$I_{VT} = \frac{I_o}{\sqrt{2}} = 0.707 \times 10\text{A} = 7.07\text{A}$$

若取安全裕量为 1.5~2，则晶闸管的额定电流为

$$I_{TN} = (1.5 \sim 2) \times \frac{I_{VT}}{1.57} = 6.75 \sim 9.01A$$

带阻感负载单相桥式可控整流器中，已知晶闸管承受的最大正反向电压均为 $\sqrt{2}U_2$，若取安全裕量为 2~3，则晶闸管的额定电压为

$$U_{TN} = (2 \sim 3) \times \sqrt{2}U_2 = (2 \sim 3) \times \sqrt{2} \times 220 \times (1 + 10\%)V = 684 \sim 1027V$$

因此，可根据上述额定电压和额定电流的范围选取具体的晶闸管型号。

3.4.4　三相桥式可控整流器的设计

晶闸管可控整流器带直流电动机负载是一种典型的电力拖动系统，也是可控整流器的主要用途之一。本节将介绍一个带直流电动机负载的三相桥式可控整流器设计。

已知直流电动机的额定电压 $U_o = 220V$，额定电流 $I_o = 25A$，要求起动电流限制在 60A，电网频率为 50Hz，电网额定电压 $U_1 = 380V$，且电网电压波动 $\pm 10\%$。

由设计要求可得负载功率为

$$P_o = U_o I_o = 220 \times 25W = 5.5kW$$

由于整流器的输出功率大于 5kW，故可选用三相桥式可控整流器，如图 3-37 所示。

已知直流电动机在起动过程中电流不能超过 60A，即起动电流最大，故以电动机的起动电流作为晶闸管电流参数选取的依据。晶闸管电流的有效值为

$$I_{VT} = \frac{I_o}{\sqrt{3}} = 0.577 \times 60A = 34.6A$$

取安全裕量为 1.5~2，则晶闸管的额定电流为

$$I_{TN} = (1.5 \sim 2) \times \frac{I_{VT}}{1.57} = 33 \sim 44A$$

已知负载电流连续时三相桥式可控整流器的输出电压 $U_o = 2.34U_2\cos\alpha$。为保证晶闸管可靠触发，通常取 $\alpha_{min} = \pi/6$。此外考虑电网电压波动，可得变压器二次电压的最大值为

$$U_{2max} = \frac{(1 + 10\%)U_o}{2.34\cos\alpha_{min}} = 120V$$

已知晶闸管承受的电压最大值为 $\sqrt{6}U_2$，取安全裕量为 2~3，则晶闸管的额定电压为

$$U_{TN} = (2 \sim 3) \times \sqrt{6}U_{2max} = 588 \sim 882V$$

由设计要求可知，变压器一、二次侧的电压比为

$$k = \frac{U_1}{U_2} = \frac{U_1}{\dfrac{U_o}{2.34\cos\alpha_{min}}} \approx 3.5$$

变压器二次相电流有效值为

$$I_2 = \sqrt{\frac{2}{3}}I_o = 48.8A$$

因此，变压器的容量为

$$S_2 = 3I_2 U_{2max} = 17.6kV \cdot A$$

3.4.5　单相桥式 PWM 整流器的设计

已知输入交流电源的有效值 $U_s = 220V$，频率 $f = 50Hz$。要求单相桥式 PWM 整流器的输出电压 $U_o = 400V$，输出功率 $P_o = 3kW$，全控型开关器件采用 IGBT，开关频率 $f_s = 20kHz$。

1. 开关器件

由 3.3.1.1 节的分析可知，IGBT 关断时承受的电压为整流输出电压 U_o，即 400V。

当 IGBT 导通时，流过 IGBT 的电流为交流输入电流 i_s，其幅值为

$$I_{smax} = \sqrt{2}\frac{P_o}{U_s} = \sqrt{2} \times \frac{3000}{220}A = 19.3A$$

同理分析可得，反并联二极管承受的电压和流过的电流均与 IGBT 相同。根据上述结果，并考虑一定的裕量，选取合适的 IGBT 和反并联二极管。

2. 交流侧电感

交流侧电感的设计一般需要考虑以下两个因素：首先是交流侧电感压降不能太大，一般小于电网额定电压的 30%，即 $\omega L_s \frac{P_o}{U_s} < 30\% U_s$。故电感值需满足

$$L_s < \frac{U_s^2}{\omega P_o} \times 30\% = \frac{220 \times 220}{2\pi \times 50 \times 3000} \times 0.3H = 15.4mH$$

其次是交流侧电流在一个开关周期内的最大超调量尽可能小，一般小于交流侧额定电流峰值的 10%~20%。因此最大电感纹波电流为

$$\Delta I_L = 20\% \times I_{smax} = 20\% \times \sqrt{2}\frac{P_o}{U_s} = 0.2 \times \sqrt{2} \times \frac{3000}{220}A = 3.86A$$

故电感值需满足

$$L_s > U_o\frac{T_s}{\Delta I_L/2} = \frac{2U_o}{\Delta I_L f_s} = \frac{2 \times 400}{3.86 \times 20000}H = 10.4mH$$

因此，交流电感值的选择范围为 $10.4mH < L_s < 15.4mH$。

3. 直流侧电容

为了减小直流输出电压的纹波，直流侧电容的大小需满足 $\frac{U_o}{RC}T_s < \Delta U_o$，其中 ΔU_o 为直流侧电容的纹波电压，一般取输出电压 U_o 的 5%~10%。

根据所给设计参数，电容值需满足

$$C > \frac{U_o}{\Delta U_o}\frac{P_o}{U_o^2}\frac{1}{f_s} = \frac{3000}{5\% \times 400^2 \times 20000}F = 19\mu F$$

直流侧电容值通常可取 10 倍的计算值以上，故可选用 220μF 的电解电容。另外，由于直流侧电容的最大电压为负载电压的最大值，取 1.1 倍安全裕量，可得直流侧电容的耐压值为 450V。

3.5　本章小结

AC-DC 变换器根据半导体开关器件的单向导电特性，控制交流电的极性，将输入交流

电压波形转换成单极性波形，并通过控制开关导通时间，实现对直流电压幅值的调节，最后通过电感、电容滤波器，输出平滑的直流电。各类 AC-DC 变换器的主要特点如下：

1）采用电力二极管的不可控整流器，其功能是将 50Hz 或 60Hz 的工频交流电压转换为不可调节大小的直流电压。按相数可分为单相、三相整流器；按输出电压波形可分为半波、全波整流器，其中单相全波整流器按结构又分为桥式整流器和双半波整流器。该类变换器通常在直流输出端并联一个大的滤波电容，以获得纹波较小的直流电压，适用于小功率的场合。

2）采用晶闸管的可控整流器，通过相控方式控制晶闸管的触发角，将 50Hz 或 60Hz 的工频交流电压转换为可调节大小的直流电压。其工作性能与负载特性有关，按负载可分为电阻性、阻感性和带反电动势的整流器。该类变换器通常应用在高压大功率的场合。

3）采用全控型开关器件的 PWM 整流器和 VIENNA 整流器，通过 PWM 调制，使输入电流非常接近正弦波且和输入电压同相位，具有功率因数接近于 1 的优点。全控型整流器将逐步取代传统的二极管不可控整流器和晶闸管可控整流器。

习　题

3-1　试分别说明整流器中电阻负载和阻感负载的特点。

3-2　在带阻感负载的单相半波可控整流器中，$R = 5\Omega$，电感 L 足够大，$U_2 = 220V$，触发延迟角 $\alpha = 30°$，在负载两端并联有续流二极管 VD，如图 3-48 所示。

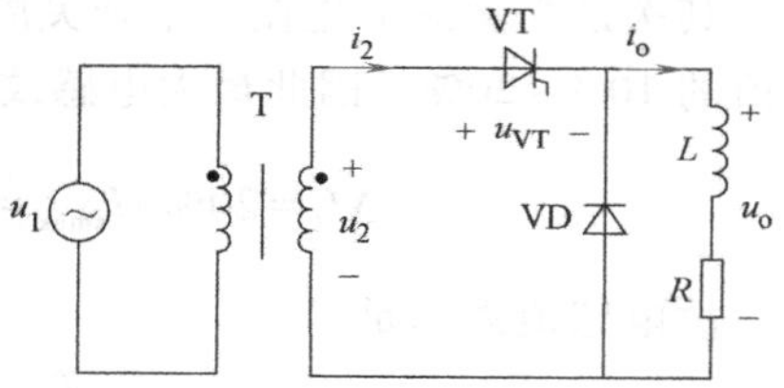

（1）画出 u_o、i_o、u_{VT}、i_{VT} 和 i_{VD} 的波形，并求输出电压的平均值 U_o；

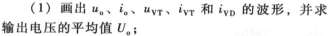

（2）指出外加续流二极管 VD 的作用，以及触发延迟角 α 的移相范围。

图 3-48　习题 3-2 图

3-3　在带阻感负载的单相桥式可控整流器中，$U_2 = 100V$，负载中 $R = 2\Omega$，L 值极大，当 $\alpha = 30°$ 时，要求：

（1）画出 u_o、i_o 和 i_2 的波形；

（2）求整流输出电压的平均值 U_o、输出电流的平均值 I_o、变压器二次电流有效值 I_2；

（3）考虑安全裕量，确定晶闸管的额定电压和额定电流；

（4）如果将反电动势 $E = 60V$ 与阻感负载串联，求 U_o、I_o 和 I_2。

3-4　一种单相半控桥式整流器如图 3-49 所示，设阻感负载的电感 L 很大。

（1）当触发脉冲突然消失或 α 突然增大到 π 时，电路会产生什么现象？画出此情况下输出电压 u_o 的波形；

（2）如果将阻感负载换成电阻负载，画出 VT_2 被烧断时输出电压 u_o 的波形。

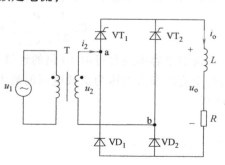

图 3-49　习题 3-4 图

3-5 另一种单相半控桥式整流器如图 3-50 所示,其中 $U_2 = 100\text{V}$,$R = 2\Omega$,L 值很大,当 $\alpha = 60°$时求流过晶闸管、二极管以及负载的电流有效值,并画出 u_o、i_o、i_{VT1}、i_{VD2} 的波形。

3-6 如图 3-51 所示的单相桥式可控整流器,$U_2 = 220\text{V}$,$R = 4\Omega$,L 值很大,负载端并联续流二极管 VD。当 $\alpha = 60°$时,要求:

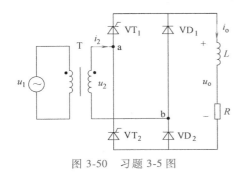

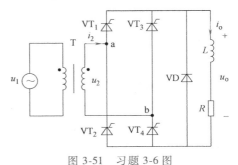

图 3-50 习题 3-5 图   图 3-51 习题 3-6 图

(1)画出输出电压、晶闸管电流和续流二极管电流的波形;
(2)求输出电压、输出电流的平均值;
(3)求流过晶闸管和续流二极管的电流平均值、有效值。

3-7 在三相半波可控整流器中,如果 a 相触发脉冲丢失,试画出 $\alpha = 60°$时,在带纯电阻性负载和大电感性负载两种情况下的整流输出电压波形和晶闸管 VT$_2$ 两端的电压波形。

3-8 对于共阴极接法与共阳极接法的两个三相半波可控整流器,a、b 两相的自然换相点是同一点吗?如果不是,它们在相位上差多少度?

3-9 在带反电动势负载的三相半波可控整流器中,串足够大电抗使电流保持连续平直。已知 $U_2 = 220\text{V}$,$R = 0.4\Omega$,$I_o = 30\text{A}$,当 $\alpha = 45°$时,求负载反电动势 E 的大小。

3-10 在带电阻负载的三相桥式可控整流器中,如果有一个晶闸管不能导通,试画出此时整流输出电压 u_o 波形;如果有一个晶闸管被击穿而短路,其他晶闸管受什么影响?

3-11 在带阻感负载的三相桥式可控整流器中,$U_2 = 100\text{V}$,$R = 5\Omega$,L 值极大,当 $\alpha = 60°$时,计算输出电压和电流的平均值 U_o 和 I_o,晶闸管电流 i_{VT1} 和变压器二次电流 i_2 的有效值 I_{VT} 和 I_2。

3-12 为什么在晶闸管可控整流器中,当 $\alpha \neq 0$ 时,网侧电流的基波分量总是滞后于网侧电压?

3-13 单相桥式可控整流器,其整流输出电压中含有哪些次数的谐波?其中幅值最大的是哪一次?变压器二次电流中含有哪些次数的谐波?其中主要的是哪几次?

3-14 请简述 PWM 整流器与晶闸管可控整流器相比,具有什么优点?

第4章 DC-AC变换器

DC-AC变换器，即直流-交流变换器，也称为逆变器，它将直流电变成交流电，向交流负载或电网提供电能。本章首先介绍无源逆变器，包括电压型逆变器和电流型逆变器；然后介绍基于晶闸管可控整流器的有源逆变器，内容涉及逆变器的基本拓扑和工作模式，以及不同调制方式的工作原理和输出性能；最后给出几种典型电压型逆变器的设计实例。

4.1 电压型逆变器

电压型逆变器的特点是直流侧为电压源或并联了大电容。因此，直流侧电压基本无纹波。电压型逆变器可以采用方波调制、移相调制、PWM调制。事实上方波调制可以看成是PWM调制的特例，只是用一个正负方波来等效正弦波的正负半波；移相调制也可以看成是一种方波调制，只是方波宽度可以调节；SPWM、SHEPWM、SVPWM均属于PWM调制方式。

4.1.1 单相电压型逆变器

4.1.1.1 半桥逆变器

单相电压型半桥逆变器如图4-1所示，包括两个桥臂和两个直流电容，其中每个桥臂由一个全控型开关器件和一个反并联二极管组成，因此桥臂的电流可双向流动。两个电容串联后与直流电压源并联，通常电容 C_1 和 C_2 容量较大且相等。理想情况下，两个电容电压相等且基本保持不变，均等于直流输入电压的一半，有 $U_{C1} = U_{C2} = U_d/2$。负载接在两个电容的中点和两个桥臂的连接点之间，假设负载为阻感负载。

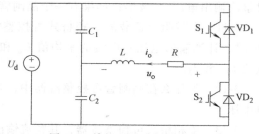

图 4-1 单相电压型半桥逆变器

为了避免直流电源短路，开关器件 S_1 和 S_2 的驱动信号互补。开关管和二极管均具有导通和关断两种工作状态，但任意时刻有且只有一个开关器件导通，因此，单相半桥逆变器一共有4种工作模式，各模态的等效电路如图4-2所示。

模态1，开关管 S_1 导通，如图4-2a所示。此时输出电压 $u_o = +U_d/2$，负载电流为正，$i_o > 0$。u_o 和 i_o 同向，故直流电源向负载提供能量。

模态2，二极管 VD_2 为通态，如图4-2b所示。此时输出电压为 $u_o = -U_d/2$，负载电流为正，$i_o > 0$，u_o 和 i_o 反向，负载电感储存的无功能量向直流侧反馈。反馈的能量暂时储存在直流侧电容中，故直流侧电容起着缓冲无功能量的作用。由于二极管是负载向直流侧反馈能量的通道，故也称为反馈二极管；二极管同时起着使负载电流连续的作用，因此又称为续流二极管。

模态3，开关管 S_2 导通，如图 4-2c 所示。此时输出电压 $u_o = -U_d/2$，负载电流为负，$i_o < 0$，u_o 和 i_o 同向，直流侧向负载提供能量。

模态4，二极管 VD_1 为通态，如图 4-2d 所示。此时输出电压 $u_o = +U_d/2$，负载电流为负，$i_o < 0$，u_o 和 i_o 反向，负载电感储存的无功能量向直流侧反馈。

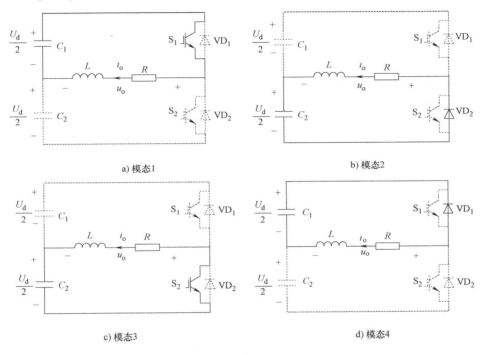

a) 模态1   b) 模态2

c) 模态3   d) 模态4

图 4-2　单相半桥逆变器不同工作模态的等效电路

方波调制方式是电压型逆变器最基本的调制方式之一，采用方波调制的半桥逆变器称为单相半桥方波逆变器。其典型工作波形如图 4-3 所示，u_{g1} 和 u_{g2} 分别为开关管 S_1、S_2 的驱动信号，两者互补，可见两个桥臂在每个工作周期内各导通半个周期。单相半桥方波逆变器的工作过程概述如下：

$t_1 \sim t_2$ 期间 S_1 导通，S_2 关断，逆变器工作在模态1，输出电压 $u_o = +U_d/2$，输出电流 $i_o > 0$；t_2 时刻给 S_1 施加关断信号，给 S_2 施加开通信号，则 S_1 关断。由于阻感负载的电流 i_o 不能立即改变方向，于是通过二极管 VD_2 续

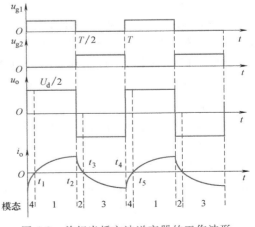

图 4-3　单相半桥方波逆变器的工作波形

流，逆变器工作在模态 2，输出电压 $u_o = -U_d/2$。t_3 时刻 i_o 过零变负，VD_2 截止，S_2 导通，逆变器工作在模态 3，输出电压 $u_o = -U_d/2$。t_4 时刻给 S_2 施加关断信号，给 S_1 施加开通信号，由于 i_o 不能立即改变方向，故二极管 VD_1 导通，逆变器工作在模态 4，输出电压 $u_o = +U_d/2$。t_5 时刻 i_o 过零变正，VD_1 截止，S_1 导通，电路又回到模态 1，开始新的工作周期。

从图 4-3 可见，单相半桥方波逆变器的输出电压 u_o 是一个幅值为 $U_d/2$、脉宽为 $180°$ 的交变方波，将 u_o 用傅里叶级数展开，得

$$
\begin{aligned}
u_o &= \sum_{n=1,3,5,\cdots}^{\infty} \frac{2U_d}{n\pi}\sin n\omega t \\
&= \frac{2U_d}{\pi}\left(\sin\omega t + \frac{1}{3}\sin3\omega t + \frac{1}{5}\sin5\omega t + \cdots\right) \\
&= U_{o1m}\sin\omega t + U_{o3m}\sin3\omega t + U_{o5m}\sin5\omega t + \cdots
\end{aligned}
\tag{4-1}
$$

式中，$\omega = 2\pi/T$，T 为开关周期。

输出电压的基波幅值 U_{o1m} 和基波有效值 U_{o1} 分别为

$$
U_{o1m} = \frac{2U_d}{\pi} \approx 0.637U_d
\tag{4-2}
$$

$$
U_{o1} = \frac{U_{o1m}}{\sqrt{2}} \approx 0.45U_d
\tag{4-3}
$$

输出基波电压增益 A_V 为

$$
A_V = \frac{U_{o1m}}{U_d} \approx 0.637
\tag{4-4}
$$

从上述分析可知，单相半桥逆变器的优点是结构简单、使用器件少。其缺点是输出的交变方波电压幅值仅为 $U_d/2$，且直流侧需要两个电容串联，实际工作时还要控制两个电容电压的平衡。因此，单相半桥逆变器通常用于小功率场合。

4.1.1.2 推挽式逆变器

单相电压型推挽式逆变器如图 4-4 所示，输出变压器一次绕组有中心抽头，二次绕组直接接负载，变压器一次侧两个绕组 W_{11}、W_{12} 和二次绕组 W_2 的匝比为 $1:1:N$。开关管 S_1、S_2 与直流电源共地，故驱动十分方便，不必隔离。任意时刻只能有一个开关器件导通（开关管或其反并联二极管），故单相电压型推挽式逆变器共有 4 种工作模态，对应的等效电路如图 4-5 所示。

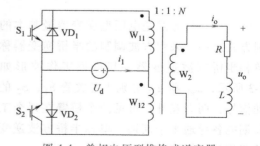

图 4-4　单相电压型推挽式逆变器

模态 1，开关管 S_2 导通，如图 4-5a 所示。电源电压 U_d 加在一次绕组 W_{12} 上，二次绕组 W_2 感应出极性为上正下负、幅值为 NU_d 的电动势，故负载电压 $u_o = +NU_d$。此时一次电流 i_1 流出电压源，即 $i_1 > 0$，故直流侧向负载提供能量。与此同时，一次绕组 W_{11} 感应出极性为上正下负、幅值为 U_d 的电动势，故开关管 S_1 承受的电压为 $u_{S1} = 2U_d$。

模态 2，二极管 VD_1 为通态，如图 4-5b 所示。电源电压 U_d 加在一次绕组 W_{11} 上，二次

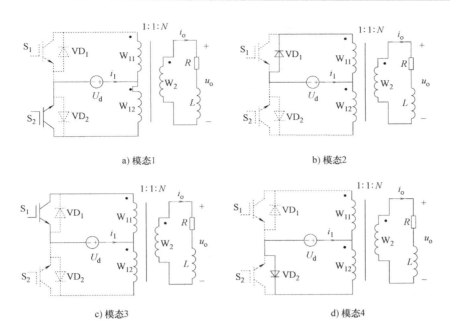

a) 模态1　　　　　　　　　　　　b) 模态2

c) 模态3　　　　　　　　　　　　d) 模态4

图 4-5　单相推挽式逆变器不同模态的等效电路

绕组 W_2 感应出极性为上负下正、幅值为 NU_d 的电动势，故负载电压 $u_o = -NU_d$。此时 i_1 流入电压源，$i_1 < 0$，意味着负载电感中储存的能量向直流侧反馈。与此同时，一次绕组 W_{12} 感应出极性为上负下正、幅值为 U_d 的电动势，故开关管 S_2 承受的电压为 $u_{S2} = 2U_d$。

　　模态 3，开关管 S_1 导通，如图 4-5c 所示。此时负载电压 $u_o = -NU_d$，$i_1 > 0$，直流侧向负载提供能量。

　　模态 4，二极管 VD_2 为通态，如图 4-5d 所示。此时负载电压 $u_o = +NU_d$，$i_1 < 0$，i_1 流入电压源，负载向直流侧反馈能量。

　　采用方波调制的单相推挽逆变器工作波形如图 4-6 所示，开关管 S_1 和 S_2 交替导通，各导通半个工作周期，其驱动控制信号为 u_{g1} 和 u_{g2}，u_{S1} 和 u_{S2} 分别为开关管 S_1 和 S_2 两端电压。该电路的工作过程与单相半桥逆变器相似，此处不再重复介绍。

　　从图 4-6 可见，单相推挽方波逆变器的输出电压 u_o 是一个幅值为 NU_d 的交变方波，其傅里叶级数展开式为

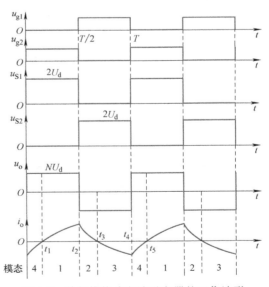

图 4-6　单相推挽式方波逆变器的工作波形

$$u_o = \sum_{n=1,3,5,\cdots}^{\infty} \frac{4NU_d}{n\pi} \sin n\omega t$$

$$= \frac{4NU_d}{\pi}\left(\sin\omega t + \frac{1}{3}\sin 3\omega t + \frac{1}{5}\sin 5\omega t + \cdots\right)$$

$$= U_{o1m}\sin\omega t + U_{o3m}\sin 3\omega t + U_{o5m}\sin 5\omega t + \cdots \tag{4-5}$$

式中 $\omega = 2\pi/T$，T 为开关周期。

输出电压的基波幅值 U_{o1m} 和基波有效值 U_{o1} 分别为

$$U_{o1m} = \frac{4NU_d}{\pi} \approx 1.27NU_d \tag{4-6}$$

$$U_{o1} = \frac{U_{o1m}}{\sqrt{2}} \approx 0.9NU_d \tag{4-7}$$

输出基波电压增益 A_V 为

$$A_V = \frac{U_{o1m}}{U_d} \approx 1.27N \tag{4-8}$$

4.1.1.3 全桥逆变器

单相电压型全桥逆变器如图 4-7 所示，共有 4 个桥臂，可以看成由两个半桥逆变器组合而成。直流电压源与一个大电容并联，负载直接接在两个桥臂连接点之间，设负载为阻感性负载。

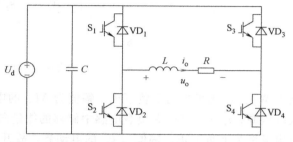

图 4-7　单相电压型全桥逆变器

为了避免直流电压源短路，上下两个桥臂不能直通，即开关管 S_1 和 S_2 的驱动信号互补，S_3 和 S_4 的驱动信号互补。若将桥臂 1 和 2 看成一相，桥臂 3 和 4 看成另一相，在任意时刻，每一相桥臂必须有一个开关器件（开关管或二极管）导通，才能构成完整的负载电流回路。根据两组桥臂开关的通断状态组合，可以得到 8 种有效的工作模态。各个模态的工作状态汇总见表 4-1，对应的等效电路如图 4-8 所示。

当输出电压 u_o 和负载电流 i_o 同向时，如模态 1 和 3，直流电源向负载提供能量；当 u_o 和 i_o 反向时，如模态 2 和 4，负载电感中储存的能量通过二极管向直流侧反馈；而当输出电压为零时，如模态 5~8，负载电流通过一个开关管和一个二极管续流。

表 4-1　单相电压型全桥逆变器的工作模态

工作模态	导通器件	输出电压 u_o	负载电流 i_o 极性	等效电路图
1	S_1、S_4	$+U_d$	+	图 4-8a
2	VD_1、VD_4	$+U_d$	−	图 4-8b
3	S_2、S_3	$-U_d$	−	图 4-8c
4	VD_2、VD_3	$-U_d$	+	图 4-8d
5	S_1、VD_3	0	+	图 4-8e
6	S_3、VD_1	0	−	图 4-8f
7	S_4、VD_2	0	+	图 4-8g
8	S_2、VD_4	0	−	图 4-8h

由于单相全桥逆变器的工作模态数量较多，不同工作模态的组合可以得到不同的输出电压。下面重点介绍方波调制、移相调制、正弦脉宽调制和特定谐波消去法四种调制方法。

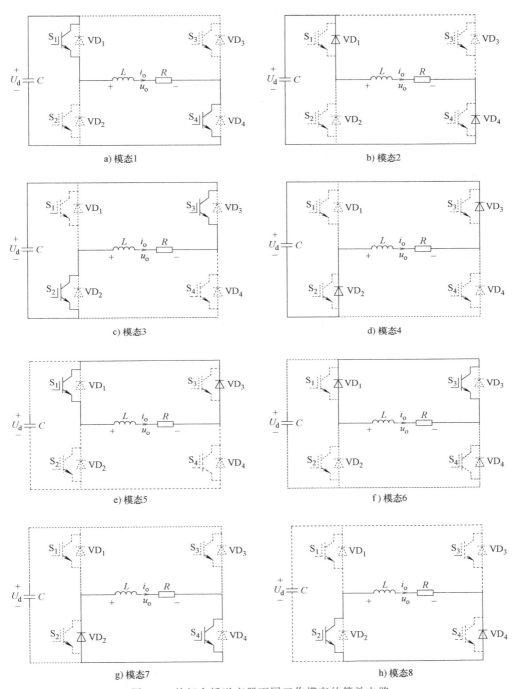

图 4-8 单相全桥逆变器不同工作模态的等效电路

1. 方波调制

采用方波调制时，同一组桥臂同时导通和关断，且导通时间均为开关周期的一半，得到的工作波形如图 4-9 所示，其中 $u_{g1,4}$ 为开关管 S_1 和 S_4 的驱动信号，$u_{g2,3}$ 为开关管 S_2 和 S_3 的驱动信号。单相全桥逆变器的工作过程概述如下：

$t_1 \sim t_2$ 期间，S_1 和 S_4 导通，负载电流 i_o 大于零，电路工作在模态 1，此时输出电压 $u_o = +U_d$。

t_2 时刻，令 S_1 和 S_4 关断、S_2 和 S_3 导通，由于负载电流 i_o 仍大于零，故实际上通过 VD_2 和 VD_3 续流，电路工作在模态 4，此时输出电压 $u_o = -U_d$。

t_3 时刻，i_o 过零变负，VD_2 和 VD_3 截止，S_2 和 S_3 流过电流，电路工作在模态 3，此时输出电压 $u_o = +U_d$。

t_4 时刻，令 S_2 和 S_3 关断、S_1 和 S_4 导通，由于负载电流 i_o 仍小于零，故实际上通过 VD_1 和 VD_4 续流，电路工作在模态 2，此时输出电压 $u_o = +U_d$。

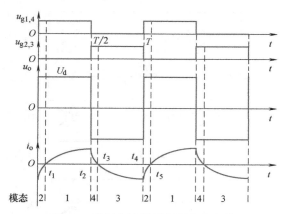

图 4-9　采用方波调制的带阻感负载
单相全桥逆变器工作波形

t_5 时刻，i_o 过零变正，VD_1 和 VD_4 截止，S_1 和 S_4 流过电流，电路重新进入模态 1 工作。

从上述分析可知，采用方波调制时，单相全桥逆变器的输出电压 u_o 与图 4-3 类似，也为一交变方波，但幅值为 U_d，故其傅里叶级数展开式为

$$
\begin{aligned}
u_o &= \sum_{n=1,3,5,\cdots}^{\infty} \frac{4U_d}{n\pi} \sin n\omega t \\
&= \frac{4U_d}{\pi}\left(\sin\omega t + \frac{1}{3}\sin 3\omega t + \frac{1}{5}\sin 5\omega t + \cdots \right) \\
&= U_{o1m}\sin\omega t + U_{o3m}\sin 3\omega t + U_{o5m}\sin 5\omega t + \cdots
\end{aligned}
\tag{4-9}
$$

式中，$\omega = 2\pi/T$，T 为开关周期。

输出电压的基波幅值 U_{o1m} 和基波有效值 U_{o1} 分别为

$$
U_{o1m} = \frac{4U_d}{\pi} \approx 1.27U_d \tag{4-10}
$$

$$
U_{o1} = \frac{U_{o1m}}{\sqrt{2}} \approx 0.9U_d \tag{4-11}
$$

输出基波电压增益 A_V 为

$$
A_V = \frac{U_{o1m}}{U_d} \approx 1.27 \tag{4-12}
$$

可见，采用方波调制时，在输入直流电压相同的情况下，全桥逆变器的输出电压是半桥逆变器的 2 倍。但方波调制的不足是对输出电压的调节只能通过调节输入直流电压 U_d 的大小实现。

2. 移相调制

设每个开关管均导通半个开关周期，S_1 和 S_2 驱动信号互补，S_3 和 S_4 驱动信号互补，但 S_3 的驱动信号比 S_1 滞后一定的电角度 θ，且 $0 < \theta < \pi$。这种调制方式称为移相调压，

图 4-10 给出了采用移相调制的带阻感负载
单相全桥逆变器的工作波形,其中 $u_{g1} \sim u_{g4}$
为开关管 $S_1 \sim S_4$ 的驱动信号。电路的工作
过程概述如下:

$t_1 \sim t_2$ 期间,S_1 和 S_4 导通,负载电流
i_o 大于零,电路工作在模态 1,此时输出
电压 $u_o = +U_d$。

t_2 时刻,即在滞后 S_1 的驱动信号电角
度 θ 时给 S_4 施加关断信号,给 S_3 施加导
通信号。由于此时 i_o 仍大于零,故通过 S_1
和 VD_3 续流,电路工作在模态 5,此时输
出电压 $u_o = 0$。

t_3 时刻,S_1 关断,S_2 导通,若 i_o 仍大
于零,实际通过 VD_2 和 VD_3 续流,电路工
作在模态 4,此时输出电压 $u_o = -U_d$。

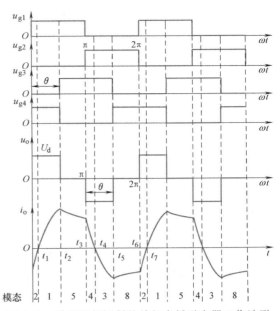

图 4-10　采用移相调制的单相全桥逆变器工作波形

t_4 时刻,i_o 过零变负,VD_2 和 VD_3 截
止,S_2 和 S_3 流过负载电流,电路工作在模
态 3,此时输出电压 $u_o = -U_d$。

t_5 时刻,给 S_3 施加关断信号,给 S_4 施加导通信号,由于此时 i_o 小于零,故通过 S_2 和
VD_4 续流,电路工作在模态 8,此时输出电压 $u_o = 0$。

t_6 时刻,给 S_1 施加导通信号,给 S_2 施加关断信号,若 i_o 方向仍小于零,则通过 VD_1
和 VD_4 续流,电路工作在模态 2,此时输出电压
$u_o = +U_d$。

t_7 时刻,i_o 过零变正,VD_1 和 VD_4 截止,S_1
和 S_4 流过负载电流,电路工作在模态 1,此时输
出电压 $u_o = U_d$,开始新的工作周期。

综上分析,采用移相调制时,全桥逆变器的
输出电压有 $+U_d$、$-U_d$ 和 0 三种电平,输出电压
u_o 是一个脉冲宽度为 θ 的方波,如图 4-10 所示。
为便于分析,按照图 4-11 所示放置坐标原点,使
输出电压表达式具备半波对称的偶函数特征,即

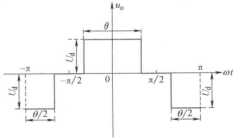

图 4-11　移相调制下全桥逆
变器的输出电压波形

$$u_o = \begin{cases} -U_d, & -\pi \leqslant \omega t < -\pi + \dfrac{\theta}{2}, \quad \pi - \dfrac{\theta}{2} \leqslant \omega t < \pi \\[2mm] 0, & -\pi\dfrac{\theta}{2} \leqslant \omega t < -\dfrac{\theta}{2}, \quad \dfrac{\theta}{2} \leqslant \omega t < \pi - \dfrac{\theta}{2} \\[2mm] U_d, & -\dfrac{\theta}{2} \leqslant \omega t < \dfrac{\theta}{2} \end{cases} \qquad (4\text{-}13)$$

对式 (4-13) 进行傅里叶级数展开,得

$$u_o = \sum_n A_n \cos(n\omega t), \quad n = 1,3,5,\cdots \tag{4-14}$$

其中

$$A_n = \frac{2}{\pi}\int_{-\pi/2}^{\pi/2} u_o \cos(n\omega t)\,\mathrm{d}\omega t = \frac{4U_d}{n\pi}\sin\frac{n\theta}{2} \tag{4-15}$$

故输出基波电压的幅值和有效值分别为

$$U_{o1m} = \frac{4U_d}{\pi}\sin\frac{\theta}{2} \tag{4-16}$$

$$U_{o1} = \frac{U_{o1m}}{\sqrt{2}} = \frac{2\sqrt{2}\,U_d}{\pi}\sin\frac{\theta}{2} \tag{4-17}$$

输出电压的有效值为

$$U_o = \sqrt{\frac{1}{2\pi}\int_0^{2\pi} u_o^2\,\mathrm{d}\omega t} = \sqrt{\frac{\theta}{\pi}}U_d \tag{4-18}$$

由上述分析可知，通过改变输出电压的脉宽或移相角度 θ 的大小即可调节输出电压。

3. SPWM 调制

由于方波调制和移相调制的工作频率和输出交流电压的频率相同，因此输出电压含有输出频率的低次谐波，故只能用在对谐波含量要求不高的场合。为了使逆变器的输出电压、电流更接近正弦波，降低谐波含量，可以采用 PWM 调制。

正弦脉冲宽度调制（Sinusoidal Pulse Width Modulation，SPWM）的基本原理是用一系列幅值相等、宽度按正弦规律变换的脉冲等效正弦波。产生 SPWM 信号的方法是用一个正弦调制波与一个高频三角载波进行比较，根据比较的结果控制逆变器开关管的通断。按照输出电压波形的特点，SPWM 调制分为双极性和单极性两类。

（1）双极性 SPWM

已知正弦调制波 u_r 为

$$u_r = U_{rm}\sin(\omega t + \varphi) \tag{4-19}$$

式中，ω 为调制波的角频率，$\omega = 2\pi f = 2\pi/T$，其中 f 是调制波的频率；φ 为调制波初始相位。

设载波 u_c 是一个正负幅值均为 U_{cm}、频率为 f_c 的三角波。故调制波和载波的幅值调制比或调制度为

$$m_a = U_{rm}/U_{cm} \tag{4-20}$$

频率调制比为

$$m_f = f_c/f \tag{4-21}$$

采用双极性 SPWM 调制单相全桥逆变器的工作波形如图 4-12 所示。生成各桥臂的控制信号的原理是：当 $u_r > u_c$ 时，给 S_1 和 S_4 施加导通信号，给 S_2 和 S_3 施加关断信号。如果此时 $i_o > 0$，则 S_1 和 S_4 导通，逆变器工作在模式 1；如果 $i_o < 0$，则 VD_1 和 VD_4 导通，逆变器工作在模式 2。但不管哪种情况，输出电压均为 $u_o = U_d$。当 $u_r < u_c$ 时，给 S_2 和 S_3 施加导通信号，给 S_1 和 S_4 施加关断信号。如果此时 $i_o < 0$，则 S_2 和 S_3 导通，逆变器工作在模式 3；如果 $i_o > 0$，则 VD_2 和 VD_4 导通，逆变器工作在模式 4。但不管哪种情况，输出电压均为 $u_o = -U_d$。由于输出电压的波形只有 $+U_d$ 和 $-U_d$ 两种电平，所以这种调制称为双极性 SPWM。

当频率调制比 $m_f \gg 1$，且幅值调制比 $m_a \leqslant 1$ 时，根据 PWM 调制原理，输出基波电压 u_{o1}

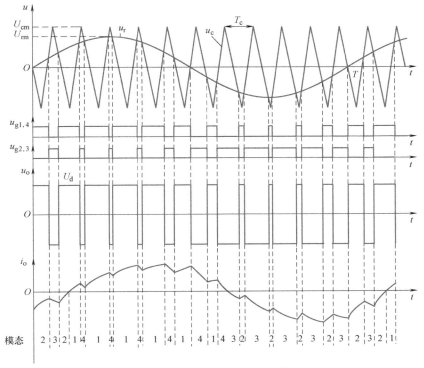

图 4-12　采用双极性 SPWM 调制单相全桥逆变器的工作波形（$m_f = 11$，$m_a = 0.8$）

满足如下关系

$$u_{o1} = m_a U_d \sin(\omega t + \varphi) \qquad (4\text{-}22)$$

根据式（4-22）可知，输出交流电压的基波幅值 U_{o1m} 与幅度调制比 m_a 呈正比，调整 m_a 就可以改变输出基波电压的大小，故 $m_a < 1$ 时称为线性调制。如果 $m_a > 1$ 时，即正弦调制波幅度超过了三角载波幅度，会导致部分脉冲宽度无法调制，输出电压谐波含量增加，这种情况称为过调制。当 $m_a = 1$ 时，输出基波电压的幅值达到最大值，基波有效值为 $U_d / \sqrt{2} \approx 0.71 U_d$，而方波调制时输出电压的基波有效值为 $0.9 U_d$，因此采用 SPWM 调制的输出基波电压增益比方波调制低 21%。

此外，输出电压的谐波角频率为

$$\omega_n = n\omega_c \pm k\omega \qquad (4\text{-}23)$$

式中，ω_c 为载波角频率，$\omega_c = 2\pi f_c = 2\pi / T_c$；$n = 1$，3，5，…时，$k = 0$，2，4，…；$n = 2$，4，6，…时，$k = 1$，3，5，…。

可以看出，输出电压中不含与调制波角频率 ω 相关的低次谐波，只含有载波角频率 ω_c、$2\omega_c$、$3\omega_c$ 等及其附近的谐波。在上述谐波中，幅值最高、影响最大的是角频率 ω_c 的谐波分量。一般情况下 $m_f \gg 1$ 或 $\omega_c \gg \omega$，所以输出电压波形中所含的主要谐波频率比基波频率高很多，容易被滤除。可按载波频率设计低通滤波器，载波频率越高，所需滤波器的体积就越小。

（2）单极性 SPWM

单极性 SPWM 与双极性 SPWM 的不同之处是采用的载波为单极性的三角波。载波 u_c 在

调制波 u_r 的正半周是正极性的三角波，在调制波 u_r 的负半周是负极性的三角波。设三角载波的幅值为 U_{cm}、频率为 f_c，单极性 SPWM 的幅度调制比和频率调制比的定义与双极性 SP-WM 相同。

采用单极性 SPWM 调制单相全桥逆变器的工作波形如图 4-13 所示。各桥臂采用不同的控制方式：当 $u_r>0$ 时，S_1 导通，S_2 关断；当 $u_r<0$ 时，S_2 导通，S_1 关断。当 $u_r>u_c$ 时，S_4 导通，S_3 关断；当 $u_r<u_c$ 时，S_4 关断，S_3 导通。因此，在 u_r 的正半周，输出电压为 $+U_d$ 和 0 两种电平，而在 u_r 的负半周，输出电压为 $-U_d$ 和 0 两种电平，故这种调制方式称为单极性 SPWM。单极性 SPWM 和双极性 SPWM 具有完全相同的输出基波电压调节性能，通过调节幅值调制比 m_a，可以调节输出电压 u_o 的大小。

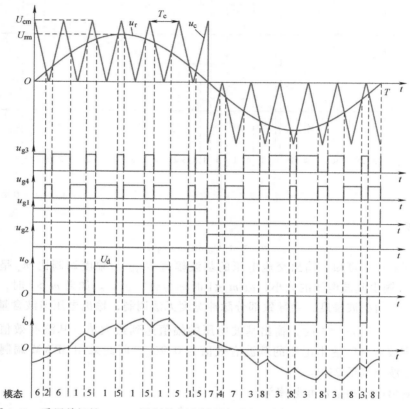

图 4-13 采用单极性 SPWM 调制单相全桥逆变器的工作波形（$m_f=12$，$m_a=0.7$）

4. SHEPWM 调制

SPWM 调制方法产生的谐波频率与开关频率相关，因此开关频率越高，谐波越容易滤除，但会造成开关损耗增加。特定谐波消去 PWM（Selected Harmonic Elimination PWM，SHEPWM）是另外一种产生 PWM 波形的方法。如果输出的 PWM 脉冲序列中各个电平跳变时刻是确定的，那么可以得到输出波形各次谐波的解析表达式。SHEPWM 调制的基本思路是将需要优化的谐波指标作为目标函数，通过求解各次谐波的表达式，准确得到 PWM 波形的各个开关时刻。

采用 SHEPWM 调制的单相全桥逆变器输出电压波形如图 4-14 所示，其中虚线表示输出

电压的基波成分 u_{o1}。为了减少输出电压谐波并简化控制，实际上要尽量使波形具有对称性。通常令输出电压波形正负两半周期镜像对称，且在半周期内前后 1/4 周期轴线对称，即满足

$$u_o(\omega t) = -u_o(\omega t + \pi) = u_o(\pi - \omega t) \tag{4-24}$$

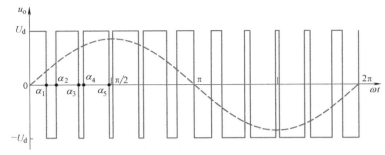

图 4-14　采用 SHEPWM 调制单相全桥逆变器的输出电压波形

这种 1/4 周期对称波形用傅里叶级数表示为

$$u_o(\omega t) = \sum_{n = 1,3,5\cdots}^{\infty} a_n \sin n\omega t \tag{4-25}$$

式中，各次谐波的幅值 a_n 为

$$a_n = \frac{4}{\pi} \int_0^{\frac{\pi}{2}} u_o(\omega t) \sin n\omega t \, d\omega t \tag{4-26}$$

图 4-14 中，在输出电压的半个周期内，共有 10 个开关时刻可以控制（不包括 0 和 π 时刻），由于波形 1/4 周期对称，能够独立控制的只有 α_1、α_2、α_3、α_4 和 α_5 五个时刻。因此，该波形的 a_n 为

$$a_n = \frac{4U_d}{n\pi}(1 - 2\cos n\alpha_1 + 2\cos n\alpha_2 - 2\cos n\alpha_3 + 2\cos n\alpha_4 - 2\cos n\alpha_5) \tag{4-27}$$

式（4-27）中含有 α_1、α_2、α_3、α_4 和 α_5 五个变量，根据需要确定基波分量 a_1 的值，再令其他四个不同的 a_n 等于零，建立五个方程，联立求解 α_1、α_2、α_3、α_4 和 α_5，这样可以消去四种特定频率的谐波。考虑消去 3 次、5 次、7 次和 11 次谐波，得到的联立方程如下

$$\begin{cases} a_1 = \dfrac{4U_d}{\pi}(1 - 2\cos\alpha_1 + 2\cos\alpha_2 - 2\cos\alpha_3 + 2\cos\alpha_4 - 2\cos\alpha_5) \\[2mm] a_3 = \dfrac{4U_d}{3\pi}(1 - 2\cos3\alpha_1 + 2\cos3\alpha_2 - 2\cos3\alpha_3 + 2\cos3\alpha_4 - 2\cos3\alpha_5) = 0 \\[2mm] a_5 = \dfrac{4U_d}{5\pi}(1 - 2\cos5\alpha_1 + 2\cos5\alpha_2 - 2\cos5\alpha_3 + 2\cos5\alpha_4 - 2\cos5\alpha_5) = 0 \\[2mm] a_7 = \dfrac{4U_d}{7\pi}(1 - 2\cos7\alpha_1 + 2\cos7\alpha_2 - 2\cos7\alpha_3 + 2\cos7\alpha_4 - 2\cos7\alpha_5) = 0 \\[2mm] a_{11} = \dfrac{4U_d}{11\pi}(1 - 2\cos11\alpha_1 + 2\cos11\alpha_2 - 2\cos11\alpha_3 + 2\cos11\alpha_4 - 2\cos11\alpha_5) = 0 \end{cases} \tag{4-28}$$

对于给定的基波幅值 a_1，求解上述方程可得一组 α_1、α_2、α_3、α_4 和 α_5。基波幅值 a_1 改变时，α_1、α_2、α_3、α_4 和 α_5 也相应地改变。

因此，在 SHEPWM 调制中，如果输出电压波形 1/4 周期对称，且共有 k 个开关时刻可以独立控制，除了一个自由度用来控制基波幅值外，可以消去 $k-1$ 个频率的特定谐波。k 越大，消除的谐波次数越多，但开关时刻的计算越复杂。

4.1.2 三相电压型逆变器

1. 电路拓扑

三个单相逆变器可以组成一个三相逆变器，在三相逆变器中，应用最广泛的是三相桥式逆变器。三相电压型桥式逆变器如图 4-15 所示，可以看成由三个单相半桥逆变器组成。直流侧通常只需要一个电容，但为了分析方便，通常画成串联的两个电容并标出假想中点 O'。三相负载的星形和三角形接法可以相互等效，在很多场合，负载实际上是联结成星形，故假定三相对称阻感负载为星形联结，负载连接中点为 O。

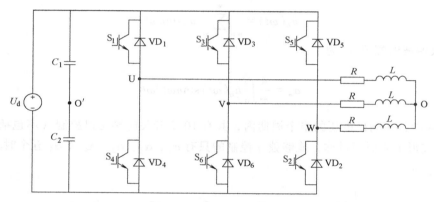

图 4-15 三相电压型桥式逆变器

为了避免直流侧电压源短路，同一相的上下桥臂之间不能直通，即开关管 S_1 和 S_4、S_3 和 S_6、S_5 和 S_2 的驱动信号互补。根据 6 个桥臂的通断状态，三相桥式逆变器一共有 8 类工作模式，如表 4-2 所示。其中模态 1 对应桥臂 1、6 和 5 导通，对应的各相桥臂电压分别为 $u_{UO'} = U_d/2$，$u_{VO'} = -U_d/2$，$u_{WO'} = U_d/2$。若输出电流以从逆变桥流向负载为正向，那么当输出相电流为正时，负载相电流流过上桥臂的开关管或下桥臂的二极管；当输出相电流为负时，负载相电流流过上桥臂的二极管或下桥臂的开关管。因此，根据负载电流的方向，模态 1 共有 6 种电流导通路径，具体如图 4-16 表示，图中电流标记为实际流向。类似地，可以分析得到其他 7 类工作模式的所有电流导通路径，具体见表 4-2。三相电压型桥式逆变器的工作模式通常用 3 位二进制数表示，若"1"代表上桥臂导通，"0"代表下桥臂导通，那么二进制"101"表示 U 相的上桥臂（桥臂 1）导通、V 相的下桥臂（桥臂 6）导通及 W 相的上桥臂（桥臂 5）导通，也就是对应工作模式 1。

设 i_U、i_V、i_W 分别为三相输出电流，$u_{UO'}$、$u_{VO'}$、$u_{WO'}$ 为三相负载相对于电源中点 O' 的电压，$u_{OO'}$ 为直流电压源中点 O' 和三相负载中点 O 之间的电位差。已知三相阻感负载对称，则各工作模式的通用状态方程为

$$
\begin{cases}
L\dfrac{\mathrm{d}i_{\mathrm{U}}}{\mathrm{d}t}=u_{\mathrm{UO'}}-Ri_{\mathrm{U}}-u_{\mathrm{OO'}} \\[3mm]
L\dfrac{\mathrm{d}i_{\mathrm{V}}}{\mathrm{d}t}=u_{\mathrm{VO'}}-Ri_{\mathrm{V}}-u_{\mathrm{OO'}} \\[3mm]
L\dfrac{\mathrm{d}i_{\mathrm{W}}}{\mathrm{d}t}=u_{\mathrm{WO'}}-Ri_{\mathrm{W}}-u_{\mathrm{OO'}}
\end{cases}
\tag{4-29}
$$

表 4-2　三相桥式逆变器的工作模态

模态类型	二进制表示	桥臂输出电压大小 ($u_{\mathrm{UO'}}$, $u_{\mathrm{VO'}}$, $u_{\mathrm{WO'}}$)
1	101	$+U_{\mathrm{d}}/2$, $-U_{\mathrm{d}}/2$, $+U_{\mathrm{d}}/2$
2	100	$+U_{\mathrm{d}}/2$, $-U_{\mathrm{d}}/2$, $-U_{\mathrm{d}}/2$
3	110	$+U_{\mathrm{d}}/2$, $+U_{\mathrm{d}}/2$, $-U_{\mathrm{d}}/2$
4	010	$-U_{\mathrm{d}}/2$, $+U_{\mathrm{d}}/2$, $-U_{\mathrm{d}}/2$
5	011	$-U_{\mathrm{d}}/2$, $+U_{\mathrm{d}}/2$, $+U_{\mathrm{d}}/2$
6	001	$-U_{\mathrm{d}}/2$, $-U_{\mathrm{d}}/2$, $+U_{\mathrm{d}}/2$
7	111	$+U_{\mathrm{d}}/2$, $+U_{\mathrm{d}}/2$, $+U_{\mathrm{d}}/2$
8	000	$-U_{\mathrm{d}}/2$, $-U_{\mathrm{d}}/2$, $-U_{\mathrm{d}}/2$

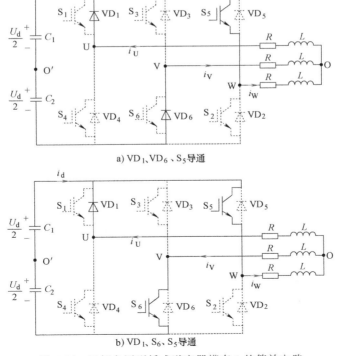

a) $\mathrm{VD_1}$、$\mathrm{VD_6}$、$\mathrm{S_5}$导通

b) $\mathrm{VD_1}$、$\mathrm{S_6}$、$\mathrm{S_5}$导通

图 4-16　三相电压型桥式逆变器模态 1 的等效电路

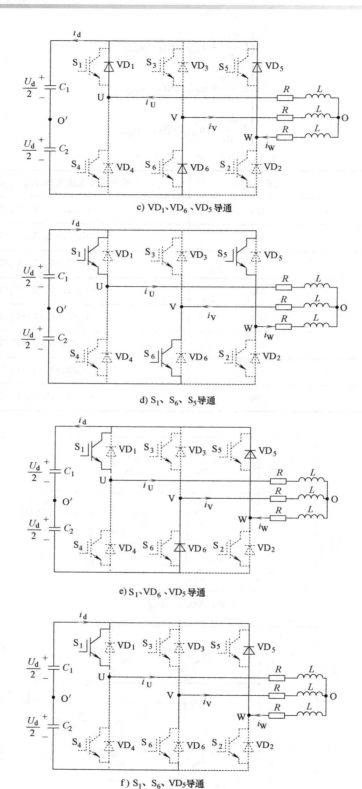

c) VD_1、VD_6、VD_5导通

d) S_1、S_6、S_5导通

e) S_1、VD_6、VD_5导通

f) S_1、S_6、VD_5导通

图 4-16　三相电压型桥式逆变器模态 1 的等效电路

其中 $u_{OO'}$ 的表达式为

$$u_{OO'} = \frac{u_{UO'} + u_{VO'} + u_{WO'}}{3} \tag{4-30}$$

当三相桥式逆变器工作在某一工作模态下时，根据表 4-2 可以知道三相输出电压（$u_{UO'}$、$u_{VO'}$、$u_{WO'}$）的大小，将它们代入到式（4-29）即可得到三相输出电流的大小。下面介绍三相桥式逆变器常用的几种调制方式。

2. 方波调制

采用方波调制时，三相桥式逆变器的开关管均采用180°导通控制，即各导通半个周期。各相上下桥臂的开关管驱动脉冲互补，各相桥臂间驱动脉冲在相位上互差120°，得到的典型工作波形如图 4-17 所示，其中 $u_{G1} \sim u_{G6}$ 表示开关管 $S_1 \sim S_6$ 的驱动信号。

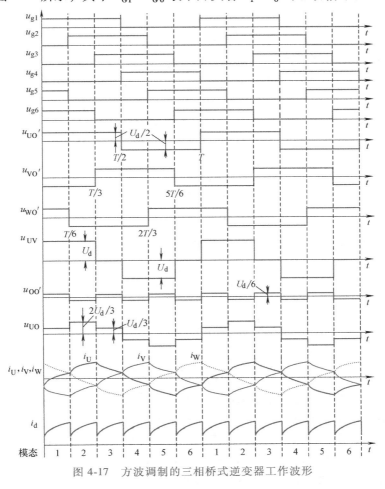

图 4-17　方波调制的三相桥式逆变器工作波形

根据图 4-17 可以发现，相对直流电源中点 O'，三相桥式逆变器各桥臂输出电压 $u_{UO'}$、$u_{VO'}$ 和 $u_{WO'}$ 为 $\pm\frac{1}{2}U_d$ 的方波；输出线电压具有 $\pm U_d$ 和 0 三种电平。因此输出相电压可表示为

$$u_{UO} = u_{UO'} - u_{OO'} = u_{UO'} - \frac{u_{UO'} + u_{VO'} + u_{WO'}}{3} \tag{4-31}$$

可以得到输出相电压包含 $\pm\frac{1}{3}U_d$ 和 $\pm\frac{2}{3}U_d$ 四种电平。

输出相电压和线电压都呈半波对称奇函数特性,对输出相电压 u_{UO} 和线电压 u_{UV} 进行傅里叶级数展开,可得

$$u_{UO} = \frac{2U_d}{\pi}\left(\sin\omega t + \frac{1}{5}\sin5\omega t + \frac{1}{7}\sin7\omega t + \frac{1}{11}\sin11\omega t + \cdots\right) \tag{4-32}$$

$$= \frac{2U_d}{\pi}\left(\sin\omega t + \sum_n \frac{1}{n}\sin n\omega t\right)$$

$$u_{UV} = \frac{2\sqrt{3}U_d}{\pi}\left[\sin\omega t - \frac{1}{5}\sin5\omega t - \frac{1}{7}\sin7\omega t + \frac{1}{11}\sin11\omega t + \cdots\right] \tag{4-33}$$

$$= \frac{2\sqrt{3}U_d}{\pi}\left[\sin\omega t + \sum_n \frac{1}{n}(-1)^k\sin n\omega t\right]$$

式中,$\omega = 2\pi/T$,T 为开关周期;$n = 6k\pm1$,$k = 1, 2, 3, \cdots$。

由上述两式容易得到输出相电压基波幅值、基波有效值和相电压有效值分别为

$$U_{UO1m} = \frac{2U_d}{\pi} \approx 0.637U_d \tag{4-34}$$

$$U_{UO1} = \frac{U_{UO1m}}{\sqrt{2}} \approx 0.450U_d \tag{4-35}$$

$$U_{UO} = \sqrt{\frac{1}{T}\int_0^T u_{UO}^2 dt} = 0.472U_d \tag{4-36}$$

输出线电压基波幅值、基波有效值以及线电压有效值分别为

$$U_{UV1m} = \frac{2\sqrt{3}U_d}{\pi} \approx 1.10U_d \tag{4-37}$$

$$U_{UV1} = \frac{U_{UV1m}}{\sqrt{2}} \approx 0.780U_d \tag{4-38}$$

$$U_{UV} = \sqrt{\frac{1}{T}\int_0^T u_{UV}^2 dt} = 0.816U_d \tag{4-39}$$

可以看到,输出线电压基波幅值为相电压基波幅值的 1.732 倍,相位相差 30°,两者都不包含 3 的整数倍次谐波成分,特性与一般三相系统一致。

三相桥式逆变器采用方波调制时,具有与单相逆变器类似的特点:

1)输出电压谐波含量高,尤其是低次谐波含量成分丰富。可计算得到输出相电压 THD 约为 26%,在谐波要求敏感的场合不能满足要求。

2)输出相电压不可调。相应的解决办法是在逆变器的直流侧采用传统的相控整流器,或不可控整流器后接 DC-DC 变换器,以改变直流侧电压的大小。

在上述 180° 导电方式中,为了防止同一相上下桥臂的开关器件同时导通而引起直流侧电源的短路,通常采取"先断后通"的方法。即先给应关断的器件关断信号,待其关断后留一定的时间裕量,然后再给应导通的器件发出导通信号,即在两者之间留一个短暂的死区

时间。死区时间的长短由器件的开关速度决定，器件的开关速度越快，所预留的死区时间就越短。

3. SPWM 调制

采用 SPWM 调制时，当三相桥臂需共用载波信号，三相桥式逆变器需采用双极性调制。载波 u_c 仍是正负幅值均为 U_{cm}、频率为 f_c 的三角波，调制波是三组频率为 f、幅值为 U_{rm}、相位上互差 $2\pi/3$ 的标准正弦波。其表达式如下

$$\begin{cases} u_{rU} = U_{rm}\sin\omega t \\ u_{rV} = U_{rm}\sin\left(\omega t - \dfrac{2\pi}{3}\right) \\ u_{rW} = U_{rm}\sin\left(\omega t + \dfrac{2\pi}{3}\right) \end{cases} \tag{4-40}$$

式中，$\omega = 2\pi f$。幅度调制比和频率调制比的定义与单相 SPWM 情况相同。

三相桥式逆变器可看作共直流母线的三个单相半桥逆变器组合工作，它们各自采用同一载波和互差 120° 的调制波控制输出电压，开关管的通断控制机理与单相半桥逆变器的双极性 SPWM 相同。图 4-18 是 SPWM 调制时三相桥式逆变器的典型工作波形。输出相电压基波与调制波同相，各相互差 120°，输出线电压与之错开 30°，各相同样互差 120°。

在载波、调制波的解析表达式和脉冲发生规则确定后，可以精确推导输出电压的傅里叶分解表达式，但这个数学分析过程比较繁琐，这里仅给出分析结论。在 $m_a \leqslant 1$ 时，输出相电压的基波有效值和幅值分别为

$$U_{UO1} = \frac{m_a}{\sqrt{2}} \frac{U_d}{2} \approx 0.354 m_a U_d \tag{4-41}$$

$$U_{UO1m} = m_a \frac{U_d}{2} = 0.5 m_a U_d \tag{4-42}$$

输出线电压的基波有效值和幅值分别为

$$U_{UV1} = \sqrt{3}\, U_{UO1} \approx 0.612 m_a U_d \tag{4-43}$$

$$U_{UV1m} = \sqrt{3}\, U_{UO1m} \approx 0.866 m_a U_d \tag{4-44}$$

线电压包含的谐波次数可表达为 $n\omega_c \pm k\omega$，其中 ω_c 为载波角频率（$\omega_c = 2\pi f_c$）。当 $n = 1$，3，5，… 时，$k = 3(2m-1) \pm 1$，$m = 1$，2，…；当 $n = 2$，4，6，… 时，$k = \begin{cases} 6m+1, & m = 0, 1, \cdots \\ 6m-1, & m = 1, 2, \cdots \end{cases}$。

三相桥式逆变器采用 SPWM 调制的特点如下：

1）输出电压谐波指标较方波调制大为改善，最低次谐波接近开关频率，输出滤波器尺寸大为降低，适用于对谐波性能要求较高的逆变场合。但高的开关频率会带来开关损耗和电磁兼容等问题。

2）输出电压可调，尤其适用于交流传动变压变频的应用场合。

3）直流电压利用率较低，常见的改善方法有过调制、3 次谐波注入、输出变压器匹配等。

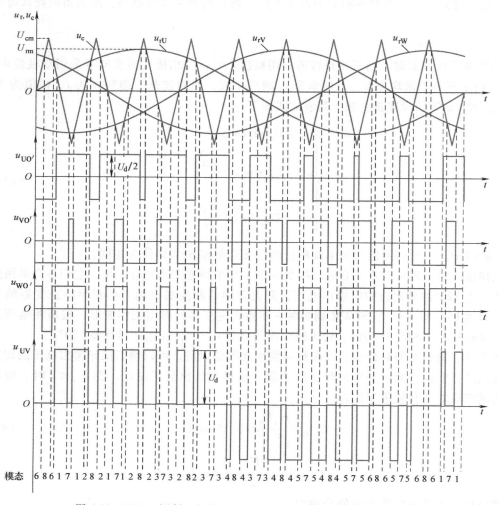

图 4-18　SPWM 调制三相桥式逆变器的工作波形（$m_f = 9$、$m_a = 0.8$）

4. SVPWM 调制

SPWM 调制的目的是使逆变器的输出电压尽量接近正弦波，但在交流电动机的驱动控制中，其最终目的并非使输出电压为正弦波，而是使电动机产生近似圆形的旋转磁场，从而减小电磁转矩的脉动。如果按照跟踪圆形磁场来控制输出电压，那么控制效果就会更加直接。由于磁链的轨迹是通过电压空间矢量叠加得到的，所以磁链跟踪控制方法又叫作电压空间矢量调制，即 SVPWM（Space Vector Pulse Width Modulation）。SVPWM 技术最初是应用在电动机调速领域的，后来扩展成为一种在整流/逆变领域应用广泛的 PWM 策略。

如图 4-19 所示，U、V、W 分别表示在空间静止不动的电动机定子三相绕组的轴线，在空间上互差 120°，三相定子相电压 $u_{UO'}$、$u_{VO'}$、$u_{WO'}$ 分别加在三相绕组上，可以定义为 3 个电压空间矢量 $\boldsymbol{u}_{UO'}$、$\boldsymbol{u}_{VO'}$、$\boldsymbol{u}_{WO'}$，它们的方向始终在各相的轴线上，而大小随时间按正弦规律变化，相位互差 120°。

假设相电压幅值为 U_m，ω 为其角频率，则各相电压表达式为

$$\begin{cases} u_{\mathrm{UO'}} = U_{\mathrm{m}}\sin(\omega t) \\ u_{\mathrm{VO'}} = U_{\mathrm{m}}\sin\left(\omega t - \dfrac{2}{3}\pi\right) \\ u_{\mathrm{WO'}} = U_{\mathrm{m}}\sin\left(\omega t + \dfrac{2}{3}\pi\right) \end{cases} \tag{4-45}$$

以 α 为实轴，与 U 相重合，β 为虚轴，与 α 轴互相垂直构造 $\alpha\beta$ 复平面。假设单位方向矢量 $\alpha = \mathrm{e}^{\mathrm{j}\frac{2}{3}\pi}$，则三相电压空间矢量相加的合成空间矢量 $\boldsymbol{U}_{\mathrm{ref}}$ 在 $\alpha\beta$ 坐标系中表示为

$$\boldsymbol{U}_{\mathrm{ref}} = \frac{2}{3}(u_{\mathrm{UO'}} + \alpha u_{\mathrm{VO'}} + \alpha^2 u_{\mathrm{WO'}}) = U_{\mathrm{m}}\mathrm{e}^{\mathrm{j}\omega t} \tag{4-46}$$

可见 $\boldsymbol{U}_{\mathrm{ref}}$ 是一个旋转的空间矢量，它的幅值不变；当频率不变时，以角速度 ω 恒速同步旋转，哪一相电压为最大值时，合成电压矢量就落在该相的轴线上。

如前所述，三相电压型桥式逆变器具有 8 个模态，将表 4-2 中 8 个模态对应的各相电压代入上式，可在 $\alpha\beta$ 坐标系中绘制出 8 个电压空间矢量如图 4-20 所示。从实际情况看，前 6 种模态有输出电压，属有效工作模态，对应有效电压矢量 $\boldsymbol{U}_1 \sim \boldsymbol{U}_6$；而后两种全部是上桥臂开关导通或下桥臂开关导通，输出电压为零，故称之为零工作模态，对应零电压矢量 $\boldsymbol{U}_7$ 和 $\boldsymbol{U}_8$。对于采用方波调制的三相电压型桥式逆变器，在每个工作周期中，这 6 种有效工作状态各出现一次，每一种状态持续 $60°$。可见，在一个周期中 6 个电压矢量共转过 $360°$，形成一个封闭的正六边形，如图 4-20 所示。

如果不采用方波调制，而是采用 SVPWM 控制，就可以使交流电动机的磁链轨迹尽量接近圆形，且所用的工作频率越高，交流电动机的磁链轨迹就越接近圆形。需要的电压矢量也不再限于 6 个有效电压矢量，可以用 6 个有效电压矢量中的两个和零矢量组合实现。例如，当所需的电压矢量为 $\boldsymbol{U}_{\mathrm{S}}$ 时，如图 4-20 所示，可以用基本电压矢量 $\boldsymbol{U}_1$ 和 $\boldsymbol{U}_2$ 的线性组合来实现，如果 $\boldsymbol{U}_1$ 和 $\boldsymbol{U}_2$ 的作用时间之和 $t_1 + t_2$ 小于开关周期 T，那么不足的时间可以用零电压矢量 $\boldsymbol{U}_7$ 或 $\boldsymbol{U}_8$ 补足，如

$$\boldsymbol{U}_{\mathrm{S}} = \frac{t_1}{T}\boldsymbol{U}_1 + \frac{t_2}{T}\boldsymbol{U}_2 + \left(1 - \frac{t_1 + t_2}{T}\right)\boldsymbol{U}_7 \tag{4-47}$$

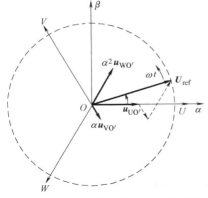

图 4-19 三相坐标系与 $\alpha\beta$ 坐标系图

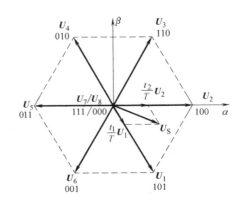

图 4-20 三相桥式逆变器的电压空间矢量图

4.1.3 电压型 Z 源逆变器

传统的电压型逆变器虽然可以实现直流转换为交流的目的，但存在以下一些局限：①只具有降压作用，即其交流输出电压总是低于直流侧输入电压；②正常运行时，同一桥臂的上下两管不能同时导通，否则会造成直流侧电压源短路。在实际工程应用中，为了满足不同情况的需求，电压型逆变器往往还需要额外增加电力电子电路，既增加了系统成本，又降低了系统整体可靠性。

为了克服上述传统逆变器的不足，Z 源逆变器的概念在 2002 年被提出。其中电压型 Z 源逆变器的结构如图 4-21 所示，电感 L_1、L_2 和电容 C_1、C_2 接成 X 形，形成一个 Z 源网络，串接在逆变环节和直流电源之间。与传统的电压型逆变器不同，电压型 Z 源逆变器的最大特点是它允许逆变器的上下桥臂直通，即增加了一种工作模态，从而可以根据需要实现升压或降压功能。

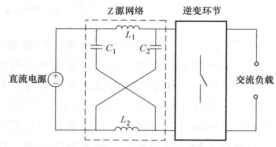

图 4-21　电压型 Z 源逆变器的一般拓扑结构

1. 工作原理

电压型 Z 源逆变器的输入电源为直流电压源，逆变环节主电路为三相电压型桥式逆变器时，三相电压型 Z 源逆变器如图 4-22 所示。由于 Z 源网络的存在，上下桥臂可以直通，故三相电压型 Z 源逆变器比传统的三相电压型桥式逆变器增加了一个直通工作模态，即共有 9 种工作模态。因此，电压型 Z 源逆变器的工作状态可以分成两类，一类是传统三相桥式逆变器的 8 种非直通状态（表 4-2），另一类是新增的桥臂直通状态。两种工作状态对应的等效电路如图 4-23 所示。

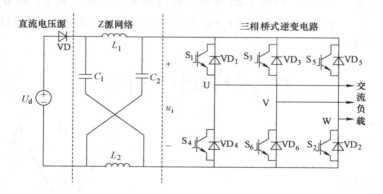

图 4-22　三相电压型 Z 源逆变器

设电感 L_1、L_2 和电容 C_1、C_2 的电压分别为 u_{L1}、u_{L2}、u_{C1} 和 u_{C2}，逆变侧直流电压为 u_i。由于 Z 源网络的结构是对称的，$L_1 = L_2$，$C_1 = C_2$，故有 $u_{L1} = u_{L2} = u_L$ 和 $u_{C1} = u_{C2} = U_C$。此外，假设逆变器工作于电感电流连续导通模式。上述两类工作状态的分析如下：

工作状态 1，电压型 Z 源逆变器工作于桥臂直通状态，如图 4-23a 所示。此时逆变器的负载侧被短路，输入二极管 VD 处于截止状态，该状态也称为直通零电压模式，此时有

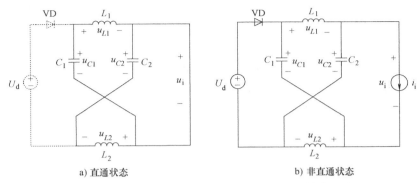

a) 直通状态　　　　　　　　　　　b) 非直通状态

图 4-23　电压型 Z 源逆变器两类工作状态的等效电路

$$\begin{cases} u_L = U_C \\ u_i = 0 \end{cases} \tag{4-48}$$

工作状态 2，电压型 Z 源逆变器工作于非直通状态，如图 4-23b 所示。三相桥式逆变电路等效为一个电流源，二极管 VD 导通。需要说明的是，当逆变电路工作在传统零电压模式时，其输出端为开路，可用一零值电流源代替，此时有

$$\begin{cases} u_L = U_d - U_C \\ u_i = U_C - u_L = 2U_C - U_d \end{cases} \tag{4-49}$$

假设在一个开关周期 T 中，逆变器工作于直通零状态的占空比为 D_0，那么非直通状态的占空比为 $D_1 = 1 - D_0$，根据电感伏秒平衡特性则有

$$\frac{1}{T} \int_0^T u_L(t)\,\mathrm{d}t = \frac{U_C D_0 T + (U_d - U_C)(1 - D_0)T}{T} = 0 \tag{4-50}$$

即

$$U_C = \frac{1 - D_0}{1 - 2D_0} U_d \tag{4-51}$$

根据式（4-49）、式（4-50）和式（4-51），逆变侧直流电压的平均值为

$$U_i = \frac{1}{T} \int_0^T u_i(t)\,\mathrm{d}t = \frac{0 \cdot D_0 T + (2U_C - U_d)(1 - D_0)T}{T} = U_C = \frac{1 - D_0}{1 - 2D_0} U_d \tag{4-52}$$

逆变侧直流电压的峰值为

$$U_{im} = U_C - u_L = 2U_C - U_d = \frac{1}{1 - 2D_0} U_d = B U_d \tag{4-53}$$

式中，B 为由直通零电压模式得到的升压因子，$B = \dfrac{1}{1 - 2D_0} \geqslant 1$。因此，通过调节直通零电压模式的作用时间即可调节升压因子 B 的大小。

电压型 Z 源逆变器输出相电压峰值可表示为

$$U_{om} = M \frac{U_{im}}{2} = MB \frac{U_d}{2} \tag{4-54}$$

式中，M 为逆变器的幅值调制比，对于 SPWM 调制，$M \leqslant 1$；MB 也称为电压增益。

由式（4-54）可看出，电压型 Z 源逆变器的电压增益由升压因子 B 与调制比 M 共同决定，当输入电压较低时，可以使 B>1 实现升压功能；当输入电压较高时，令 B＝1，Z 源逆变器的输出电压与传统电压型逆变器相同。

由上述分析可见，电压型 Z 源逆变器的输出电压可根据需要升压或降压，不需要额外的电路，有利于节省成本和提高电路效率。由于桥臂直通状态成为该电路的一种正常工作状态，因此同一桥臂上下开关管的驱动信号之间不需加入死区时间，避免了死区引起的波形畸变。同时由电磁干扰所造成的桥臂直通也不会对逆变器造成损坏，从而大大增加了逆变器的可靠性。

2. 调制方法

在三相电压型 Z 源逆变器中，直通零电压状态按实现方法的不同可分为单相直通，两相直通和三相直通。

（1）单相直通通过控制某一相的上下桥臂直通来实现。具体实现时可将直通零电压模态平均分配到三相桥臂，这样可以平均分配各相的开关损耗，避免出现某一相的开关损耗过大导致发热严重的现象。

（2）两相直通通过控制某两相的上下桥臂同时直通来实现。与单相直通一样，具体实现时需要将直通零电压模态平均分配到三相桥臂，以保持三相电流均衡和损耗相同。

（3）三相直通通过控制三相所有桥臂同时直通来实现。

由于直通零电压模态和传统零电压模态对应的输出电压均为零，因此，传统电压型逆变器通常采用的 SPWM 和 SVPWM 方法，在合理注入直通零电压模态后同样适用于电压型 Z 源逆变器。以 SPWM 调制为例，按照直通零电压模态注入到传统零电压模态的时间和位置不同，可分为简单 SPWM 调制、最大增益 SPWM 调制等。

采用简单 SPWM 调制方法时，直通零电压模态被平均分配在传统零电压模态中，且它们的位置都是固定在传统零电压模态的正中间。以三相直通零电压模态为例，简单 SPWM 驱动信号的生成方法如图 4-24 所示。图中 u_c 为三角载波，u_{rU}、u_{rV} 和 u_{rW} 为三相调制信号，参考波 u_p 和 u_n 的幅值相等，$u_{g1} \sim u_{g6}$ 为开关管 $S_1 \sim S_6$ 的驱动信号。直通零电压模态的位置通过参考波与三角载波的比较来确定，通过三相调制波与三角载波的比较来确定传统有效矢量和零矢量的位置。当 $u_p < u_c$ 或 $u_n > u_c$ 时，三相逆变器处于三相直通状态，生成直通零电压。由于直通零电压模态位于传统零电压模态的中间位置，并不占据有效电压状态的作用时间，且实现过程简单，因此称为简单 SPWM 调制方式。

从图 4-24 可以看出，简单 SPWM 控制的直通占空比 D_0 与调制比 M 有关，两者之间需满足 $D_0+M \leqslant 1$。假设 $D_0 = 1-M$，则升压因子 B 可表示为

$$B = \frac{1}{1-2D_0} = \frac{1}{2M-1} \tag{4-55}$$

电压增益 G 为

$$G = MB = \frac{M}{2M-1} \tag{4-56}$$

最大增益 SPWM 调制方法的基本思路是不改变传统有效电压模态的作用时间，但把原来的传统零电压模态全部变成直通零电压模态，从而得到最大的直通时间。与直通时间固定

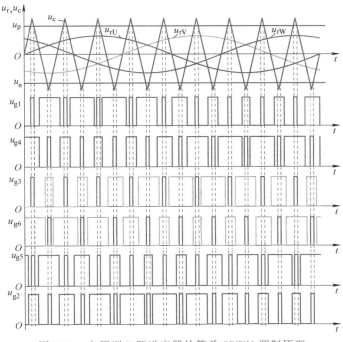

图 4-24 电压型 Z 源逆变器的简单 SPWM 调制原理

不变的简单 SPWM 调制方法相比，在调制比 M 相同的情况下，最大增益 SPWM 调制的电压增益更高，但是由于其直通零电压模态以 $\pi/3$ 为周期呈周期性变化，三相电压型 Z 源逆变器的输出电压存在 6 次谐波脉动。

4.2 电流型逆变器

直流电源为电流源的逆变器称为电流型逆变器。实际上理想直流电流源并不多见，一般是在逆变器直流侧串联一个大电感，由于大电感的电流脉动很小，因此可近似看成直流电流源。

在电流型逆变器中，开关器件的作用仅是改变直流电流的流通路径，因此交流侧输出电流为矩形波。当交流侧为阻感负载时需提供无功功率，直流侧电感起缓冲无功能量的作用。由于直流电流并不反向，故不必像电压型逆变器那样给开关器件反并联二极管。

和电压型逆变器一样，电流型逆变器通常按输出相数分为单相逆变器和三相逆变器。电压型逆变器大都采用全控型器件，采用半控型器件的电压型逆变器已经很少用，但在电流型逆变器中，采用半控型器件的电路仍应用较多。故本节主要讲述相控式电流型逆变器。

单相电流型桥式逆变器如图 4-25 所示，其直流侧由一个电压源串联一个大电感组成，电路包含 4 个桥臂，每个桥臂的晶闸管与一个电抗器 L_T 串联，L_T 主要用于限制晶闸管开通时的电流变化率 $\mathrm{d}i/\mathrm{d}t$，各桥臂的电抗器之间不存在互感。使 VT_1、VT_4 和 VT_2、VT_3 轮流导通，就可以在负载上获得交流电。负载中电感 L 和电阻 R 串联再和电容 C 并联，构成并联谐振电路，故这种电路也称为并联谐振式逆变器。为了关断晶闸管，通常要求负载电流超前于电压，因此负载电路总体上工作在容性并略失谐的情况下。

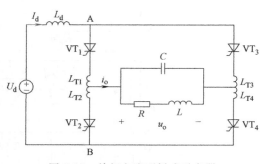

图 4-25 单相电流型桥式逆变器

与传统电压型逆变器不同，电流型逆变器的上下桥臂之间可以直通，因此单相电流型桥式逆变器具有 3 种工作模态，各个模态的等效电路如图 4-26 所示。

模态 1，晶闸管 VT_1 和 VT_4 导通，如图 4-26a 所示，负载电流 $i_o = I_d$，近似为恒值。

模态 2，晶闸管 VT_2 和 VT_3 导通，如图 4-26b 所示，负载电流 $i_o = -I_d$，近似为恒值。

模态 3，晶闸管 $VT_1 \sim VT_4$ 全导通，如图 4-26c 所示，负载电流 $i_o = i_{VT1} - i_{VT2}$，为两组晶闸管电流之差，负载电容经两个并联的放电回路同时放电，其中一组晶闸管电流增加，另外一组晶闸管电流下降。

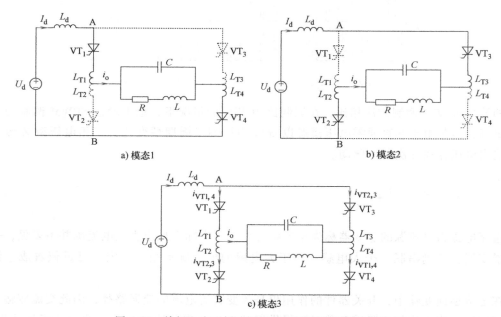

图 4-26 单相电流型桥式逆变器不同模态的等效电路

单相电流型桥式逆变器在交流电流的一个周期内的典型工作波形如图 4-27 所示，其中 $u_{G1} \sim u_{G4}$ 为晶闸管的触发脉冲。电路的工作过程概述如下：

$t_1 \sim t_2$ 期间，晶闸管 VT_1 和 VT_4 稳定导通，电路工作在模态 1，晶闸管电流等于负载电流，$i_{VT1,4} = i_o = I_d$。由于负载呈容性，负载电流相位超前负载电压，故输出电压 u_o 在此阶段由负变正，t_2 时刻前在电容 C 上建立了左正右负的电压。t_2 时刻触发晶闸管 VT_2 和 VT_3，因在 t_2 前 VT_2 和 VT_3 的阳极电压等于负载电压，为正值，故 VT_2 和 VT_3 导通。由于每个晶闸管都串联了电抗器 L_T，故 VT_1、VT_4 不能立刻关断，其电流 $i_{VT1,4}$ 有一个减小过程。同样 VT_2、VT_3 的电流 $i_{VT2,3}$ 有一个增大过程。

$t_2 \sim t_4$ 期间，4 个晶闸管全部导通，电路工作在模态 3。在此期间，$i_{VT1,4}$ 逐渐减小，$i_{VT2,3}$ 逐渐增大，其中在 $t_2 \sim t_3$ 时段 $i_{VT1} > i_{VT2}$，$i_o = i_{VT1} - i_{VT2} > 0$ 为正向；在 t_3 时刻 $i_{VT1} = i_{VT2}$，$i_o = i_{VT1} - i_{VT2} = 0$；在 $t_3 \sim t_4$ 时段 $i_{VT1} < i_{VT2}$，$i_o = i_{VT1} - i_{VT2} < 0$，负载电流 i_o 过零转为负。在 t_4 时刻，VT_1、VT_4 电流下降至零而关断，直流侧电流 I_d 全部从 VT_1、VT_4 转移到 VT_2、VT_3。

$t_4 \sim t_6$ 期间，晶闸管 VT_2 和 VT_3 稳定导通，电路工作在模态 2。负载电压 u_o 在此期间过零变负，在 t_6 时刻前，电容 C 上建立了左负右正的电压。t_6 时刻触发晶闸管 VT_1 和 VT_4，电路工作在模态 3，进入从 VT_2、VT_3 导通向 VT_1、VT_4 导通的换流阶段。

由于电流型逆变器的交流输出电流波形接近矩形波，其基波频率接近负载电路谐振频率，故负载电路对基波呈高阻抗，而对谐波呈低阻抗，谐波在负载电路上产生的压降很小，因此负载电压 u_o 的波形接近正弦波。

如果忽略换流过程，i_o 可近似看成方波，其傅里叶级数展开式为

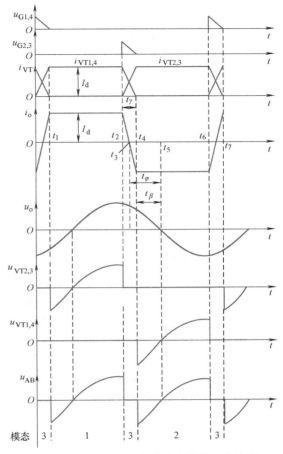

图 4-27　单相电流型桥式逆变器的工作波形

$$i_o = \frac{4I_d}{\pi}\left(\sin\omega t + \frac{1}{3}\sin 3\omega t + \frac{1}{5}\sin 5\omega t + \cdots\right) \tag{4-57}$$

其中基波电流有效值 I_{o1} 为

$$I_{o1} = \frac{4I_d}{\sqrt{2}\,\pi} = 0.9I_d \tag{4-58}$$

设 φ、γ、β 分别是 t_φ、t_γ、t_β 对应的电角度，其中 φ 也是负载的功率因数角。如果忽略电抗器 L_d 的损耗，桥臂侧电压 u_{AB} 的平均值应等于 U_d，再忽略晶闸管压降，可得

$$
\begin{aligned}
U_d &= \frac{1}{\pi}\int_{-\beta}^{\pi-(\gamma+\beta)} u_{AB}\mathrm{d}\omega t \\
&= \frac{1}{\pi}\int_{-\beta}^{\pi-(\gamma+\beta)} \sqrt{2}\,U_o\sin\omega t\,\mathrm{d}\omega t \\
&= \frac{\sqrt{2}\,U_o}{\pi}\left[\cos(\gamma+\beta)+\cos\beta\right] \\
&= \frac{2\sqrt{2}\,U_o}{\pi}\cos\left(\beta+\frac{\gamma}{2}\right)\cos\frac{\gamma}{2}
\end{aligned}
\tag{4-59}
$$

式中，ω 为电路工作角频率。

一般情况下 γ 值比较小，可近似认为 $\cos(\gamma/2) \approx 1$，再考虑到 $\varphi = \dfrac{\gamma}{2} + \beta$，得到直流电压 U_d 与输出电压有效值 U_o 的关系为

$$U_\mathrm{d} = \frac{2\sqrt{2}\,U_\mathrm{o}}{\pi}\cos\varphi \qquad\qquad (4\text{-}60)$$

或

$$U_\mathrm{o} = \frac{\pi U_\mathrm{d}}{2\sqrt{2}\cos\varphi} = 1.11\frac{U_\mathrm{d}}{\cos\varphi} \qquad\qquad (4\text{-}61)$$

4.3 有源逆变器

上述介绍的逆变器交流侧输出均不与电网连接，而是直接接到负载，属于无源逆变器。如果逆变器的交流侧和电网连接，这种逆变器称为有源逆变器。有源逆变器常用于直流电动机调速系统、高压直流输电系统以及可再生能源并网发电系统等场合。当采用半控型器件时，有源逆变器的拓扑结构和第 3 章所述的可控整流器拓扑是一致的，只是在满足一定的工作条件下实现电能向电网反馈。因此，电路形式未发生变化，只是电路工作条件转变，有源逆变可看作可控整流器的一种工作状态。下面以单相桥式可控整流器和三相桥式可控整流器为例说明有源逆变器的工作原理。

4.3.1 单相桥式整流器的有源逆变工作状态

图 4-28 展示了单相桥式可控整流器带直流电动机负载的情况。设整流器的输出电压为

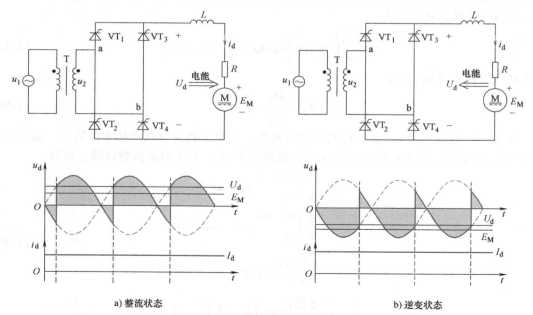

图 4-28　单相桥式可控整流器的整流和逆变状态

U_d，直流电动机的电动势为 E_M。当电机 M 作电动机运行，电能从电网侧流向电动机，如图 4-28a 所示。此时单相桥式整流器应工作在整流状态，直流侧输出电压为正值，并且 $U_d > E_M$，输出电流 I_d 为

$$I_d = \frac{U_d - E_M}{R} \tag{4-62}$$

式中，R 为主回路的电阻。

当电动机 M 作为发电机回馈制动运行时，由于晶闸管的单向导电性，电流 i_d 方向不变，欲改变电能传输的方向，只能改变 E_M 的极性。为了防止两电动势顺向串联，U_d 的极性也必须反过来，即 U_d 为负值，且满足 $E_M < U_d < 0$，才能把电能从直流侧送到交流侧，如图 4-28b 所示。此时 I_d 为

$$I_d = \frac{U_d - E_m}{R} = \frac{|E_M| - |U_d|}{R} \tag{4-63}$$

已知带阻感负载单相桥式可控整流器的输出电压平均值为 $U_d = 0.9U_2\cos\alpha$，因此可以通过改变触发角 α 来调节 U_d 的大小。当 α 的取值范围在 $0 \sim \pi/2$ 之间时，U_d 为正值，电路工作在整流状态；当 α 在 $\pi/2 \sim \pi$ 之间时，U_d 为负值，电路工作在逆变状态。

从上述分析中，可归纳出单相桥式可控整流器实现有源逆变的条件如下：

1）直流侧要有电动势 E_M，其极性需和晶闸管的导通方向一致。

2）要求晶闸管的控制角 $\alpha > \pi/2$，使 U_d 为负值，且其值应小于直流电动势，即 $|U_d| < |E_M|$。

4.3.2　三相桥式整流器的有源逆变工作状态

从上述分析可知，不能产生负电压的整流器无法实现有源逆变。已知负载电流连续时三相桥式可控整流器的输出电压平均值为 $U_d = 2.34U_2\cos\alpha$，因此该电路带反电动势、阻感负载时可以工作在有源逆变状态。逆变和整流的区别仅仅是控制角 α 的不同，$0 < \alpha < \pi/2$ 时，电路工作在整流状态；$\pi/2 < \alpha < \pi$ 时，电路工作在逆变状态。图 4-29 所示为三相桥式整流器工作于有源逆变状态且 α 取不同值时的输出电压波形。

逆变运行时，一旦出现换相失败、触发电路工作不可靠、晶闸管故障、交流电源缺相等情况时，外接的直流电源就会通过晶闸管电路形成短路，或者使整流输出电压和直流侧电动势顺向串联。由于逆变器的内阻很小，就会形成很大的短路电流，这种情况称为逆变失败或逆变颠覆，电路实际运行时必须防止逆变失败。

4.4　设计实例

4.4.1　单相电压型半桥逆变器的设计

输入电压为 800(1±10%)V 直流电，输出电压为 220V 交流电，额定频率 50Hz，额定输出功率为 1kW。采用双极性 SPWM 控制，选择开关频率 $f_S = 10$kHz。

1. 输出 LC 滤波器

对于常用的 LC 低通滤波器，其截止频率为 $f_L = \dfrac{1}{2\pi\sqrt{LC}}$，一般选为开关频率的 1/10 ~ 1/5，

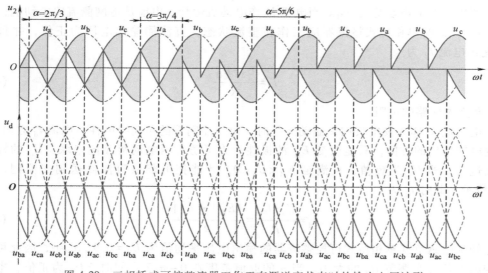

图 4-29　三相桥式可控整流器工作于有源逆变状态时的输出电压波形

这里取 $f_L = \dfrac{1}{10}f_S = 1\text{kHz}$。

滤波器的无功功率大小间接地反映了滤波器的体积、成本等要素。通常电容为定型产品，其容值和体积均有相应标准，而电感则可以根据需求自行设计。所以，若按滤波器无功功率最小（滤波器体积最小）来设计，应主要考虑电感对滤波器无功特性的影响。假设电感电流和电容电压所含谐波分量很少，则滤波器无功功率为

$$Q = \omega_1 L I_L^2 + \omega_1 C U_C^2$$

式中，ω_1 为基波角频率，I_L 为电感基波电流有效值，U_C 为电容基波电压有效值。

当负载为阻性负载时，则

$$I_L^2 = I_o^2 + (\omega_1 C U_C)^2$$

式中，I_o 为阻性负载电流。

故有

$$Q = \omega_1 L I_o^2 + \frac{\omega_1^3 U_C^2}{\omega_L^4 L} + \frac{\omega_1 U_C^2}{\omega_L^2 L}$$

式中，$\omega_L = 2\pi f_L = \dfrac{1}{\sqrt{LC}}$ 为截止角频率。

以电感 L 为变量，对无功功率 Q 求导得到

$$\frac{\partial Q}{\partial L} = \omega_1 I_o^2 - \frac{\omega_1 U_C^2}{(\omega_L L)^2}\left[1 + \left(\frac{\omega_1}{\omega_L}\right)^2\right]$$

要使 Q 最小，则 $\dfrac{\partial Q}{\partial L} = 0$，于是

$$L = \frac{U_C}{\omega_L I_o}\sqrt{1 + \left(\frac{\omega_1}{\omega_L}\right)^2}$$

假设输出功率允许过载 10%，不考虑滤波器影响，则 $I_o = 1000 \times 1.1/220\text{A} = 5\text{A}$，$\omega_L =$

$2\pi f_L = 6280\mathrm{rad/s}$，$\omega_1 = 2\pi f_1 = 314\mathrm{rad/s}$，$U_C = U_\mathrm{o} = 220\mathrm{V}$，得到电感 $L \approx 7.02\mathrm{mH}$，进而得到电容 $C \approx 3.61\mu\mathrm{F}$，可取为 $4.7\mu\mathrm{F}$。

滤波器的输出为低失真的正弦波，输入为 PWM 脉冲波，故滤波电感承担了谐波的压降，流过电感的电流不是标准的正弦波，而是一个叠加有脉动分量的正弦波，因此电感的最大脉动电流可表示为

$$\Delta I_{L\mathrm{max}} = \frac{U_\mathrm{d}}{4Lf_\mathrm{S}}$$

可见电感越大，脉动电流越小，流过开关管电流的最大值也就越小。根据前面计算的 L 值，考虑到输入电压有 ±10% 的波动，可得电感最大脉动电流为

$$\Delta I_{L\mathrm{max}} = 800 \times 1.1 / (4 \times 0.00702 \times 10000)\mathrm{A} \approx 3.13\mathrm{A}$$

2. 开关管

已知单相半桥逆变器开关管承受电压应力为输入电压，即 $U_{S1\mathrm{max}} = U_{S2\mathrm{max}} = U_\mathrm{d}$。考虑输入电压有 ±10% 的波动，则 $U_{S\mathrm{max}} = 800 \times 1.1\mathrm{V} = 880\mathrm{V}$，考虑电压裕量，选择开关管的额定电压为 1200V。

流过开关管的最大电流约为 $I_{S\mathrm{max}} = \sqrt{2}I_\mathrm{o} + \Delta I_{L\mathrm{max}} = (\sqrt{2} \times 5 + 3.13)\mathrm{A} = 10.20\mathrm{A}$，考虑一定裕度，选择开关管的额定电流为 20A。实际可选择 1200V/20A 的 IGBT。

4.4.2 单相电压型全桥逆变器的设计

输入电压为 400 (1±10%) V 直流电，输出电压为 220V 交流电，额定频率为 50Hz，额定输出功率 5kW。采用双极性 SPWM 控制，选择开关频率 $f_\mathrm{S} = 20\mathrm{kHz}$。

1. 输出 LC 滤波器

LC 低通滤波器的截止频率取 $f_L = \dfrac{1}{10}f_\mathrm{S} = 2\mathrm{kHz}$。若按滤波器体积最小的原则来设计，$LC$ 取值方式与 4.4.1 节相同。考虑输出功率允许过载 10%，有 $I_\mathrm{o} = 5000 \times 1.1/220\mathrm{A} = 25\mathrm{A}$，$\omega_L = 2\pi f_L \approx 12560\mathrm{rad/s}$，$\omega_1 = 2\pi f_1 = 314\mathrm{rad/s}$，$U_C = 220\mathrm{V}$，得到电感 $L = 0.7\mathrm{mH}$，进而得到电容 $C = 9.06\mu\mathrm{F}$，可取为 $10\mu\mathrm{F}$。

对于单相全桥逆变器，滤波电感的最大脉动电流可表示为

$$\Delta I_{L\mathrm{max}} = \frac{U_\mathrm{d}}{2Lf_\mathrm{S}}$$

考虑到输入电压有 ±10% 的波动，可得

$$\Delta I_{L\mathrm{max}} = 400 \times 1.1 / (2 \times 0.0007 \times 20000)\mathrm{A} = 15.7\mathrm{A}$$

已知输出额定电流为 $I_\mathrm{N} = 5000/220\mathrm{A} = 22.7\mathrm{A}$，此时滤波电感的脉动电流很大，达到了额定电流的 69.1%。若要使电感脉动电流小于额定电流的 10%，则滤波电感取值应为

$$L = \frac{U_\mathrm{d}}{2f_\mathrm{S} \times 0.1 \times I_\mathrm{N}} = \frac{400 \times 1.1}{2 \times 20000 \times 0.1 \times 22.7}\mathrm{H} = 4.84\mathrm{mH}$$

取电感 $L = 4.84\mathrm{mH}$，则电容 $C = 1.31\mu\mathrm{F}$，可取为 $1.5\mu\mathrm{F}$。

2. 开关管

单相全桥逆变器开关管承受电压应力也是输入电压 U_d，考虑到输入电压有 ±10% 的波动，所以 $U_{Smax} = 400 \times 1.1\mathrm{V} = 440\mathrm{V}$，考虑开关管承受电压为额定值的 50% ~ 80%，选择开关管的额定电压为 800V。

流过开关管的最大电流约为

$$I_{Smax} = \sqrt{2} I_o + \Delta I_L = \sqrt{2} \times 25\mathrm{A} + 0.1 \times 22.7\mathrm{A} = 37.63\mathrm{A}$$

考虑一定裕度，选择开关管的额定电流为 80A。实际可选择 800V/80A 的 IGBT。

4.4.3 三相电压型桥式逆变器的设计

输入电压为 900（1±10%）V 直流电，输出相电压为 220V 交流电，额定频率为 50Hz，额定输出功率为 5kW。采用双极性 SPWM 控制，选择开关频率 $f_S = 10\mathrm{kHz}$。

1. 输出 LC 滤波器

三相逆变器输出 LC 滤波器的截止频率一般选为开关频率的 1/10 ~ 1/5，这里取 $f_L = f_S/10 = 1\mathrm{kHz}$。$LC$ 取值方式与 4.4.1 节相同。考虑输出功率允许过载 10%，则 $I_o = 5000 \times 1.1/(3 \times 220)\mathrm{A} = 8.33\mathrm{A}$，$\omega_L = 2\pi f_L = 6280\mathrm{rad/s}$，$\omega_1 = 2\pi f_1 = 314\mathrm{rad/s}$，$U_C = 220\mathrm{V}$，得到电感 $L = 4.21\mathrm{mH}$，进而得到电容 $C = 6.02\mu\mathrm{F}$，可取为 $6\mu\mathrm{F}$。

考虑到输入电压有 ±10% 的波动，可得滤波电感上的最大脉动电流为

$$\Delta I_{Lmax} = 900 \times 1.1/(4 \times 0.00421 \times 10000)\mathrm{A} \approx 5.88\mathrm{A}$$

2. 开关管

三相桥式逆变器各开关管承受电压应力与单相半桥逆变器一致，为输入电压 U_d，故有 $U_{Smax} = 900 \times 1.1\mathrm{V} = 990\mathrm{V}$，考虑开关管承受电压为额定值的 50% ~ 80%，选择开关管额定电压为 1600V。

流过开关管的最大电流约 $I_{Smax} = \sqrt{2} I_o + \Delta I_{Lmax} = \sqrt{2} \times 8.33\mathrm{A} + 5.88\mathrm{A} = 17.7\mathrm{A}$，考虑一定裕度，选择开关管额定电流为 40A。实际可选择 1600V/40A 的 IGBT。

4.5 本章小结

DC-AC 变换器把直流电变换成频率和电压均可调节的单相或三相交流电，按直流侧电源形式不同，逆变器可以分为电压型逆变器和电流型逆变器；按负载性质和能量传递情况，逆变器可以分为无源逆变和有源逆变，前者的交流侧直接和负载连接，后者的交流侧接在电网上。DC-AC 变换器的主要特点如下：

1）对于无源逆变，电压型逆变器通常采用全控型开关器件，通过多种驱动方式控制开关器件的通断，可以输出方波、PWM 波和其他波形电压，常用于较高频率、中大功率等级场合；电流型逆变器通常采用晶闸管，输出近似方波电流，由于其关断需要利用外加电压令流过晶闸管的电流下降到零，故常用于低频大功率场合。

2）对于有源逆变，一般采用晶闸管可控整流器，通过相控方式使其输出负电压，实现电能从直流侧送到交流侧。有源逆变在电动机调速等场合得到广泛应用。

习　题

4-1　逆变器的作用是什么？有哪些类型？

4-2　调节电压型逆变器输出电压的方法有哪些？各有什么优缺点？

4-3　在单相电压型逆变器中，电阻性负载和阻感性负载对输出电压、电流有什么影响？电路结构有哪些不同？

4-4　在三相电压型逆变器的 SPWM 调制方式中，单极性调制和双极性调制有何不同？

4-5　SPWM 调制是怎样实现变压功能的？又是怎样实现变频功能的？

4-6　带电阻负载的单相电压型全桥逆变器，若输出电压波形如图 4-30 所示，分别画出移相控制和方波控制下开关管承受的电压波形。

4-7　三相电压型逆变器可否采用 120°导电方式？试画出 $S_1 \sim S_6$ 的驱动脉冲信号及输出相电压 u_{UO} 波形，并计算相电压 u_{UO} 的有效值 U_{UO} 和基波有效值 U_{UO1}。

4-8　什么是 Z 源网络？相较于传统电压型逆变器，Z 源电压型逆变器有哪些优点？

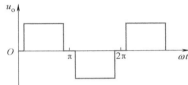

图 4-30　输出电压波形

4-9　在单相桥式可控整流器中，若 $U_2 = 220V$，$E_M = 120V$，L 很大，$R = 1\Omega$，当 $\alpha = 120°$时，能否实现有源逆变？求这时电动机的制动电流多大？并画出这时的输出电压、电流波形。

4-10　三相桥式可控整流器中，$U_2 = 220V$，$E_M = 400V$，L 很大，$R = 1\Omega$，当 $\alpha = 120°$时，试求：

（1）输出电压 U_d 和输出电流 I_d 的平均值；

（2）晶闸管电流的有效值；

（3）送回电网的平均功率。

第5章　DC-DC变换器

DC-DC 变换器，即直流-直流变换器，它将一种直流电变换为另一种具有不同幅值或极性的直流电，为直流负载提供电能。本章将分别介绍非隔离型和隔离型 DC-DC 变换器，内容涉及变换器结构、工作原理、输出特性、器件应力分析和参数设计等，最后给出几种典型 DC-DC 变换器的设计实例。

5.1　非隔离型 DC-DC 变换器

非隔离型 DC-DC 变换器的基本原理是利用全控型开关器件对输入电压波形进行周期性地"斩切"，即采用斩控原理，实现直流变换，因此也称为直流斩波器。采用一个全控型开关器件的单管非隔离型 DC-DC 变换器是最基本的 DC-DC 变换器，主要包括 Buck（降压型）变换器、Boost（升压型）变换器、Buck-Boost（升降压型）变换器、Cuk 变换器、Sepic 变换器和 Zeta 变换器 6 种。

5.1.1　Buck 变换器

1. 工作原理

Buck 变换器是一种基本的降压型变换器，其输出电压小于输入电压。Buck 变换器电路如图 5-1 所示，由全控型开关器件 S、二极管 VD、电感 L 和电容 C 组成，图中开关管 S 采用电力 MOSFET，负载用电阻 R 表示。稳态工作时，周期性地控制开关管 S 导通和关断（设开关周期为 T）。当电容 C 足够大时，输出电压 u_o 的纹波足够小，可认为变换器输出平整的直流电压 U_o。

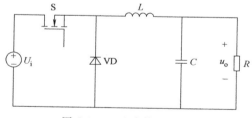

图 5-1　Buck 变换器电路

根据开关管 S、二极管 VD 的通断状态，Buck 变换器具有以下 3 种工作模式：

模式 1，S 导通、VD 截止，等效电路如图 5-2a 所示。电源电压 U_i 通过 S 加到电感 L 和输出滤波电容 C 上，VD 承受反向电压截止。此时电感 L 上的电压 U_i-U_o，近似不变，电感电流 i_L 线性增长，此时有

$$u_L = L\frac{\mathrm{d}i_L}{\mathrm{d}t} = U_i - U_o \tag{5-1}$$

由上式可以解得电感电流波形的斜率为

$$\frac{\mathrm{d}i_L}{\mathrm{d}t} = \frac{U_i - U_o}{L} \tag{5-2}$$

模态 2，S 关断、VD 导通，等效电路如图 5-2b 所示。由于电感电流不能突变，故 S 关断时 i_L 通过 VD 续流，此时电感 L 上的电压为 $-U_o$，其储存的能量向负载 R 释放，i_L 线性下降，此时有

$$u_L = L\frac{\mathrm{d}i_L}{\mathrm{d}t} = -U_o \tag{5-3}$$

电感电流波形斜率为

$$\frac{\mathrm{d}i_L}{\mathrm{d}t} = \frac{-U_o}{L} \tag{5-4}$$

模态 3，S 关断、VD 截止，等效电路如图 5-2c 所示。此时电感电流 i_L 为零，电容 C 向负载 R 供电，负载电压为 U_o。

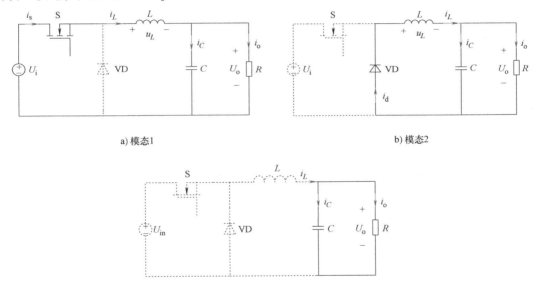

a) 模态1　　　　　　　　　　　　　　　　　　　　　b) 模态2

c) 模态3

图 5-2　Buck 变换器的等效电路

2. 工作特性

根据电感电流是否为零，即图 5-2c 的模态 3 是否出现，Buck 变换器的工作模式可以分为**电流连续模式**（Continuous Conduction Mode，CCM）和**电流断续模式**（Discontinuous Conduction Mode，DCM），电感电流处于连续与断续的临界状态被称为**电流临界连续模式**（Critical Conduction Mode，CRM）。参考上述工作模态分析，不同工作模式对应的 Buck 变换器工作波形如图 5-3 所示。

（1）电感电流连续模式

当 Buck 变换器工作在电流连续模式时，如图 5-3a 所示，电感电流 i_L 保持大于零，变换器按"模态 1—模态 2"的顺序循环工作。设 S 的导通和关断时间分别为 t_{on} 和 t_{off}，则开关

周期 $T=t_{on}+t_{off}$，并定义占空比 $D=t_{on}/T$。

稳态时，根据电感伏秒平衡原理，由式（5-1）和式（5-3）可得

$$(U_i-U_o)t_{on}=U_o t_{off} \tag{5-5}$$

即

$$U_o=DU_i \tag{5-6}$$

由于占空比 $D \le 1$，总有 $U_o \le U_i$，因此 Buck 变换器是降压变换器。

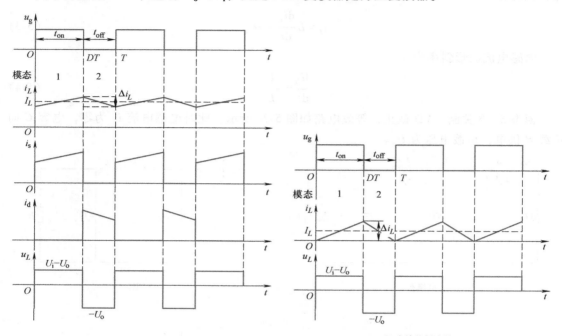

a) 电流连续　　　　　　　　　　　b) 电流临界连续

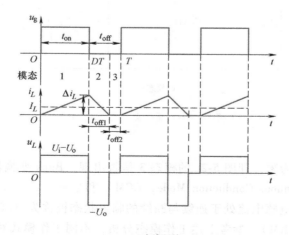

c) 电流断续

图 5-3　Buck 变换器不同工作模式的典型工作波形

（2）电感电流临界连续模式

当 Buck 变换器工作在电流临界连续模式时，如图 5-3b 所示，变换器仍按"模态 1—模

态2"的顺序循环工作,与电流连续模式的不同之处是电感电流 i_L 在模态2结束时刚好下降到零。

稳态时,根据电容安秒平衡原理,电容电流平均值为零,因此负载电流平均值 I_o 等于电感电流的平均值 I_L。用 I_b 表示电流临界连续时的负载电流,由于电感电流的最小值为零,故有

$$I_b = I_L = \frac{1}{2}\Delta i_L \tag{5-7}$$

由式(5-2)可知,$\Delta i_L = \frac{U_i - U_o}{L}DT$,得

$$I_b = \frac{U_i - U_o}{2L}DT = \frac{U_i D(1-D)T}{2L} \tag{5-8}$$

可见,当 $D = 0.5$ 时,I_b 最大,为

$$I_{bmax} = \frac{U_i T}{8L} \tag{5-9}$$

(3)电感电流断续模式

当 Buck 变换器工作在电流断续模式时,如图 5-3c 所示,在模态1开始之前电感电流已经下降到零,变换器按"模态1—模态2—模态3"的顺序循环工作。

设模态2和模态3的持续时间分别为 t_{off1} 和 t_{off2}。稳态时,根据电感伏秒平衡原理,有

$$t_{on}(U_i - U_o) + t_{off1}(-U_o) = 0 \tag{5-10}$$

解得输出电压为

$$U_o = \frac{t_{on}}{t_{on} + t_{off1}}U_i \tag{5-11}$$

由于 $t_{on} + t_{off1} < T$,因此占空比 D 相同时,电感电流断续时的输出电压比电感电流连续时高。

已知稳态时负载电流 I_o 等于电感电流平均值 I_L,即

$$I_o = I_L = \frac{1}{2}\frac{t_{on} + t_{off1}}{T}\Delta i_L \tag{5-12}$$

由式(5-1)和式(5-3)可知

$$\Delta i_L = \frac{U_i - U_o}{L}t_{on} = \frac{U_o}{L}t_{off1} \tag{5-13}$$

整理式(5-11)~式(5-13),有

$$I_o = \frac{U_o}{R} = \frac{t_{on}(t_{on} + t_{off1})}{2LT}(U_i - U_o) \tag{5-14}$$

解得

$$\frac{U_o}{U_i} = \frac{2}{1 + \sqrt{1 + \frac{8L}{RTD^2}}} = \frac{2}{1 + \sqrt{1 + \frac{4K}{D^2}}} \tag{5-15}$$

式中,$K = \frac{2L}{RT}$。

可见，电流断续模式下 Buck 变换器的输出电压与负载有关，当 $R\rightarrow\infty$ 或 $I_o\rightarrow0$ 时，$U_o\rightarrow U_i$。

（4）电流连续与断续的工作条件

由上述分析可知，当 Buck 变换器工作在电流连续模式下时，有 $I_o>I_b$。根据式（5-6）和式（5-8），可以得到 Buck 变换器工作在电感电流连续和断续的条件是

$$\begin{cases} K>1-D，电感电流连续 \\ K<1-D，电感电流断续 \end{cases} \tag{5-16}$$

因此，完整的 Buck 变换器输出特性为

$$\frac{U_o}{U_i}=\begin{cases} D，& K>1-D \\ \dfrac{2}{1+\sqrt{1+4K/D^2}}，& K<1-D \end{cases} \tag{5-17}$$

3. 参数选择

为了选择电力电子器件的型号，需要对 Buck 变换器中开关管 S 和二极管 VD 所承受的电压和电流应力进行分析。

（1）开关管 S

如图 5-2b 所示，当 S 关断、VD 导通（模态 2）时，开关管 S 承受的最大正向电压为输入电压 U_i。

如图 5-2a 所示，当 S 导通、VD 截止（模态 1）时，流过开关管 S 的电流 i_s 等于电感电流 i_L。在电感电流连续的情况下，开关管电流的峰值为

$$I_{sp}=I_o+\frac{\Delta i_L}{2}=\frac{U_o}{R}+\frac{U_o(1-D)T}{2L} \tag{5-18}$$

已知 Buck 变换器的电感电流平均值 I_L 等于输出电流 I_o，若电感电流的纹波远远小于其平均值时，开关管电流 i_s 可以近似为矩形波，则其有效值为

$$I_s=I_o\sqrt{D} \tag{5-19}$$

（2）二极管 VD

如图 5-2a 所示，当 S 导通、VD 截止（模态 1）时，二极管 VD 承受的最大反向电压为输入电压 U_i。当电感电流的纹波远远小于其平均值时，二极管电流 i_d 也可以近似为矩形波，其有效值为

$$I_d=I_o\sqrt{1-D} \tag{5-20}$$

（3）电感 L

电感 L 的选择与负载电流的变化范围和期望的变换器工作模式有关。当 Buck 变换器工作在电流临界连续模式时，对应的电感值为临界电感 L_C。若希望 Buck 变换器工作于电流连续模式，则 $L>L_C$；如果电感 $L<L_C$，则电感电流断续。

设 Buck 变换器工作在电流连续模式下的最小负载电流为 I_{omin}，取 $I_b=I_{omin}$，代入式（5-8），有

$$L_C=\frac{U_iD(1-D)T}{2I_{omin}} \tag{5-21}$$

如果 I_{omin} 取值太小，则需要的电感量较大，电感器件的体积重量也大；而 I_{omin} 取值太

大的话，电感纹波和峰值电流较大，器件的电流应力较大。一般取 $I_{o\min}$ 为额定负载电流的 $10\% \sim 20\%$。

若按电感电流纹波的大小要求选择电感值，电感值需满足

$$L = \frac{U_i - U_o}{\Delta i_L} DT \tag{5-22}$$

（4）电容 C

当电容 C 很大时，输出电压 U_o 将近似于恒定，但 C 值越大，变换器的体积和成本相应增大，因此实际设计时应根据输出电压纹波 ΔU_o 的大小来确定电容值。

通常电容在开关频率下的等效容抗远小于额定负载阻抗，可认为电感电流的交流分量几乎全部流过电容，而直流分量流过负载电阻，故有 $i_C = i_L - I_o$。当 $i_L > I_o$ 即 $i_C > 0$ 时，电容 C 充电；当 $i_L < I_o$ 即 $i_C < 0$ 时，电容 C 向负载 R 放电。电容电流波形如图 5-4 所示，已知稳态时电容电流在一个周期内的平均值等于零，则半周期内电容放电或充电的电荷量，即图 5-4 中阴影三角形的面积为

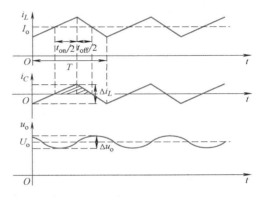

图 5-4 Buck 变换器的输出电容电流与电压纹波

$$q = \frac{1}{2} \frac{T}{2} \frac{\Delta i_L}{2} \tag{5-23}$$

已知电容电压的变化量与电容电荷之间的关系是 $q = C \Delta u_o$，由式（5-23）可得输出电压纹波 Δu_o 的大小为

$$\Delta u_o = \frac{\Delta i_L T}{8C} \tag{5-24}$$

设 Buck 变换器工作在电感电流连续模式，将 $\Delta i_L = \frac{U_i - U_o}{L} DT$ 和 $U_o = DU_i$ 代入上式，整理可得

$$\Delta u_o = \frac{U_i D(1-D) T^2}{8LC} \tag{5-25}$$

根据输出电压纹波指标，可以得到所需的电容大小为

$$C = \frac{U_i D(1-D) T^2}{8L \Delta u_o} \tag{5-26}$$

事实上，当 Buck 变换器的开关频率较高时，电容量只是影响电压纹波的一个次要因素，主要因素是电容器的实际阻抗频率特性。因为随着工作频率的提高，电容器的等效电阻 ESR 和等效电感 ESL 将成为造成输出电压纹波的主要因素。为了减小输出电压纹波，应选取 ESR、ESL 较低的电容器，或采用多个电容并联。

5.1.2 Boost 变换器

1. 工作原理

Boost 变换器是一种基本的升压型变换器，其输出电压大于输入电压。Boost 变换器电

路如图 5-5 所示，其主电路也是由全控型开关器件 S（如电力 MOSFET）、二极管 VD、电感 L 和电容 C 组成，图中电阻 R 表示负载。假设输出电容 C 足够大，那么输出电压 u_o 的纹波足够小，可认为输出电压为恒定值 U_o。

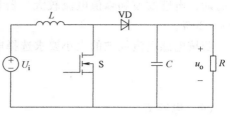

图 5-5 Boost 变换器电路

与 Buck 变换器的分析类似，Boost 变换器同样具有 3 种工作模态。

模态 1，S 导通、VD 截止，如图 5-6a 所示。在此模态中，电感电流 i_L 流经 S，电源向电感充电，输出电容向负载供电，此时电感电压和电容电流分别表示为

$$u_L = L\frac{di_L}{dt} = U_i \tag{5-27}$$

$$i_C = -i_o = -\frac{U_o}{R} \tag{5-28}$$

由上式可以解得电感电流波形的斜率为

$$\frac{di_L}{dt} = \frac{U_i}{L} \tag{5-29}$$

可知，电感电流线性上升，电感储能。

模态 2，S 关断、VD 导通，如图 5-6b 所示。S 关断后，由于电感电流不能突变，故通过 VD 继续流通，电源和电感同时向负载供电。此时电感电压和电容电流分别表示为

$$u_L = L\frac{di_L}{dt} = U_i - U_o \tag{5-30}$$

$$i_C = i_L - i_o = i_L - \frac{U_o}{R} \tag{5-31}$$

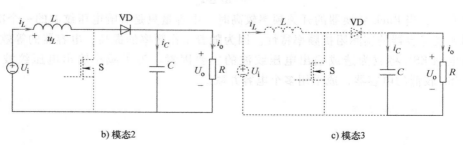

a) 模态1

b) 模态2

c) 模态3

图 5-6 Boost 变换器的等效电路

电感电流波形斜率为

$$\frac{\mathrm{d}i_L}{\mathrm{d}t} = \frac{U_\mathrm{i} - U_\mathrm{o}}{L} \tag{5-32}$$

由于此阶段电感储存的能量向负载释放，电感电流线性下降，输出电压 U_o 应大于输入电压 U_i。

模态 3，S 关断、VD 截止，如图 5-6c 所示。由于 S 和 VD 都处于截止状态，电感电流 i_L 为零，电容 C 向负载 R 供电。

2. 工作特性

与 Buck 变换器的分析类似，根据电感电流是否连续，或工作模态 3 是否出现，Boost 变换器具有电感电流连续、电感电流临界连续和电感电流断续三种工作模式。上述三种工作模式对应的典型工作波形如图 5-7 所示，具体分析如下。

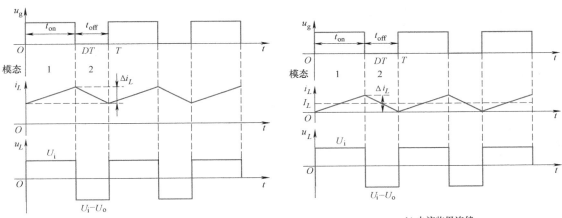

a) 电流连续　　　　　　b) 电流临界连续

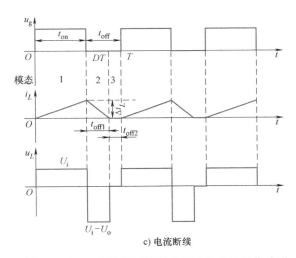

c) 电流断续

图 5-7　Boost 变换器不同工作模式的典型工作波形

（1）电感电流连续模式（CCM）

当 Boost 变换器工作在电感电流连续模式时，其工作波形如图 5-7a 所示，变换器在一个开关周期内按"模态 1—模态 2"的顺序工作，其中模态 1 的工作时间为 t_{on}，模态 2 的工作时间为 t_{off}。

稳态时，根据电感伏秒平衡原理，可得

$$U_i t_{on} + (U_i - U_o) t_{off} = 0 \Rightarrow U_o = \frac{T}{t_{off}} U_i \tag{5-33}$$

定义 $D = t_{on}/T$ 为占空比，输出电压可表示为

$$U_o = \frac{U_i}{1-D} \tag{5-34}$$

由于占空比 $D \leqslant 1$，故总有 $U_o \geqslant U_i$，说明了 Boost 变换器是升压变换器。

（2）电感电流临界连续模式（CRM）

如图 5-7b 所示，当 Boost 变换器工作在电感电流临界连续模式时，电感电流 i_L 在模态 2 结束时刚好下降到零。因此，电感电流临界连续模式也可以认为变换器工作在电感电流连续模式，只是电感电流最小值为零。

由于稳态时电容电流的平均值应为零，故 Boost 变换器的负载电流平均值 I_o 等于二极管电流的平均值 I_{VD}。若电感电流临界连续时的负载电流用 I_b 表示，则有

$$I_b = I_{VD} = \frac{1}{2} \Delta i_L (1-D) \tag{5-35}$$

将 $\Delta i_L = \frac{U_i DT}{L}$ 代入，得

$$I_b = \frac{U_i D(1-D)T}{2L} \tag{5-36}$$

可见，当 $D = 0.5$ 时，I_b 最大，其大小为

$$I_{bmax} = \frac{U_i T}{8L} \tag{5-37}$$

（3）电感电流断续模式（DCM）

当 Boost 变换器工作在电感电流断续模式时，其工作波形如图 5-7c 所示，变换器在一个开关周期内按"模态 1—模态 2—模态 3"的顺序工作，其中模态 1、模态 2 和模态 3 的工作时间分别为 t_{on}、t_{off1} 和 t_{off2}。

根据电感伏秒平衡原理，当 Boost 变换器工作于电感电流断续模式时，有

$$t_{on} U_i + t_{off1}(U_i - U_o) = 0 \tag{5-38}$$

可得

$$t_{off1} = -\frac{U_i}{U_i - U_o} t_{on} = \frac{U_i}{U_o - U_i} t_{on} \tag{5-39}$$

已知稳态时负载电流 I_o 等于二极管电流的平均值，故有

$$I_o = \frac{1}{T} \frac{1}{2} \Delta i_L t_{off1} \tag{5-40}$$

将 $I_o = \frac{U_o}{R}$、$\Delta i_L = \frac{U_i DT}{L}$、$t_{on} = DT$ 以及式（5-39）代入式（5-40），得

$$U_o^2 - U_o U_i - \frac{U_i^2 D^2}{K} = 0 \tag{5-41}$$

式中 $K = \dfrac{2L}{RT}$。

解得

$$\frac{U_o}{U_i} = \frac{1 + \sqrt{1 + \dfrac{4D^2}{K}}}{2} \tag{5-42}$$

（4）电流连续与断续的工作条件

由上述分析可知，当 Boost 变换器工作在电流连续工作模式下时，有 $I_o > I_b$。根据式（5-34）和式（5-36），可以得到 Boost 变换器工作在电感电流连续和断续的条件是

$$\begin{cases} K > D(1-D)^2, & \text{电感电流连续} \\ K < D(1-D)^2, & \text{电感电流断续} \end{cases} \tag{5-43}$$

相应地，完整的 Boost 变换器输出特性为

$$\frac{U_o}{U_i} = \begin{cases} \dfrac{1}{1-D}, & K > D(1-D)^2 \\ \dfrac{1 + \sqrt{1 + 4D^2/K}}{2}, & K < D(1-D)^2 \end{cases} \tag{5-44}$$

3. 参数选择

根据 Boost 变换器的工作模态分析，可以得到开关管 S 和二极管 VD 所承受的电压和电流应力，为电力电子器件选型提供参考。

（1）开关管 S

由模态 2 或图 5-6b 可知，当 S 关断、VD 导通时，S 承受的最大正向电压为输出电压 U_o。

由模态 1 或图 5-6a 可知，流过 S 的电流 i_S 等于电感电流 i_L 或输入电流 I_i。因此，S 的电流峰值 I_{sp} 为

$$I_{sp} = I_L + \frac{\Delta i_L}{2} = I_i + \frac{\Delta i_L}{2} \tag{5-45}$$

在电感电流连续且忽略损耗的情况下，由 $U_o = \dfrac{U_i}{1-D}$ 和 $U_i I_i = U_o I_o$ 可得

$$I_{sp} = \frac{U_o I_o}{U_i} + \frac{U_i D T}{2L} = \frac{U_o}{R(1-D)} + \frac{U_o D(1-D) T}{2L} \tag{5-46}$$

若电感电流的纹波远远小于其平均值时，S 的电流可以近似为持续时间为 DT、幅值为 I_L 的矩形波，则其有效值为

$$I_s = I_L \sqrt{D} = I_i \sqrt{D} \tag{5-47}$$

（2）二极管 VD

由模态 1 或图 5-6a 可知，当 S 导通、VD 截止时，VD 承受的最大反向电压为输出电压 U_o。

当电感电流的纹波远远小于其平均值时，VD 的电流可以近似为持续时间为 $(1-D)T$、幅值为 I_L 的矩形波，其电流有效值为

$$I_\text{d} = I_\text{i}\sqrt{1-D} = \frac{I_\text{o}}{\sqrt{1-D}} \tag{5-48}$$

（3）电感 L

Boost 变换器的工作模式与电感值的大小密切相关。由上述工作模态分析可知，存在一个临界电感 L_C，当 $L<L_\text{C}$ 时，Boost 变换器工作于 DCM 模式；而当 $L>L_\text{C}$ 时，Boost 变换器工作于 CCM。与 Buck 变换器一样，临界电感值 L_C 一般根据允许的电感电流纹波或临界连续负载电流 I_omin（即工作在 CCM 模式下的最小负载电流）来设计。取 $I_\text{b} = I_\text{omin}$，代入式（5-36），有

$$L_\text{C} = \frac{U_\text{i}D(1-D)T}{2I_\text{omin}} \tag{5-49}$$

一般取额定负载电流的 10% ~ 20% 为临界连续负载电流 I_omin。

（4）电容值 C

根据式（5-28）可知，Boost 变换器输出电压的纹波大小为

$$\Delta u_\text{o} = \frac{U_\text{o}DT}{RC} \tag{5-50}$$

根据输出电压纹波指标，可以得到所需的电容值大小为

$$C = \frac{U_\text{o}DT}{\Delta u_\text{o}R} \tag{5-51}$$

5.1.3　Buck-Boost 变换器

1. 工作原理

Buck-Boost 变换器电路如图 5-8 所示，由全控型开关器件 S（如电力 MOSFET）、二极管 VD、电感 L 和电容 C 组成，电阻 R 表示负载。通常 C 足够大，输出电压可看作平滑的直流电压 U_o。

根据 S 和 VD 的通断状态，Buck-Boost 变换器具有以下 3 种工作模态。

模态 1，S 导通、VD 截止，如图 5-9a 所示。此时电源 U_i 经 S 向电感 L 供电使其储存能量，同

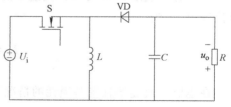

图 5-8　Buck-Boost 变换器电路

时，电容 C 维持输出电压基本恒定并向负载 R 供电。电感电压和电容电流分别表示为

$$u_L = L\frac{\mathrm{d}i_L}{\mathrm{d}t} = U_\text{i} \tag{5-52}$$

$$i_C = -i_\text{o} = -\frac{U_\text{o}}{R} \tag{5-53}$$

模态 2，S 关断、VD 通态，如图 5-9b 所示。开关管 S 关断后，电感电流通过二极管 VD 流通，电感 L 储存的能量向负载释放。此时电感电压和电容电流分别表示为

$$u_L = L\frac{\mathrm{d}i_L}{\mathrm{d}t} = -U_\mathrm{o} \tag{5-54}$$

$$i_C = i_L - i_\mathrm{o} = i_L - \frac{U_\mathrm{o}}{R} \tag{5-55}$$

由上述分析可见，电感电流由下往上流过负载，输出电压的极性与输入电压相反，故 Buck-Boost 变换器是一种**反极性变换器**。

模态 3，S 关断、VD 截止，如图 5-9c 所示。此时电感电流 i_L 为零，电容 C 向负载 R 供电。

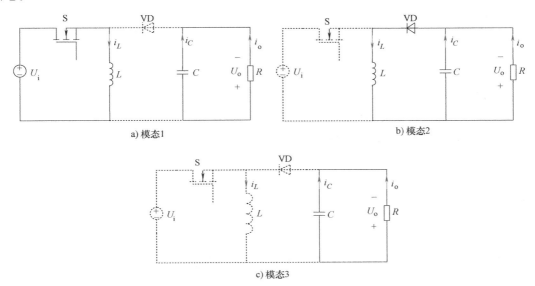

a) 模态1　　　　　　　　　b) 模态2

c) 模态3

图 5-9　Buck-Boost 变换器的等效电路

2. 工作特性

根据电感电流是否连续，或工作模态 3 是否出现，Buck-Boost 变换器具有电感电流连续（CCM）、电感电流临界连续（CRM）和电感电流断续（DCM）三种工作模式。下面推导 Buck-Boost 变换器在不同工作模式下的输出特性以及相应的边界条件。

（1）电感电流连续模式（CCM）

当 Buck-Boost 变换器工作在电感电流连续模式时，设模态 1（S 导通）和模态 2（S 关断）的时间分别为 t_on 和 t_off。电感电压在模态 1 和模态 2 的表达式如下：

$$u_L = U_\mathrm{i} = L\frac{\Delta i_L}{t_\mathrm{on}}, \text{模态1} \tag{5-56}$$

$$u_L = -U_\mathrm{o} = L\frac{\Delta i_L}{t_\mathrm{off}}, \text{模态2} \tag{5-57}$$

稳态时，根据电感伏秒平衡原理，可得

$$U_\mathrm{i}t_\mathrm{on} = U_\mathrm{o}t_\mathrm{off} \Rightarrow U_\mathrm{o} = \frac{t_\mathrm{on}}{t_\mathrm{off}}U_\mathrm{i} \tag{5-58}$$

定义 $D = t_\mathrm{on}/T$ 为占空比，输出电压可表示为

$$U_o = \frac{D}{1-D}U_i \tag{5-59}$$

可见，当 $D \leqslant 0.5$ 时，有 $U_o \leqslant U_i$；当 $D \geqslant 0.5$ 时，有 $U_o \geqslant U_i$，所以 Buck-Boost 变换器是一种升降压变换器。

（2）电感电流临界连续模式（CRM）

从图 5-8 可见，负载电流的平均值 I_o 等于二极管电流的平均值 I_{VD}。与 Boost 变换器类似，电感电流临界连续时的负载电流 I_b 可用式（5-36）表示，即 $I_b = \frac{U_i D(1-D)T}{2L}$。

当 Buck-Boost 变换器工作在电流连续工作模式下时，有 $I_o > I_b$，对应的 CCM 工作条件为

$$\frac{U_o}{R} > \frac{U_i D(1-D)T}{2L} \Rightarrow K > (1-D)^2 \tag{5-60}$$

式中，$K = \frac{2L}{RT}$。

（3）电感电流断续模式（DCM）

当 Buck-Boost 变换器工作在电感电流断续模式时，设模态 1、模态 2 和模态 3 的时间分别为 t_{on}、t_{off1} 和 t_{off2}。根据电感伏秒平衡原理，有

$$t_{on}U_i - t_{off1}U_o = 0 \tag{5-61}$$

可得

$$t_{off1} = \frac{U_i}{U_o}t_{on} \tag{5-62}$$

已知稳态时负载电流 I_o 等于二极管 VD 电流的平均值，即

$$I_o = \frac{1}{T}\frac{1}{2}\Delta i_L t_{off1} \tag{5-63}$$

已知 $\Delta i_L = \frac{U_i DT}{L}$，整理上式可得

$$\frac{U_o}{U_i} = \frac{D}{\sqrt{K}} \tag{5-64}$$

因此，完整的 Buck-Boost 变换器输出特性为

$$\frac{U_o}{U_i} = \begin{cases} \dfrac{D}{1-D}, & K > (1-D)^2 \\[3mm] \dfrac{D}{\sqrt{K}}, & K < (1-D)^2 \end{cases} \tag{5-65}$$

3. 参数选择

Buck-Boost 变换器开关管 S 和二极管 VD 的电压电流应力计算与 Buck 变换器、Boost 变换器相似。Buck-Boost 变换器一般设计成电感电流连续模式，根据电流临界连续时负载电流 I_{omin} 的大小，可知其所需电感值为

$$L \geqslant \frac{U_i D(1-D)T}{2I_{omin}} \tag{5-66}$$

当 Buck-Boost 变换器工作在模式 1 时，电容电流 $i_C = -i_o = -\dfrac{U_o}{R}$。与 Boost 变换器的分析相似，已知输出电压纹波指标时，所需的电容值大小为

$$C = \frac{U_o DT}{\Delta u_o R} \tag{5-67}$$

5.1.4　Cuk、Sepic 和 Zeta 变换器

5.1.4.1　Cuk 变换器

Cuk 变换器电路如图 5-10 所示，它可以看作是 Boost 变换器和 Buck 变换器的组合，如图中虚线框所示。因此，Cuk 变换器保持了 Boost 变换器输入电流连续和 Buck 变换器输出电流连续的优点。

Cuk 变换器包含一个全控型开关器件 S（如电力 MOSFET）、一个二极管 VD、两个电感和两个电容，负载用电阻 R 表示。从图 5-10 可知，流过二极管 VD 的电流也流过负载，可知输出电压 u_o 的极性与输入电压相反。此外，由于 S 和 VD 不能同时导通，与 Buck、Boost、Buck-Boost变换器的分析类似，Cuk 变换器有 3 种工作模式。

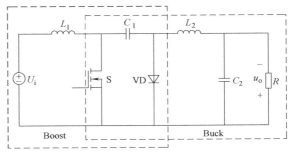

图 5-10　Cuk 变换器电路

模式 1，S 导通、VD 截止。如图 5-11a 所示，电源向电感 L_1 充电；电容 C_1 向电感 L_2 和负载供电，回路 U_i—L_1—S 和回路 L_2—C_1—S—R（C_2）分别流过电流。假设电容 C_1 和 C_2 足够大，电容电压 u_{C1} 和输出电压 u_o 分别看作恒定值 U_{C1} 和 U_o。

对电感 L_1，此时有

$$u_{L1} = U_i \tag{5-68}$$

对电感 L_2，此时有

$$u_{L2} = U_{C1} - U_o \tag{5-69}$$

模式 2，S 关断、VD 通态。如图 5-11b 所示，电源和电感 L_1 同时向电容 C_1 供电，电感 L_2 向负载供电，回路 U_i—L_1—C_1—VD 和回路 L_2—VD—R（C_2）分别流过电流。

对电感 L_1，此时有

$$u_{L1} = U_i - U_{C1} \tag{5-70}$$

对电感 L_2，此时有

$$u_{L2} = -U_o \tag{5-71}$$

模式 3，S 关断、VD 截止，故有 $i_s = i_{L1} + i_{C1} = 0$ 和 $i_d = i_{L2} - i_{C1} = 0$。若电流 i_{L1}、i_{L2} 和 i_{C1} 均为零，则电容 C_2 向负载 R 供电，其等效电路如图 5-11c 所示。如果电流 i_{L1}、i_{L2} 和 i_{C1} 满足 $i_{C1} = -i_{L1} = i_{L2}$，此时等效电路如图 5-11d 所示，变换器处于一种平衡状态。

由于 Cuk 变换器含有两个电感，故其电流连续模式实指两个电感电流均连续且大于零的情况。分析上述工作模式可知，当电感电流连续时，Cuk 变换器在一个开关周期内有两种工作模式，模式 1 和模式 2 轮流工作，典型工作波形如图 5-12 所示。

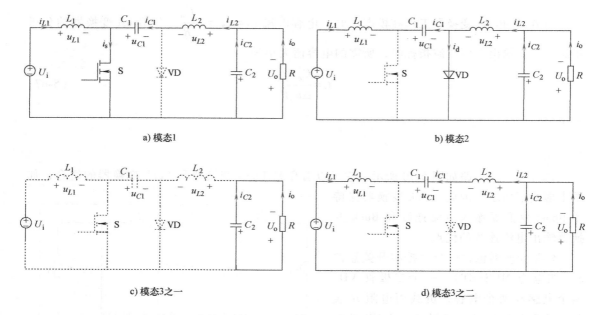

a) 模态1

b) 模态2

c) 模态3之一

d) 模态3之二

图 5-11　Cuk 变换器的等效电路

同样设 S 的导通和关断时间分别为 t_{on} 和 t_{off}，则 $T=t_{on}+t_{off}$，占空比定义为 $D=t_{on}/T$。根据电感伏秒平衡原理，对电感 L_1 有

$$U_i t_{on} = (U_{C1}-U_i) t_{off} \Rightarrow U_i D = (U_{C1}-U_i)(1-D) \tag{5-72}$$

对电感 L_2 有

$$(U_{C1}-U_o) t_{on} = U_o t_{off} \Rightarrow (U_{C1}-U_o) D = U_o(1-D) \tag{5-73}$$

求解上述两式，解得电容电压和输出电压为

$$U_{C1} = U_i + U_o \tag{5-74}$$

$$U_o = \frac{D}{1-D} U_i \tag{5-75}$$

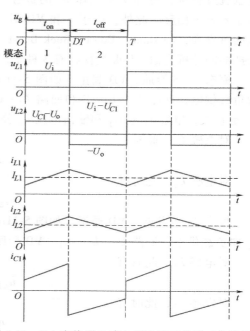

图 5-12　Cuk 变换器电感电流连续时典型工作波形

可见，当 $D \le 0.5$ 时，有 $U_o \le U_i$；当 $D \ge 0.5$ 时，有 $U_o \ge U_i$。因此 Cuk 变换器也是一种升降压变换器，且电流连续模式是 Cuk 变换器的一般工作模式。

5.1.4.2　Sepic 变换器

Sepic 变换器电路如图 5-13 所示，其元器件的类型和数量与 Cuk 变换器相同，不同之处在于二极管 VD 与电感 L_2 的位置互换，因此 Sepic 变换器的输入电流连续，输出电流不连续。根据二极管 VD 的电流方向可知，Sepic 变换器输出电压的极性与输入电压一致。与 Cuk 变换器的分析相似，Sepic 变换器具有 S 导通 VD 截止、S 关断 VD 通态、S 关断 VD 截止 3

种工作模态，对应的等效电路如图 5-14
所示。

模态 1，S 导通、VD 截止。如图 5-14a
所示，此时电源 U_i 向电感 L_1 供电，电容 C_1
向电感 L_2 释放能量，电容 C_2 向电阻 R 供电。
假设 C_1 和 C_2 的电容值足够大，模态 1 的电
感电压可表示为

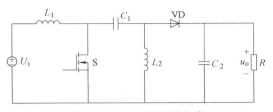

图 5-13　Sepic 变换器电路

$$u_{L1} = U_i \tag{5-76}$$

$$u_{L2} = U_{C1} \tag{5-77}$$

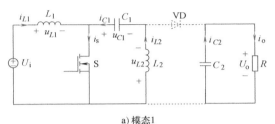

a) 模态1

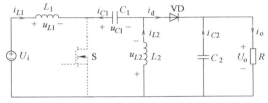

b) 模态2

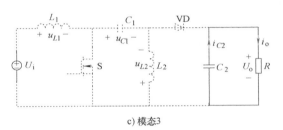

c) 模态3

图 5-14　Sepic 变换器的等效电路

模态 2，S 关断、VD 导通。如图 5-14b 所示，此时 U_i 和 L_1 既向负载供电，又向 C_1 充
电；L_2 储存的能量向负载转移，模态 2 电感电压可表示为

$$u_{L1} = U_i - U_{C1} - U_o \tag{5-78}$$

$$u_{L2} = -U_o \tag{5-79}$$

模态 3，S 关断、VD 截止，故有 $i_s = i_{L1} + i_{C1} = 0$ 和 $i_d = i_{L2} - i_{C1} = 0$。若电流 i_{L1}、i_{L2} 和 i_{C1}
均为零，则电容 C_2 向负载电阻 R 供电，其等效电路如图 5-14c 所示。

当 Sepic 变换器工作在电流连续模式时，模态 1 和模态 2 轮流工作。将电感伏秒平衡原
理应用于电感 L_1 和 L_2，由式（5-76）~式（5-79）可得 Sepic 变换器的输出电压大小为

$$U_o = \frac{D}{1-D} U_i \tag{5-80}$$

5.1.4.3　Zeta 变换器

Zeta 变换器电路如图 5-15 所示，其元器件的类型和数量也与 Cuk 变换器相同，不同之
处在于开关管 S 与电感 L_1 的位置互换。因此 Zeta 变换器的输入电流不连续，但输出电流连
续。此外，Zeta 变换器的二极管 VD 阳极和阴极的位置与 Cuk 变换器的相反，故输出电压的

极性与输入电压一致。Zeta 变换器的 3 种主要工作模态分析如下。

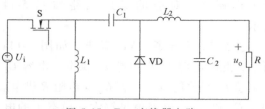

图 5-15　Zeta 变换器电路

模态 1，S 导通、VD 关断，其等效电路如图 5-16a 所示。电源 U_i 经开关管 S 向电感 L_1 储能。同时，电源 U_i 和电容 C_1 共同向电感 L_2 和负载供电。假设 C_1 和 C_2 的电容值足够大，此模态下电感电压可表示为

$$u_{L1} = U_i \tag{5-81}$$

$$u_{L2} = U_i + U_{C1} - U_o \tag{5-82}$$

模态 2，S 关断、VD 导通，其等效电路如图 5-16b 所示。电感 L_1 经 VD 向 C_1 充电，其储存的能量向 C_1 转移，同时电感 L_2 向负载释放能量。此模态下电感电压可表示为

$$u_{L1} = -U_{C1} \tag{5-83}$$

$$u_{L2} = -U_o \tag{5-84}$$

模态 3，S 关断、VD 截止。若考虑 i_{L1}、i_{L2} 和 i_{C1} 均为零的情况，该模态的等效电路如图 5-16c 所示，电容 C_2 向负载电阻 R 供电。

当 Zeta 变换器工作在电流连续模式时，模态 1 和模态 2 轮流工作。将电感伏秒平衡原理应用于电感 L_1 和 L_2，由式（5-81）~式（5-84）可得 Zeta 变换器的输出电压大小为

$$U_o = \frac{D}{1-D} U_i \tag{5-85}$$

从上述分析发现，Cuk、Sepic、Zeta 和 Buck-Boost 变换器的输入输出关系均为

$$\frac{U_o}{U_i} = \frac{D}{1-D} \tag{5-86}$$

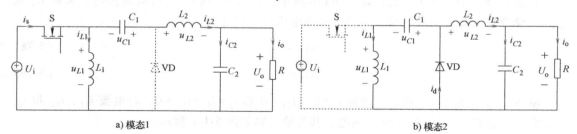

a) 模态1　　　　　　　　　　　　　　　　b) 模态2

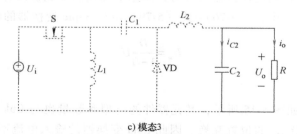

c) 模态3

图 5-16　Zeta 变换器的等效电路

5.1.5　非隔离型 DC-DC 变换器的特性比较

综合 5.1.1~5.1.4 节介绍的 6 种基本非隔离型 DC-DC 变换器，它们的基本特性比较如表 5-1 所示。从表 5-1 可见，在元件数量方面，Buck、Boost 和 Buck-Boost 3 种变换器只含有一个电感，而 Cuk、Sepic 和 Zeta 三种变换器含有两个电感；在电压特性方面，Buck-Boost、Cuk、Sepic 和 Zeta 4 种变换器的输入输出电压关系相同，均为升/降压型变换器，其中 Buck-Boost 和 Cuk 两个变换器的输出电压是负极性，而 Sepic 和 Zeta 两个变换器的输出电压为正极性；在电流特性方面，电感元件与输入电源串联的变换器，如 Boost、Cuk 和 Sepic 变换器，具有电源电流连续的优点，故有利于输入滤波；而电感元件与负载串联的变换器，如 Buck、Cuk 和 Zeta 变换器，具有负载电流连续的优点。

表 5-1　基本非隔离型 DC-DC 变换器的比较

变换器类型	电感数量	电压比 $U_o/U_i^{\ominus}$	输入电流	输出电流	输出电压极性
Buck	1	D	不连续	连续	正
Boost	1	$1/(1-D)$	连续	不连续	正
Buck-Boost	1	$D/(1-D)$	不连续	不连续	负
Cuk	2	$D/(1-D)$	连续	连续	负
Sepic	2	$D/(1-D)$	连续	不连续	正
Zeta	2	$D/(1-D)$	不连续	连续	正

$\ominus$ 此电压比均为变换器工作在电流连续模式的情况。

5.2　隔离型 DC-DC 变换器

隔离型 DC-DC 变换器与非隔离型 DC-DC 变换器相比，变换器中增加了变压器，相当于增加了交流环节，因此也称为 DC-AC-DC 变换器。采用这种结构较为复杂的变换器来完成直流变换的原因主要有以下几个：实现输入端与输出端之间的隔离；需要相互隔离的多路直流输出；输入输出电压关系远小于 1 或远大于 1。

为了减小变压器和滤波电感、滤波电容的体积和重量，隔离型 DC-DC 变换器通常工作在较高的开关频率，且采用全控型开关器件。由于有隔离变压器，实际上隔离型 DC-DC 变换器是 DC-AC 变换器和 AC-DC 变换器的组合，即首先将直流逆变为交流，然后再将交流整流成直流输出。本节将对正激（Forward）变换器、反激（Flyback）变换器、全桥（Full-bridge）变换器、半桥（Half-bridge）变换器和推挽（Push-pull）变换器 5 种典型隔离型 DC-DC 变换器工作原理进行介绍。

5.2.1　正激变换器

5.2.1.1　单管正激变换器

单管正激变换器电路图如图 5-17 所示，由全控型开关器件 S（如电力 MOSFET）、变压器、二极管 VD_1、VD_2、VD_3 和 LC 滤波电路组成。变压器除了一、二次绕组 W_1、W_2 之外，还有复位绕组 W_3，变压器匝数比为 $W_1:W_2:W_3 = N_1:N_2:N_3$。

根据输出滤波电感 L 电流是否连续，单管正激变换器有电流连续和电流断续两种工作模

式。下面仅分析单管正激变换器的
电流连续模式，即不存在 VD_1 和
VD_2 同时截止的情况。各工作模态
的等效电路如图 5-18 所示，分析
如下。

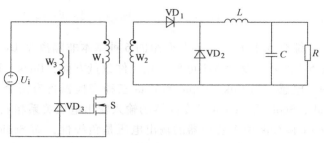

图 5-17　单管正激变换器电路

模态 1，S 导通，输入电压 U_i
加在变压器一次绕组 W_1 上，其两
端电压为上正下负，二次绕组 W_2
电压也是上正下负，故 VD_1 处于通

态，VD_2 承受反压关断。复位绕组 W_3 电压为上负下正，VD_3 处于断态。此时一次绕组电压
和输出滤波电感电压分别为

$$u_1 = U_i \tag{5-87}$$

$$u_L = U_i \frac{N_2}{N_1} - U_o \tag{5-88}$$

模态 2，S 关断，变压器中的磁场能量耦合到复位绕组 W_3，然后经 VD_3 返回到电源。

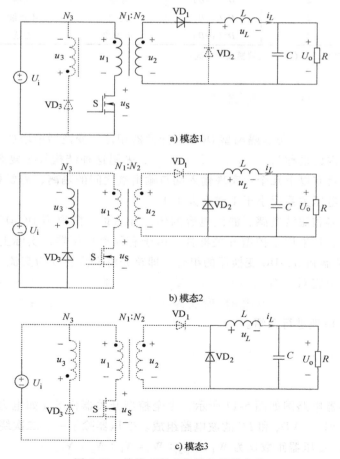

a) 模态1

b) 模态2

c) 模态3

图 5-18　单管正激变换器的等效电路

此时，复位绕组电压 $u_3 = -U_i$，二次绕组 W_2 电压为负，电感 L 通过 VD_2 续流，VD_1 关断。故一次绕组电压和输出滤波电感电压分别为

$$u_1 = -U_i \frac{N_1}{N_3} \tag{5-89}$$

$$u_L = -U_o \tag{5-90}$$

变压器中的磁场能量必须在开关管 S 下一次导通前释放到零，否则下一个开关周期中，磁场能量将在剩余基础上继续增加，并在后续的开关周期中累积起来，变得越来越大，从而导致变压器的磁心饱和。因此，在模态 2 结束后到下一个周期的模态 1 发生前，还存在一个工作模态，即模态 3。模态 2 也称为变压器的磁复位工作模态。

模态 3，变压器的磁场能量降到零后，VD_3 截止，电感 L 继续通过 VD_2 续流。

根据上述分析，单管正激变换器在一个开关周期 T 内按"模态 1—模态 2—模态 3"的顺序工作。设模态 1 和模态 2 的持续时间分别为 t_{on} 和 t_{rst}，其典型工作波形如图 5-19 所示。在磁复位期间（模态 2），W_1 和 W_2 绕组的感应电动势分别为 $-U_i \frac{N_1}{N_3}$ 和 $-U_i \frac{N_2}{N_3}$，故 S 和 VD_1 承受最大阻断电压分别为 $U_i \left(1 + \frac{N_1}{N_3}\right)$ 和 $U_i \frac{N_2}{N_3}$。

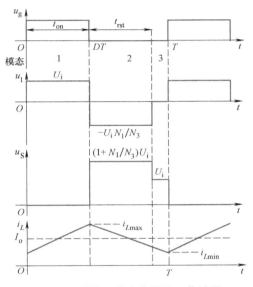

图 5-19　单管正激变换器的工作波形

定义占空比 $D = t_{on}/T$。稳态时，对电感 L 列写伏秒平衡方程，有

$$\left(U_i \frac{N_2}{N_1} - U_o\right) D - U_o(1-D) = 0 \tag{5-91}$$

输出电压的大小为

$$U_o = U_i \frac{N_2}{N_1} D \tag{5-92}$$

类似地，将电感伏秒平衡原理应用于变压器，即一次绕组电压 u_1 的平均值为零，故有

$$U_i t_{on} + \left(-\frac{N_1}{N_3} U_i\right) t_{rst} = 0 \tag{5-93}$$

可得

$$t_{rst} = \frac{N_3}{N_1} t_{on} \tag{5-94}$$

为避免磁心饱和，变压器必须在 S 关断时间内磁复位，即 $t_{rst} \leqslant T - t_{on}$，代入上式整理可得

$$D \leqslant \frac{N_1}{N_1 + N_3} \tag{5-95}$$

所以单管正激变换器的最大占空比受到限制。从式（5-95）可以看到，减小匝比 N_3/N_1 可以增加最大占空比，将使得变压器中磁场能量在模态 2 时释放更快，能更好地实现变压器

磁复位，但会增加开关管 S 的电压应力。实际上，由于变压器存在漏感，会引起振荡，S 的电压应力会更高。一般选择 $N_1 = N_3$，故有 $D \leqslant \dfrac{1}{2}$。

5.2.1.2 双管正激变换器

双管正激变换器电路如图 5-20 所示，与单管正激变换器相比，增加了一个全控型开关器件和一个二极管，变压器只有一次和二次两个绕组，二次绕组侧和单管正激变换器相同。全控型器件 S_1 和 S_2 由相同的门极驱动信号控制，同时导通、同时关断。当双管正激变换器工作在电流连续模式时，与单管正激变

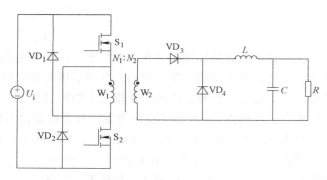

图 5-20　双管正激变换器电路

换器类似。该变换器在一个开关周期内同样分为 3 种工作模式，各工作模式分析如下。

模态 1，S_1 和 S_2 均导通，VD_1、VD_2 反偏截止，其等效电路如图 5-21a 所示。输入电压 U_i 加在变压器一次绕组。二次绕组电压上正下负，故 VD_3 导通、VD_4 截止，变压器电流增加，电感电流 i_L 线性上升。

模态 2，S_1 和 S_2 均关断，变压器中的磁场能量通过二极管 VD_1、VD_2 向电源回馈，其等效电路如图 5-21b 所示。变压器一次绕组上的电压为 $-U_i$，变压器处于磁复位过程中。

模态 3，变压器中的磁场能量降到零，VD_1、VD_2 截止，其等效电路如图 5-21c 所示。

双管正激变换器整个分析过程与单管正激变换器类似，输出电压大小同为 $U_o = U_i \dfrac{N_2}{N_1} D$，占空比的限制为 $D < \dfrac{1}{2}$。从图 5-21b 可见，S_1、S_2 关断且二极管 VD_1、VD_2 导通时，它们承受的最大电压仅为 U_i，这是双管正激变换器的优点之一。

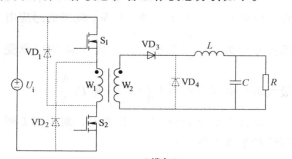

a) 模态 1

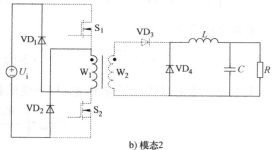

b) 模态2

5.2.2 反激变换器

反激变换器电路如图 5-22 所示，由全控型器件 S（如电力 MOSFET）、变压器、二极管 VD 和滤波电容 C 组成，图中 R 表

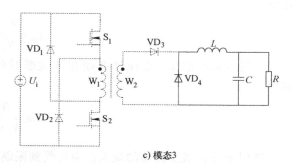

c) 模态3

图 5-21　双管正激变换器的等效电路

示负载。反激变换器的变压器同时具有隔离和储能电感的作用，工作状态相当于一个"双绕组电感"，电流不能同时在两个绕组流动。故反激变换器变压器一次绕组和二次绕组的极性相反，为防止磁心饱和，变压器必须留有气隙。

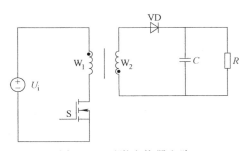

图 5-22　反激变换器电路

设变压器一次绕组电压为 u_1，二次绕组电压为 u_2。变压器的匝数比为 $W_1 : W_2 = N_1 : N_2$。按照开关管 S 的通断状态以及变压器的工作情况，反激变换器具有以下工作模态。

模态 1，S 导通，输入电压 U_i 加在变压器一次绕组 W_1 上，一次电流 i_1 线性增长，变压器二次绕组 W_2 的电压上负下正，故 VD 承受反压而关断。模态 1 的等效电路如图 5-23a 所示，一次绕组上的电压为

$$u_1 = U_i \qquad (5\text{-}96)$$

模态 2，S 关断，绕组 W_1 的电流通路被断开，变压器中磁场储能耦合到绕组 W_2，经二极管 VD 向负载释放，二次电流或二极管电流线性下降。模态 2 的等效电路如图 5-23b 所示，此时，二次绕组电压被钳位在输出电压 U_o，一次绕组上的电压为

$$u_1 = -\frac{N_1}{N_2}U_o \qquad (5\text{-}97)$$

模态 3，在 S 关断期间，如果变压器中存储的能量释放完毕，二次电流将下降到零，那么二极管 VD 将截止，电容 C 向负载放电，对应的等效电路如图 5-23c 所示。

根据变压器中电流是否连续，即模态 3 是否出现，反激变换器具有连续导通、临界导通和断续导通三种工作模式。

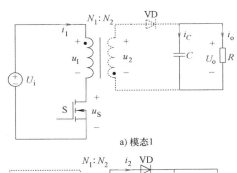

a) 模态1

b) 模态2

1. 连续导通模式

当反激变换器工作在连续导通模式时，模态 1 和模态 2 轮流出现，其主要工作波形如图 5-24 所示。

设开关管在一个开关周期内的导通时间为 t_{on}，关断时间为 t_{off}。稳态时，对变压器应用伏秒平衡原理，有

$$\int_0^T u_1 \mathrm{d}t = U_i t_{on} - \frac{N_1}{N_2}U_o t_{off} = 0 \qquad (5\text{-}98)$$

定义占空比 $D = t_{on}/T$，将 $t_{on} = DT$ 和 $t_{off} = (1-D)T$ 代入上式，可得输出电压为

$$U_o = U_i \frac{N_2}{N_1}\frac{D}{1-D} \qquad (5\text{-}99)$$

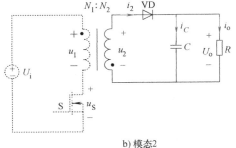

c) 模态3

图 5-23　反激变换器的等效电路

对比式（5-99）和式（5-59）可见，反激变换器的输入输出电压关系与 Buck-boost 变换器相似，但是包含了变压器的匝数比 N_2/N_1。

2. 临界导通模式

当反激变换器工作在临界导通模式时，变压器二次绕组电流（即二极管电流）在开关管 S 再次导通时刚好下降到零，主要工作波形如图 5-25 所示。

稳态时，负载电流 I_o 等于二极管 VD 电流的平均值 I_{VD}，临界连续时 I_o 用 I_b 表示，有

$$I_b = I_{VD} = \frac{1}{2}\Delta i_2(1-D) \tag{5-100}$$

已知 S 关断、VD 导通（模式 2）期间，

$$u_1 = L_M \frac{-\Delta i_1}{t_{off}} = L_M \frac{N_2}{N_1}\frac{-\Delta i_2}{t_{off}} = -\frac{N_1}{N_2}U_o \tag{5-101}$$

整理可得

$$\Delta i_2 = \frac{U_o}{L'_M}t_{off} \tag{5-102}$$

式中，$L'_M = \left(\frac{N_2}{N_1}\right)^2 L_M$。

将式（5-99）和式（5-102）代入式（5-100），可得

$$I_b = \frac{U_i D(1-D)T}{2L_M}\frac{N_1}{N_2} \tag{5-103}$$

当 $D = 0.5$ 时，I_b 最大，为

$$I_{bmax} = \frac{U_i T}{8L_M}\frac{N_1}{N_2} \tag{5-104}$$

3. 断续导通模式

当反激变换器工作在断续导通模式时，模式 1、模式 2 和模式 3 在一个开关周期内依次出现。设模态 2 的持续时间为 t_{off1}，断续导通模式的主要工作波形如图 5-26 所示。

根据电感伏秒平衡原理，可推导出断续导通模式下输出电压的表达式为

$$U_o = U_i \frac{N_2}{N_1}\frac{D}{t_{off1}/T} \tag{5-105}$$

由负载电流等于二极管电流的平均值可得

$$\frac{U_o}{R} = \frac{1}{2}\frac{t_{off1}}{T}\Delta i_2 \tag{5-106}$$

将式（5-102）代入上式解得

$$t_{off1} = \sqrt{\frac{2L'_M T}{R}} \tag{5-107}$$

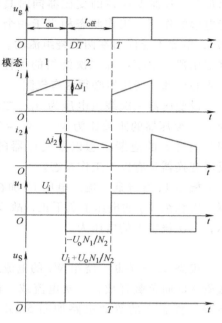

图 5-24　反激变换器连续导通模式的主要工作波形

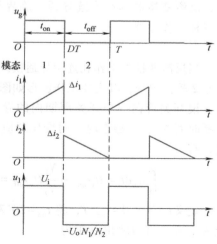

图 5-25　反激变换器临界导通模式的主要工作波形

将式（5-107）代入式（5-105），整理可得

$$U_o = U_i \frac{D}{\sqrt{K}} \qquad (5\text{-}108)$$

式中，$K = \dfrac{2L_M}{RT}$。

从上述分析可知，反激变换器结构简单，元器件数量少，易于实现多路输出，因此在小功率电源中应用广泛。为减小变压器体积，一般设计的电感值不宜过大，变压器在整个负载范围内既可工作于连续导通模式也可工作于断续导通模式。

由图 5-23 可知，在模态 1 期间，二极管 VD 承受的最大反向电压为输出电压与二次绕组电压之和，即 $U_i \dfrac{N_2}{N_1} + U_o$；在模态 2 期间 S 承受的最大电压为输入电压与一次绕组感应电压之和，即 $U_i + \dfrac{N_1}{N_2} U_o$。需要注意的是，由于变压器漏感的存在，在关断瞬间，S 两端出现较大的电压尖峰。

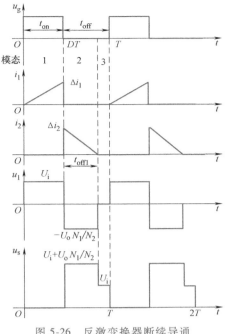

图 5-26　反激变换器断续导通模式的主要工作波形

5.2.3　全桥变换器

全桥变换器电路图如图 5-27 所示，其中变压器的匝数比为 $W_1 : W_2 = N_1 : N_2$。4 个全控器件（如电力 MOSFET）$S_1 \sim S_4$ 组成单相全桥逆变器，将输入直流电压 U_i 逆变成交流电压，加在变压器的一次侧；变压器二次电压通过由 4 个二极管 $VD_1 \sim VD_4$ 组成的单相桥式不可控整流器，变换为直流电压，经 LC 低通滤波器后得到稳定的直流电压 U_o。

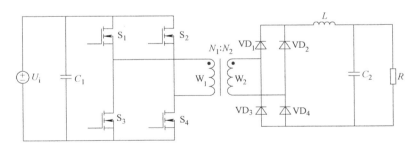

图 5-27　全桥变换器电路

单相桥式不可控整流器的工作原理参见第 3 章 3.1.1.2 节。根据全桥变换器的电路图，同一桥臂上的开关管不能同时导通，因此全桥变换器有 3 种工作模态：S_1 和 S_4 导通、S_2 和 S_3 导通以及所有开关管关断。

模态 1，S_1、S_4 导通，S_2、S_3 关断，其等效电路如图 5-28a 所示。此时变压器一次绕组电压为 U_i，二次绕组电压上正下负，故 VD_1、VD_4 导通，电感电流 i_L 上升，电感电压可表示为

$$u_L = \frac{N_2}{N_1} U_i - U_o \qquad (5\text{-}109)$$

模态 2，S_2、S_3 导通，S_1、S_4 关断，其等效电路如图 5-28b 所示。此时变压器一次绕组上的电压为 $-U_i$，二次绕组电压上负下正，故二极管 VD_2、VD_3 导通，电感电压表达式与式（5-109）相同。

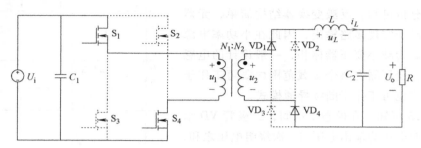

a) 模态1

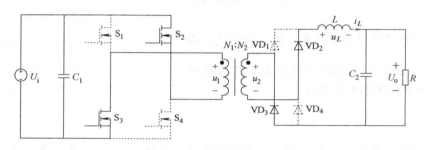

b) 模态2

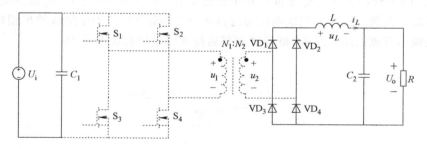

c) 模态3

图 5-28 全桥变换器的等效电路

模态 3，所有开关管均关断，其等效电路如图 5-28c 所示。变压器一次绕组上的电压为零，二次绕组电压也为零，输出电感电流 i_L 不能突变，迫使 4 个二极管 $VD_1 \sim VD_4$ 同时导通续流，每个二极管近似通过一半的电感电流，电感电流 i_L 下降。此时电感电压可表示为

$$u_L = -U_o \qquad (5\text{-}110)$$

从上述工作模态分析可知，输出电感 L 在模态 1 和模态 2 期间储能，在模态 3 期间向负载释放电能。此外，为避免同一桥臂的上下全控器件同时导通，导致直流电源短路现象，模态 1 和模态 2 不能直接切换，需要通过模态 3 过渡。因此，当全桥变换器工作在输出电感电

流连续模式时，一个开关周期内可分为4个阶段，"模态1—模态3—模态2—模态3"依次工作。如果模态1和模态2的导通时间不对称，变压器一次绕组电压中将含有直流分量，从而导致变压器磁心饱和。当模态1和模态2的导通时间均为t_{on}，全桥变换器电感电流连续模式下的主要工作波形如图5-29所示，其中$u_{g1} \sim u_{g4}$为$S_1 \sim S_4$的驱动信号，$u_{s1} \sim u_{s4}$为$S_1 \sim S_4$的电压，$i_{d1} \sim i_{d4}$为$VD_1 \sim VD_4$的电流。

将电感伏秒平衡原理应用于输出电感，当电感电流连续时，可得

$$U_o = U_i \frac{N_2}{N_1} 2D \qquad (5\text{-}111)$$

式中，$D = t_{on}/T$为占空比，占空比的范围为$D < 0.5$。

全桥变换器通常用于产生低输出电压的场合，改变开关管的占空比，也就改变了输出电压U_o。从图5-29可见，变压器所承受的交流方波电压是对称

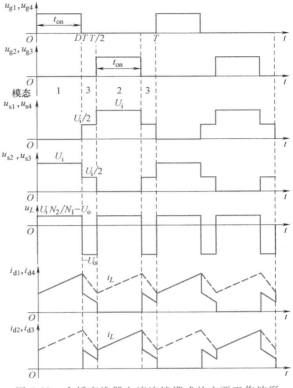

图 5-29　全桥变换器电流连续模式的主要工作波形

的，不存在直流磁化现象。此外，开关管承受的最大电压为U_i。

全桥变换器的另外一种变换器形式如图5-30所示，与图5-27不同的是，变压器二次绕组带中心抽头，电路中只需要2个二极管，组成单相全波整流器。中心抽头二次绕组的两部分可以看作分立的绕组，故该变压器可以看作匝数比为$W_1 : W_{21} : W_{22} = N_1 : N_2 : N_2$的三绕组变压器。该变换器的工作原理与图5-27所示变换器相似，工作波形与图5-29一致。但是，由于每半个中心抽头绕组在一个开关周期内交替工作，带中心抽头的二次绕组利用率不够高。

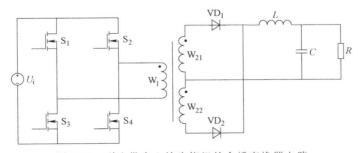

图 5-30　副边带中心抽头绕组的全桥变换器电路

5.2.4　半桥变换器

将图5-30的全桥变换器中一个桥臂（如S_3和S_4）用两个大电容C_1和C_2替代，可得到

半桥变换器，其电路如图 5-31 所示。其中变压器一次绕组的两端分别连在 S_1、S_2 的中点和电容 C_1、C_2 的中点。

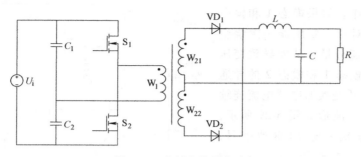

图 5-31 半桥变换器电路

对于半桥变换器，有效的工作模态包括 S_1 导通、S_2 导通以及 S_1 和 S_2 关断三种，对应的等效电路图如图 5-32 所示。假设电容值很大，电容 C_1、C_2 中点电压保持不变，各工作模

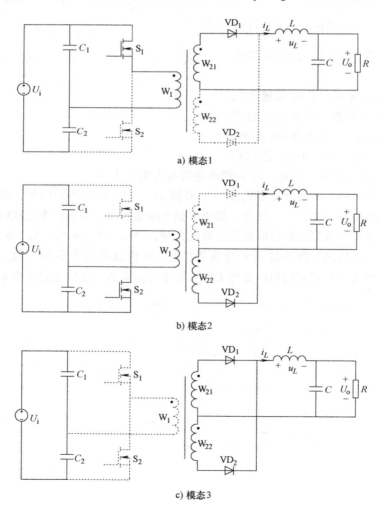

a) 模态1

b) 模态2

c) 模态3

图 5-32 半桥变换器的等效电路

态分析如下。

模态1，等效电路如图 5-32a 所示，S_1 导通、S_2 关断。已知电容 C_1、C_2 的中点电压为 $U_i/2$，故变压器一次绕组电压为 $U_i/2$。二次绕组电压上正下负，VD_1 导通，VD_2 截止，电感电流 i_L 上升。

模态2，等效电路如图 5-32b 所示。S_1 关断、S_2 导通，变压器一次绕组电压为 $-U_i/2$。二次绕组电压上负下正，VD_2 导通，VD_1 截止，电感电流 i_L 上升。

模态3，等效电路如图 5-32c 所示。S_1、S_2 都关断，变压器一次绕组电压为零。由于电感电流 i_L 不能突变，迫使 VD_1、VD_2 同时导通续流，电感电流下降，每个二极管各流过一半的电感电流 i_L，W_{21}、W_{22} 同时流过极性相反的电流。

与全桥变换器的分析类似，当半桥变换器工作在输出电感电流连续模式时，在一个开关周期内按"模态1—模态3—模态2—模态3"依次工作。为了避免变压器直流磁化，S_1、S_2 要求对称工作，C_1、C_2 的电容值必须尽量接近。设模态1和模态2的导通时间均为 t_{on}，半桥变换器的主要电压和电流工作波形如图 5-33 所示。

将电感伏秒平衡原理应用于输出电感，可得

$$U_o = U_i \frac{N_2}{N_1} D \qquad (5\text{-}112)$$

式中，$D = t_{on}/T$。

在半桥变换器中，全控型器件承受的电压与全桥变换器的同为 U_i，且仅需 2 个全控型器件，具有所需元件数少的特点，更适用于低功率场合。

5.2.5 推挽变换器

推挽变换器电路图如图 5-34 所示，其二次侧整流部分采用单相全波不可控整流器，变压器一次绕组包含中心抽头。开关管 S_1 和 S_2 以相同的占空比交替导

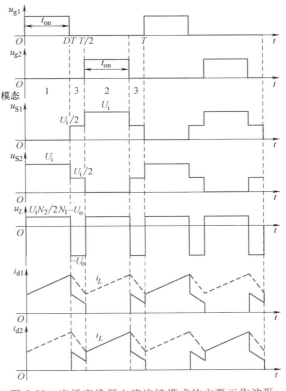

图 5-33　半桥变换器电流连续模式的主要工作波形

通，在一次绕组 W_{11} 和 W_{12} 两端分别形成相位相反的交流电压。因此，推挽变换器的有效工作模式包括 S_1 导通、S_2 导通以及 S_1 和 S_2 同时关断三种，对应的等效电路如图 5-35 所示。

模态1，等效电路如图 5-35a 所示，S_1 导通、S_2 关断，输入电压 U_i 加在 W_{11} 绕组上，VD_1 导通、VD_2 截止，电感电流 i_L 上升。由于 W_{12} 绕组电压与 W_{11} 绕组电压相等，因此，S_2 承受的电压为 $2U_i$。

模态2，等效电路如图 5-35b 所示，S_1 关断、S_2 导通，输入电压 U_i 加在 W_{12} 绕组上，VD_2 导通，VD_1 截止，电感电流 i_L 上升。

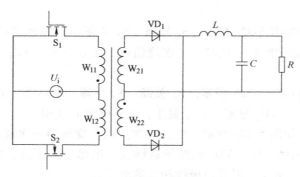

图 5-34　推挽变换器电路

模态 3，等效电路如图 5-35c 所示，S_1、S_2 都关断，变压器二次绕组电压为零。电感 L 的电流不能突变，迫使 VD_1、VD_2 同时导通续流，电感电流 i_L 下降。

设变压器的匝数比为 $W_{11}:W_{12}:W_{21}:W_{22}=N_1:N_1:N_2:N_2$，模态 1 和模态 2 持续的时间均为 t_{on}，将电感伏秒平衡原理应用于输出电感，当电感电流连续时，可得

$$U_o = U_i \frac{N_2}{N_1} 2D \tag{5-113}$$

式中，$D=t_{on}/T$，一个开关周期内 S_1 和 S_2 各导通一次，所以 $D<0.5$。

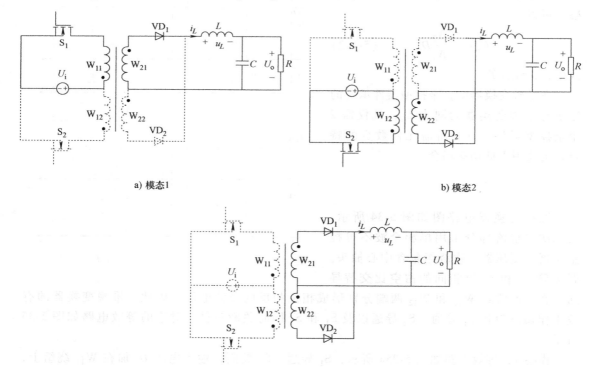

a) 模态1　　　　　　　　　　　　　　　　　b) 模态2

c) 模态3

图 5-35　推挽变换器的等效电路

与全桥、半桥变换器相似，当推挽变换器工作在输出电感电流连续模式时，其主要电压

和电流波形如图 5-36 所示。

从上述分析可见，推挽变换器的开关管 S_1、S_2 要求对称工作，否则将造成偏磁，引起变压器饱和。S_1 和 S_2 所承受的电压应力是输入电压的两倍，实际变换器中由于变压器的漏感，开关管所承受的电压应力更高，所以推挽变换器不适合高压输入的场合。此外，由于每次仅有 S_1 或 S_2 导通，一次电流回路中只有一个管压降，所以推挽变换器适合于低压大电流的场合。

5.2.6　隔离型 DC-DC 变换器的特性比较

5.2.1～5.2.5 节介绍了 5 种典型隔离型 DC-DC 变换器，它们的基本特性比较见表 5-2。根据变压器电流的方向，隔离型 DC-DC 变换器可分为单端和双端变换器两大类，正激和反激变换器属于单端变换器，半桥、全桥和推挽变换器属于双端变换器。在单端变换器中，变

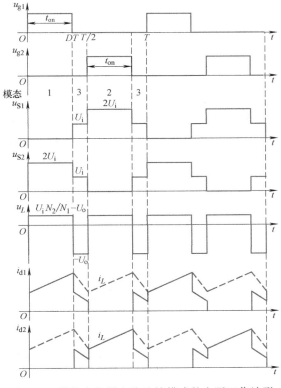

图 5-36　推挽变换器电流连续模式的主要工作波形

器中流过的是直流脉动电流，需要磁复位电路，以防止变压器磁饱和；在双端变换器中，变压器中的电流为正负对称的交流电流，不需要磁复位电路，对称运行时，变压器不会出现磁饱和现象。

表 5-2　典型隔离型 DC-DC 变换器的比较

变换器	优点	缺点	功率范围	应用领域
正激	变换器较简单，成本低，可靠性高，驱动控制简单	变压器单向励磁，利用率低，需要复位电路	几百~几千瓦	各种中小功率电源
反激	元器件数量少，电路非常简单，成本很低，可靠性高，驱动控制简单	变压器单向励磁，利用率低	几~几百瓦	小功率电子设备、计算机设备、消费电子设备电源
全桥	变压器双向励磁，输出功率大	结构复杂，成本高，有直通问题，可靠性低，需要复杂的多组隔离驱动	几百瓦~几百千瓦	各种工业用电源，焊接电源，电解电源等
半桥	变压器双向励磁，具有一定抗磁不平衡能力，开关少，成本低	有直通问题，可靠性低，需要复杂的隔离驱动控制	几百瓦~几百千瓦	各种工业用电源，计算机电源等
推挽	变压器双向励磁，每次只有一个器件工作，通态损耗小	开关承受的最大电压为输入电压的 2 倍	几百瓦~几百千瓦	低输入电压的电源

5.3 设计实例

5.3.1 Buck 变换器的设计

Buck 变换器电路如图 5-1 所示，其设计指标如下：

输入直流电压范围为 30～60V，其中额定输入电压为 48V；输出电压/电流为 24V/2A；输出电压纹波不超过 25mV；开关频率为 200kHz。

1. 占空比 D

设 Buck 变换器工作在电感电流连续情况，则占空比的变化范围为

$$D_{\max} = \frac{U_o}{U_{i\min}} = \frac{24}{30} = 0.8$$

$$D_{\min} = \frac{U_o}{U_{i\max}} = \frac{24}{60} = 0.4$$

2. 电感 L

为了保证在任何情况下都能满足电感电流连续，应在输入电压最大的情况下计算临界电感量。设输出电流的 10% 为临界连续负载电流，根据式（5-21），可得

$$L_C = \frac{U_o(1-D_{\min})T}{2I_{o\min}} = \frac{24 \times (1-0.4)}{2 \times 0.2 \times 200 \times 10^3} H = 180 \mu H$$

3. 电容 C

滤波电容通常根据输出电压的纹波要求来选取，已知该 Buck 变换器的输出电压纹波为 25mV，根据式（5-26），可得

$$C = \frac{U_o(1-D_{\min})T^2}{8L\Delta U_o} = \frac{24 \times (1-0.4)}{8 \times 180 \times 10^{-6} \times (200 \times 10^3)^2 \times 0.025} F = 10 \mu F$$

考虑一定的裕量，实际选取 22μF/50V 电容。

4. 开关管 S

开关管 S 承受的最大电压为输入电压的最大值，即 $U_{i\max} = 60V$。根据式（5-18）和式（5-19），可得开关管电流峰值为 $I_{sp} = 2.2A$，有效值为

$$I_s = I_o \sqrt{D_{\max}} = 2 \times \sqrt{0.8} A = 1.79A$$

实际选取开关管时除了考虑一定的电压和电流裕量，还需满足开关管的开关频率要求。

5. 二极管 VD

二极管 VD 所承受的最大反向电压也为输入电压最大值，$U_{i\max} = 60V$。二极管电流峰值等于开关管电流峰值，根据式（5-20），满载时，二极管电流的有效值为

$$I_d = I_o \sqrt{1-D_{\min}} = 2 \times \sqrt{1-0.4} A = 1.55A$$

实际选取二极管时除了考虑一定的电压和电流裕量，还需满足二极管的工作频率要求。

5.3.2 Boost 变换器的设计

Boost 变换器电路如图 5-5 所示，其设计指标如下：

输入直流电压范围为 12~36V；输出电压/电流为 48V/2A；输出电压纹波不超过 480mV（1%）；开关频率为 100kHz。

1. 占空比 D

在电感电流连续模式下，根据式（5-34），可求出占空比的变化范围为

$$D_{\min} = 1 - \frac{U_{\text{imax}}}{U_o} = 1 - \frac{36}{48} = 0.25$$

$$D_{\max} = 1 - \frac{U_{\text{imin}}}{U_o} = 1 - \frac{12}{48} = 0.75$$

2. 电感 L

取 10% 的输出电流为临界连续负载电流。为了保证在任何输入情况下 Boost 变换器都能工作在电感电流连续模式，将式（5-43）对 D 求导，可知当 $D = 1/3$ 时，$D(1-D)^2$ 的值最大，也就是所需的临界电感最大。由式（5-49）可得

$$L_C = \frac{U_o D(1-D)^2 T}{2I_{\text{omin}}} = \frac{48 \times \frac{1}{3} \times \left(1 - \frac{1}{3}\right)^2}{2 \times 0.2 \times 100 \times 10^3} H = 177.8 \mu H$$

考虑一定的裕量，取 $L = 200 \mu H$。

3. 电容 C

根据式（5-51），可得

$$C = \frac{U_o D T}{R \Delta u_o} = \frac{2 \times 0.75}{0.48 \times 100 \times 10^3} F = 31.25 \mu F$$

考虑一定的裕量，取 $C = 100 \mu F$。

4. 开关管 S 和二极管 VD

二极管 VD 导通时，开关管 S 承受的最大正向电压为 $U_o = 48V$；S 导通时，VD 承受的最大反向电压 $U_o = 48V$，忽略电感电流纹波，根据式（5-48），可得二极管电流的有效值为

$$I_d = \frac{I_o}{\sqrt{1 - D_{\max}}} = \frac{2}{\sqrt{1 - 0.75}} A = 4A$$

由式（5-47）可得开关管电流的有效值为

$$I_s = I_i \sqrt{D} = \frac{U_o I_o}{U_{\text{imin}}} \sqrt{D_{\max}} = \frac{48 \times 2}{12} \sqrt{0.75} A = 6.9A$$

由以上参数，可以选择开关管 S 和二极管 VD 的型号。

5.3.3 Buck-Boost 变换器的设计

Buck-Boost 变换器电路如图 5-8 所示，其设计指标如下：

输入直流电压范围为 18~72V；输出电压为 24V；输出功率为 48W；输出电压纹波不超过 1%；开关频率为 100kHz。

1. 占空比 D

根据电感电流连续模式下输入输出电压关系，即式（5-59），可得占空比的范围为

$$D_{\min} = \frac{U_o}{U_o + U_{\text{imax}}} = \frac{24}{24 + 72} = 0.25$$

$$D_{max} = \frac{U_o}{U_o + U_{imin}} = \frac{24}{24+18} = 0.57$$

2. 电感 L

已知输出电流大小为

$$I_o = \frac{P}{U_o} = \frac{48}{24}A = 2A$$

设临界连续负载电流为输出电流的 10%，为保证任何情况下电感电流都连续，根据式（5-66），可得最小的电感值为

$$L_C = \frac{U_o(1-D_{min})^2 T}{2 I_{omin}} = \frac{24 \times (1-0.25)^2}{2 \times 0.2 \times 100 \times 10^3}H = 337.5 \mu H$$

3. 电容 C

已知输出电压纹波指标，根据式（5-67），可知

$$C = \frac{U_o DT}{R \Delta u_o} = \frac{24 \times 0.57}{12 \times 0.24 \times 100 \times 10^3}F = 47.5 \mu F$$

4. 开关管 S 和二极管 VD

由图 5-9b 可知，开关管 S 承受的最大正向电压为

$$U_{imax} + U_o = (72+24)V = 96V$$

由图 5-9a 可知，二极管 VD 承受的最大反向电压也为

$$U_{imax} + U_o = (72+24)V = 96V$$

满载时忽略电感电流纹波，可得二极管电流的有效值为

$$I_d = \frac{I_o}{\sqrt{1-D_{max}}} = \frac{2}{\sqrt{1-0.57}}A = 3.1A$$

开关管电流的有效值为

$$I_s = \frac{I_o}{1-D_{max}}\sqrt{D_{max}} = \frac{2}{1-0.57} \times \sqrt{0.57}A = 3.51A$$

依据以上计算，选择相应的开关管及二极管的型号。

5.3.4　反激变换器的设计

反激变换器电路如图 5-22 所示，其中直流输入电压 U_i 由图 3-10 所示的带电容滤波单相不可控整流器提供。设计指标为：输入电压为市电 220V/50Hz；交流输入电压的有效值范围为 176～264V；输出电压/电流为 12V/2A；开关频率为 70kHz；效率为 78%。

1. 变压器设计

（1）磁心型号

根据设计要求，查找磁心手册，选取 EI 28 铁氧体磁心，故 $\Delta B = 0.2T$，$A_e = 86mm^2$。

（2）一、二次绕组匝数

首先确定反激变换器最小和最大直流输入电压。由于采用带电容滤波的单相全桥不可控整流器，其直流输出电压与电源电路的阻抗、整流器件的电压降、储能电容的等效阻抗以及负载大小均有关，一般为交流输入电压有效值的 1.2～1.4 倍，在此取 1.3，得到反激变换器

的直流输入电压范围为

$$U_{imin} = 176 \times 1.3 \text{V} = 228.8 \text{V}$$

$$U_{imax} = 264 \times 1.3 \text{V} = 343.2 \text{V}$$

其次确定最大占空比。由于最大占空比出现在最低输入电压 U_{imin} 和最大负载时，在此取 $D_{max} = 0.45$，则反激变换器的开关管导通时间为

$$t_{on} = DT = \frac{0.45}{70 \times 10^3} \text{s} = 6.43 \mu \text{s}$$

最后确定一、二次绕组匝数。根据法拉第电磁感应定律，变压器一次电压大小为

$$U_{1min} = \frac{N_1 \Delta B A_e}{t_{on}}$$

则求得反激变换器的一次绕组匝数为

$$N_1 = \frac{U_{imin} t_{on}}{\Delta B A_e} = \frac{228.8 \times 6.43}{0.2 \times 86} = 86$$

设反激变换器二极管压降为 0.7V，绕组压降为 0.6V，则二次绕组电压值为（12+0.7+0.6）V = 13.3V，已知一次绕组的每匝电压为 $\frac{U_{imin}}{N_1}$ = 228.8/86V = 2.66V，故二次绕组的匝数为 N_2 = 13.3/2.66 = 5 匝。除非特殊技术和场合需要，二次绕组应避免使用半匝数线圈。

（3）磁心气隙

在实际设计中可通过调整气隙大小来改变反激变换器的电感值，进而确定反激变换器的工作模式。设反激变换器工作在连续导通模式下，一次绕组电流波形如图 5-24 所示，电感量可通过电流波形的斜率求出，即

$$L_1 = \frac{U_{imin} t_{on}}{\Delta I_1}$$

已知一次输入电流的平均值 I_{1avg} 为

$$I_{1avg} = \frac{P_0}{\eta U_i} = \frac{24}{0.78 \times 228.8} \text{A} = 0.13 \text{A}$$

设一次电流的脉动值为

$$\Delta I_1 = \frac{I_{1avg}}{D_{max}} = \frac{0.13}{0.45} \text{A} = 0.29 \text{A}$$

可得电感值为

$$L_1 = \frac{228.8 \times 6.43}{0.29} \mu \text{H} = 5.07 \text{mH}$$

进而由 $L_1 = \frac{\mu_0 N^2 A_e}{l_g}$，计算出气隙长度为

$$l_g = \frac{4\pi \times 10^{-7} \times 86^2 \times 86}{5.07} \text{mm} = 0.16 \text{mm}$$

2. 开关管 S 和二极管 VD

根据图 5-24，开关管 S 的峰值电流为

$$I_{sp} = \frac{I_{1avg}}{D_{max}} + \frac{1}{2}\Delta I_1 = \left(\frac{0.13}{0.45} + \frac{1}{2} \times 0.29\right)A = 0.44A$$

承受的最大正向电压为

$$U_{smax} = U_{imax} + \frac{N_1}{N_2}U_o = \left(343.2 + \frac{86}{5} \times 12\right)V = 550V$$

二极管 VD 的峰值电流为

$$I_{dp} = \frac{I_{2avg}}{1-D_{max}} + \frac{1}{2}\Delta I_2 = \frac{I_{2avg}}{1-D_{max}} + \frac{1}{2}\frac{N_1}{N_2}\Delta I_1 = \left(\frac{2}{0.55} + \frac{1}{2} \times \frac{86}{5} \times 0.29\right)A = 6.13A$$

VD 承受的反向峰值电压为

$$U_{dp} = U_i\frac{N_2}{N_1} + U_o = \left(343.2 \times \frac{5}{86} + 12\right)V = 32V$$

开关管 S 和二极管 VD 的具体型号可根据元器件的额定值进行选取，一般留 1.5~2 倍的裕量。

5.3.5 全桥变换器的设计

某电源的设计要求如下：

输入电压范围为 440~550V；额定输出电压为 75V；最大输出电流为 120A；输出电压的纹波系数不大于 1%；开关频率为 20kHz。

由于该电源的最大输出功率为 9kW，属于功率较大的电源，故应选取全桥变换器。输出电压较高，为 75V，考虑到二极管的耐压能力，变压器二次侧需采用全桥整流器。因此，该电源可采用图 5-27 所示的全桥变换器。

1. 变压器匝数比

为了在输入电压范围内都能够输出所要求的电压，变压器的匝数比应按最小输入电压选择。为防止直通，死区时间按 5μs 计算，设最大占空比为 $D_{max} = 0.4$，故变压器二次绕组的最小电压为

$$U_{2min} = \frac{U_o + 2U_{VD} + U_L}{2D_{max}} = \frac{75 + 2 \times 1.5 + 1}{2 \times 0.4}V = 98.75V$$

式中，U_{VD} 是二极管导通压降，这里取 1.5V；U_L 是输出滤波电压的直流压降，这里取 1V。

考虑全控型器件的导通压降 U_S 为 1V，变压器一次绕组的最小电压为

$$U_{1min} = U_{imin} - 2U_S = (440 - 2)V = 438V$$

故变压器匝数比 n 为

$$n = \frac{N_1}{N_2} = \frac{438}{98.75} = 4.44$$

此处取 $n = 4.5$。

2. 输出滤波电感 L

全桥变换器的输出滤波电感设计与 Buck 变换器类似。设电感电流的脉动量 ΔI_L 为输出电流的 10%，U_{Lmax} 为电感电压的最大值，输出滤波电感大小由下式决定

$$L = \frac{U_{Lmax}}{\Delta I_L}DT = \frac{U_{2max} - U_o}{10\% I_o}\frac{U_o}{2fU_{2max}}$$

式中，$U_{2\max}$ 为二次绕组电压的最大值，$U_{2\max} = \dfrac{U_{i\max}}{n} = \dfrac{550}{4.5}\text{V} = 122\text{V}$。

故电感值为

$$L = \frac{122-75}{12} \times \frac{75}{2 \times 20000 \times 122}\text{H} = 60.2\mu\text{H}$$

3. 输出滤波电容 C

需注意输出电容电压的脉动频率 f_C 为开关频率的 2 倍，输出滤波电容的大小为

$$C = \frac{\Delta I_o}{8 f_C \Delta U_o} = \frac{12}{8 \times 2 \times 20000 \times 75 \times 1\%}\text{F} = 50\mu\text{F}$$

为了减小输出电容的等效电阻，实际电容可采取由多个电解电容并联的形式。

4. 开关管及二极管

已知开关管承受的最大电压为输入电压的最大值 550V，考虑一定的裕量，可采用耐压值为 1200V 的 IGBT。

已知二极管承受的反向电压最大值为二次绕组电压最大值 122V，考虑二极管关断时有过电压现象，可选取耐压值不低于 250V 的二极管。

5.4　本章小结

DC-DC 变换器通常采用全控型开关器件，分为非隔离型 DC-DC 变换器和隔离型 DC-DC 变换器两类。前者根据斩控原理，控制开关器件的导通和关断，把恒定的直流输入电压转换成一系列的脉冲电压，通过调节脉冲的宽度，实现对输出直流的调节；后者采用 DC-AC-DC 变换方式，首先将直流变换成交流，然后再将交流变换成直流。它们的主要特点如下：

1）基本非隔离型 DC-DC 变换器分为 6 种，即 Buck、Boost、Buck-Boost、Cuk、Sepic 和 Zeta 变换器。Buck 变换器只能实现降压变换，Boost 变换器只能实现升压变换；Buck-Boost、Cuk、Sepic 和 Zeta 变换器则可以实现降压和升压变换。每种变换器根据电感电流在一个开关周期内是否不为零，分为电流连续和电流断续工作模式，从而影响输出电压的大小。非隔离型 DC-DC 变换器一般应用于低电压、小功率场合。

2）隔离型 DC-DC 变换器与非隔离型 DC-DC 变换器相比，变换器中增加了高频变压器实现输入输出变换器的隔离。主要有 5 种隔离型 DC-DC 变换器，即正激、反激、半桥、全桥和推挽变换器。每种变换器根据电感电流在一个开关周期内是否不为零，也分为电流连续和电流断续工作模式。高频变压器设计在变换器设计中十分关键，对于反激变换器，高频变压器实际上等效于一个"双绕组电感"。隔离型 DC-DC 变换器可以应用于相互隔离的多路直流输出、输入输出电压之比要求远小于 1 或远大于 1 的场合。

习　　题

5-1　Buck 变换器中，电容、电感和二极管各起什么作用？

5-2　Boost 变换器为什么能使输出电压高于输入电压？

5-3 电感电流断续会对 Boost 变换器产生什么影响？

5-4 试比较 Buck-boost 变换器与 Cuk 变换器的异同。

5-5 试对非隔离型 DC-DC 变换器与隔离型 DC-DC 变换器进行比较。

5-6 已知一个 DC-DC 变换器的输入电压为 40V，输出电压为 60V，输出电流为 5A，输出电压纹波含量小于 1%，电感电流连续。试给出 Boost 和 Buck-Boost 两种变换器的参数设计方案。

5-7 在 Buck 变换器中，$U_i = 40V$，$C = 12\mu F$，$R = 10\Omega$，假设开关管 S 和二极管 VD 都是理想元件。变换器采用脉宽调制方式，开关周期 $T = 50\mu s$。试求：

（1）若 $L = 0.125mH$，占空比 $D = 0.4$，判断此时电感电流是否连续？若不连续，求使得电感电流连续的占空比 D 的取值范围。

（2）若要求输出功率 P_o 为 50~80W，电感电流连续时占空比 D 的取值范围。

（3）当 $L = 0.125mH$、$D = 0.65$ 时，求输出电压纹波 Δu_o 的大小；若要求输出电压纹波含量小于 5%，应当如何选择电容 C 的值？

5-8 在 Boost 变换器中，$U_i = 10V$，$R = 100\Omega$，假设开关管 S 和二极管 VD 都是理想元件。变换器采用脉宽调制方式，开关周期 $T = 50\mu s$。试求：

（1）若 $L = 0.2mH$，占空比为 $D = 0.4$，输出电压平均值 U_o。

（2）若 $L = 1mH$，占空比为 $D = 0.4$，要求输出电压纹波 Δu_o 的含量小于 1%，滤波电容 C 的取值范围。

（3）在（2）的条件下，若 C 极大，考虑安全裕量（电压 2 倍裕量，电流 1.5 倍裕量），确定开关管 S 的额定电压 U_{SN} 与额定电流 I_{SN}。

5-9 在 Buck-Boost 变换器中，开关管 S 和二极管 VD 都是理想元件。$L = 0.18mH$，C 极大，$R = 10\Omega$，开关周期 $T = 100\mu s$，输入电压 U_i 在 8~36V 之间变化。若要求电感电流连续，且保持输出电压 $U_o = 15V$，占空比 D 的取值范围。

5-10 在正激变换器中，已知输入电压 $U_i = 50V$，开关频率 $f = 20kHz$，占空比 $D = 0.6$。一次绕组 W_1、二次绕组 W_2、复位绕组 W_3 的匝数分别为 N_1、N_2、N_3。忽略开关管与二极管的通态压降，设变换器工作在负载电流连续状态。试求：

（1）为避免磁心饱和，N_1/N_3 的最小值。

（2）若 $N_1 : N_2 : N_3 = 3 : 15 : 1$，输出电压平均值以及开关管 S 和二极管 VD_1 的最大耐压值。

5-11 在反激变换器中，已知输入直流电压 $U_i = 100V$，开关频率 $f = 20kHz$，占空比 $D = 0.4$，输出电压 $U_o = 10V$，负载电阻 $R = 2\Omega$。忽略开关管与二极管的通态压降，设变换器工作在连续导通模式。计算：

（1）变压器匝数比 N_2/N_1。

（2）开关管 S 承受的最大电压 U_{sp}。

（3）输入电流平均值 I_i。

第6章　AC-AC变换器

AC-AC变换器也称交交变换器，它将一种形式的交流电变换成另一种形式的交流电，可以变换电压或电流的有效值、频率或相数等，向交流负载提供电能。本章主要介绍交流调压器、交流调功电路、交流电力电子开关、直接和间接交交变频器。直接交交变频器包括周波变换器和矩阵变换器，由于间接交交变频器为 AC-DC 和 DC-AC 变换器的组合电路，本章仅给出结构框图。本章最后以单相交流调压器、三相交流调压器和三相间接变频器为例，给出了典型 AC-AC 变换器的设计方法。

6.1　交流调压器

交流调压器根据输入交流电源的相数，分为单相交流调压器和三相交流调压器；根据所采用的电力电子器件类型，分为相控式和斩控式调压器。相控式交流调压器通过改变晶闸管触发脉冲的相位来调节输出电压，其工作情况与负载性质有关；斩控式交流调压器通过改变全控型开关管的占空比来调节输出电压，工作原理与直流斩波电路相似。

6.1.1　单相相控式交流调压器

单相相控式交流调压器电路如图 6-1 所示。单相交流电源供电，晶闸管 VT_1 与 VT_2 反向并联，再和负载串联。输入电压和输出电压的瞬时值分别用 u_i 和 u_o 来表示，有效值分别用 U_i 和 U_o 表示。下面分别介绍电阻性负载和阻感性负载两种工作情况。

6.1.1.1　电阻性负载

根据晶闸管导通和关断两种开关状态，带电阻负载的单相相控式交流调压器具有 3 种工作模式，对应的等效电路如图 6-2 所示。

图 6-1　单相相控式交流调压器电路

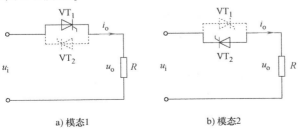

a) 模态1　　　　　　b) 模态2

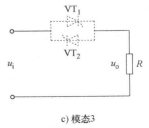

c) 模态3

图 6-2　带电阻性负载单相相控式交流调压器的等效电路

模态 1，在输入交流电压的正半周期，VT_1 承受正向电压可触发导通，VT_2 承受反向电压截止。当 VT_1 导通后，负载电阻两端电压等于输入电压，$u_o = u_i$；流过晶闸管的电流等于负载电流，$i_o = u_o/R$。当输入电压 u_i 过零变负时，流过晶闸管的电流为零，VT_1 自然关断。

模态 2，在输入交流电压的负半周期，VT_1 承受反向电压截止，VT_2 承受正向电压可触发导通。当 VT_2 导通后，负载电阻两端电压等于输入电压，$u_o = u_i$。输入电压 u_i 过零变正时，流过晶闸管的电流 i_o 为零，VT_2 自然关断。

模态 3，两个晶闸管均处于关断状态，输出电压等于零。

根据上述分析，可以画出带电阻性负载的单相相控式交流调压器在一个电源周期内的工作波形，如图 6-3 所示。

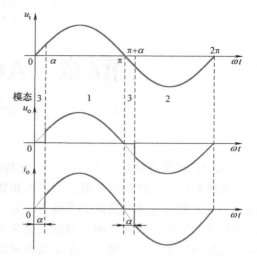

图 6-3 带电阻性负载单相相控式交流调压器的工作波形

假定输入电压为 $u_i = \sqrt{2}\,U_i \sin\omega t$，晶闸管的触发角为 α，根据图 6-3 可知，负载电阻两端的输出电压有效值为

$$U_o = \sqrt{\frac{1}{\pi}\int_\alpha^\pi \left(\sqrt{2}\,U_i\sin\omega t\right)^2 \mathrm{d}(\omega t)} = U_i\sqrt{\frac{1}{2\pi}\sin2\alpha + \frac{\pi-\alpha}{\pi}} \tag{6-1}$$

电阻负载电流的有效值为

$$I_o = \frac{U_o}{R} \tag{6-2}$$

由于两个晶闸管轮流导通，故晶闸管电流的有效值为

$$I_{VT} = \sqrt{\frac{1}{2\pi}\int_\alpha^\pi \left(\frac{\sqrt{2}\,U_i\sin\omega t}{R}\right)^2 \mathrm{d}(\omega t)} = \frac{U_i}{R}\sqrt{\frac{1}{2}\left(\frac{1}{2\pi}\sin2\alpha + \frac{\pi-\alpha}{\pi}\right)} = \frac{I_o}{\sqrt{2}} \tag{6-3}$$

交流输入功率因数为

$$\lambda = \frac{P}{S} = \frac{U_o I_o}{U_i I_o} = \frac{U_o}{U_i} = \sqrt{\frac{1}{2\pi}\sin2\alpha + \frac{\pi-\alpha}{\pi}} \tag{6-4}$$

由以上分析可知，对于带电阻性负载的单相交流调压器，其触发脉冲的移相范围为 $0 \leqslant \alpha \leqslant \pi$，输出电压随着 α 的增大而减小，功率因数也随着 α 的增大而减小。

6.1.1.2 阻感性负载

当负载为阻感性负载时，由于电感的作用，负载电流滞后于负载电压。当输入交流电压过零时，负载电流即晶闸管电流并不为零，故晶闸管未达到关断条件，将继续导通，直至负载电感中能量释放完毕，负载电流降为零，晶闸管才会关断。

在图 6-1 的负载中增加一个电感 L，即为带阻感性负载单相交流调压器，其工作模态与带电阻性负载的情况相同，一个电源周期内的工作波形如图 6-4 所示。

设负载阻抗角为 $\varphi = \arctan\dfrac{\omega L}{R}$，在 $\omega t = \alpha$ 时刻触发晶闸管 VT_1，负载电压可表示为

$$u_\mathrm{o} = L\frac{\mathrm{d}i_\mathrm{o}}{\mathrm{d}t} + Ri_\mathrm{o} = \sqrt{2}\,U_\mathrm{i}\sin\omega t\,, \qquad i_\mathrm{o}\big|_{\omega t=\alpha} = 0 \tag{6-5}$$

由上式解得负载电流为

$$i_\mathrm{o} = \frac{\sqrt{2}\,U_\mathrm{i}}{Z}\sin(\omega t-\varphi) - \frac{\sqrt{2}\,U_\mathrm{i}}{Z}\sin(\alpha-\varphi)\,\mathrm{e}^{\frac{\alpha-\omega t}{\tan\varphi}}, \qquad \alpha\leqslant\omega t\leqslant\alpha+\theta \tag{6-6}$$

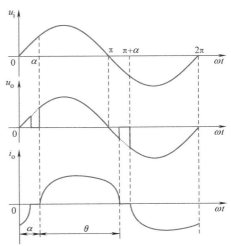

式中，$Z = \sqrt{R^2+(\omega L)^2}$，$\theta$ 为晶闸管的导通角。

利用边界条件：$\omega t = \alpha+\theta$ 时 $i_\mathrm{o}=0$，可得到以下关系式

$$\sin(\alpha+\theta-\varphi) = \sin(\alpha-\varphi)\,\mathrm{e}^{\frac{-\theta}{\tan\varphi}} \tag{6-7}$$

显然上式为超越方程，无法求得函数解，可以利用数值解出 θ。

同理，当 VT_2 导通时，输出电流的表达式与式（6-6）完全相同，只是极性相反。

图 6-4　带阻感性负载单相相控式交流调压器的工作波形

由图 6-4 可求得负载电压的有效值为

$$U_\mathrm{o} = \sqrt{\frac{1}{\pi}\int_\alpha^{\alpha+\theta}\left(\sqrt{2}\,U_\mathrm{i}\sin\omega t\right)^2\mathrm{d}(\omega t)} = U_\mathrm{i}\sqrt{\frac{\theta}{\pi} + \frac{1}{2\pi}\left[\sin2\alpha - \sin(2\alpha+2\theta)\right]} \tag{6-8}$$

负载电流的有效值为

$$I_\mathrm{o} = \sqrt{\frac{1}{\pi}\int_\alpha^{\alpha+\theta}\left\{\frac{\sqrt{2}\,U_\mathrm{i}}{Z}\left[\sin(\omega t-\varphi) - \sin(\alpha-\varphi)\,\mathrm{e}^{\frac{\alpha-\omega t}{\tan\varphi}}\right]\right\}^2\mathrm{d}(\omega t)}$$

$$= \frac{U_\mathrm{i}}{\sqrt{\pi}\,Z}\sqrt{\theta - \frac{\sin\theta\cos(2\alpha+\varphi+\theta)}{\cos\varphi}} \tag{6-9}$$

式（6-6）中的第一项 $\dfrac{\sqrt{2}\,U_\mathrm{i}}{Z}\sin(\omega t-\varphi)$ 为稳态分量，第二项 $-\dfrac{\sqrt{2}\,U_\mathrm{i}}{Z}\sin(\alpha-\varphi)\,\mathrm{e}^{\frac{\alpha-\omega t}{\tan\varphi}}$ 为暂态分量。当 $\alpha=\varphi$ 时，负载电流的暂态分量为 0，负载电流滞后输入电压的相位为 φ，即电流负载连续，此时导通角 $\theta=\pi$，负载电压等于输入电压。当 $\varphi<\alpha<\pi$ 时，VT_1 和 VT_2 的导通角均小于 π，显然 α 越大，θ 越小。

6.1.2　三相相控式交流调压器

三相相控式交流调压器根据线路的接线方式，可分为线路控制、支路控制和中点控制；根据负载与开关的不同联结方式，还可以分为三角形联结和星形联结。图 6-5 所示为几种典型的三相交流调压器电路。

对于图 6-5a，当电源侧为星形联结时，可以将 O 点联结到电源中性点处，即构成了三

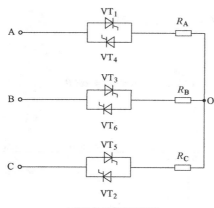

a) 线路控制的星形联结

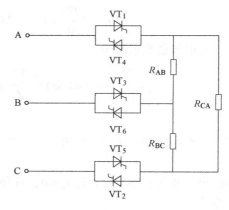

b) 线路控制的三角形联结

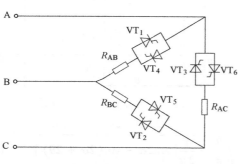

c) 支路控制的三角形联结

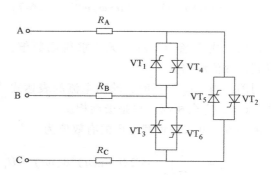

d) 中点控制的三角形联结

图 6-5　三相相控式交流调压器

相三线制交流调压器，如图 6-6 所示，相当于三个单相交流调压器相互错开 120°工作。下面根据触发角的范围，分析图 6-6 所示带电阻负载三相三线制交流调压器的工作原理。

1. $\alpha = 30°$

根据上述单相交流调压器的工作原理，$\alpha = 30°$时三相交流调压器各晶闸管的导通角为 150°，对应的导通区间如图 6-7 中的信号 g_a、g_b、g_c 所示，既有三相晶闸管均导通，也有两相晶闸管导通情况。

对于三相晶闸管导通情况，以 VT_1、VT_5 和 VT_6 导通为例，对应的等效电路如图 6-8a 所示，可得负载上的电压为相电压，即 $u_{RA} = u_a$，$u_{RB} = u_b$，$u_{RC} = u_c$。当输

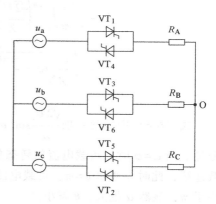

图 6-6　三相三线制交流调压器电路

入相电压下降到零时，流过晶闸管的电流为零，晶闸管关断；对于两相晶闸管导通情况，以 VT_1 和 VT_6 导通为例，对应的等效电路如图 6-8b 所示，可以得到 a、b 两相负载上的电压为输入线电压的一半，即 $u_{RA} = u_{RB} = u_{ab}/2$。由于 c 相线路没有晶闸管导通，故负载上的电压等于零，即 $u_{RC} = 0$。只有当导通相对应的线电压下降到零时，晶闸管才会关断。

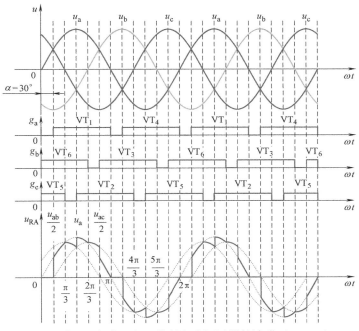

图 6-7　带电阻负载三相三线制交流调压器的波形（$\alpha=30°$）

类似地，可知 $0°\leqslant\alpha<60°$ 均属于三管导通和两管导通模式交替的情况，且每个晶闸管导通 $180°-\alpha$。

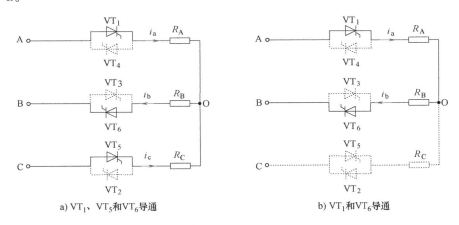

a) VT$_1$、VT$_5$和VT$_6$导通　　　　　　　　　b) VT$_1$和VT$_6$导通

图 6-8　三相三线制交流调压器 $\alpha=30°$ 工作时的等效电路

2. $\alpha=90°$

当 $\alpha=90°$ 时，三相交流调压器各晶闸管的导通区间如图 6-9 中信号 g_a、g_b、g_c 所示。在任意时刻，仅有两相晶闸管导通。此时，导通相的负载电压为输入线电压的一半，未导通相的负载电压为零。类似地，可知 $60°\leqslant\alpha\leqslant90°$ 均属于两管导通模式，每个晶闸管导通 $120°$。

3. $\alpha=120°$

当 $\alpha=120°$ 时，三相交流调压器各晶闸管的导通区间如图 6-10 中信号 g_a、g_b、g_c 所示，导通区间被分成不连续的两部分，每次导通 30°。在任意时刻，可能是两相晶闸管均导通，也可能是无晶闸管导通。类似地，可知 90°≤α<150° 均属于两管导通和无管导通模式交替的情况，且每个晶闸管导通 300°−2α。

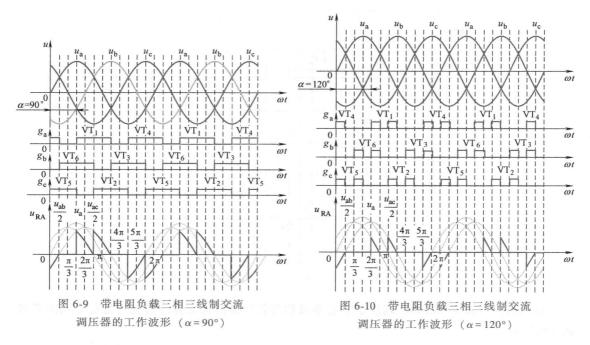

图 6-9　带电阻负载三相三线制交流
调压器的工作波形（α=90°）

图 6-10　带电阻负载三相三线制交流
调压器的工作波形（α=120°）

对于其他联结方式的三相交流调压器，可以用类似的方法去分析。如图 6-5b 所示的线路控制的三角形联结器，可以先对负载进行星形/三角形变换；如图 6-5c 所示的支路控制的三角形联结器，可以看作由三个线电压供电的单相交流调压器组成；如图 6-5d 所示的中点控制的三角形联结器，支路控制的三角形联结的分析方法也同样适用。

6.1.3　斩控式交流调压器

单相斩控式交流调压器的形式和直流斩波器相似，可以分为 Buck 型、Boost 型和 Buck-Boost 型。由于电路的输入输出均为交流，因此要求开关器件不仅能导通双向电流，而且能阻断双向电压。这种双向开关也称为四象限开关，常见的 4 种结构如图 6-11 所示，其中图 6-11a、b 所示的桥式结构只包含 1 个全控型开关管，控制简单，但导通回路包含 3 个器件，损耗较大；图 6-11c、d 所示的串并联结构均包含 2 个开关管，故需要两路驱动信号，但导通回路只有 2 个器件，损耗较小。

一种单相 Buck 型交流调压器如图 6-12 所示，采用了 2 个双向开关。根据双向开关的通断状态，可以得到 2 种工作模式，对应的等效电路如图 6-13 所示。

模态 1，开关管 S_1（S_{1p} 或 S_{1n}）导通，负载侧电压等于输入电压，即 $u_S = u_i$。

模态 2，开关管 S_2（S_{2p} 或 S_{2n}）导通，给电感电流 i_L 提供续流通道，负载侧电压等于零，即 $u_S = 0$。

在任一开关周期 T_S 内，开关管 S_1 和 S_2 互补导通，设开关管 S_1 的占空比为 D，则开关函数表示为

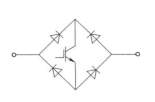

a) 单相桥式

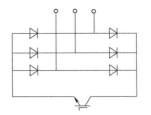

b) 三相桥式

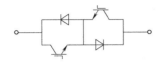

c) 串联式

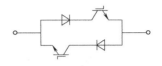

d) 并联式

图 6-11 双向开关的典型结构

$$G(t) = \begin{cases} 1, & mT_S < t \leqslant mT_S + DT_S \\ 0, & mT_S + DT_S < t \leqslant (m+1)T_S \end{cases}$$

(6-10)

对式（6-10）进行傅里叶级数展开，可得

$$G(t) = D + \sum_{n=1}^{\infty} \frac{2}{n\pi}$$

$$\sin nD\pi \cos(n\omega_S t - nD\pi)$$

(6-11)

式中，$\omega_S = 2\pi f_S = 2\pi/T_S$。

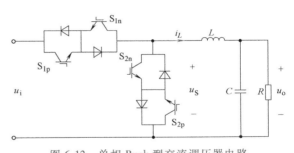

图 6-12 单相 Buck 型交流调压器电路

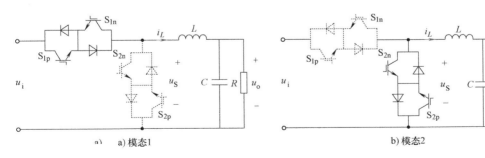

a) 模态1   b) 模态2

图 6-13 单相 Buck 型交流调压器的等效电路

因此，负载侧电压 u_S 可以表示为

$$u_S(t) = u_i(t) \cdot G(t)$$

(6-12)

设输入电压为

$$u_i(t) = U_m \sin \omega t$$

(6-13)

式中，$\omega = 2\pi f$。

将式（6-13）代入式（6-12），可得

$$u_S(t) = DU_m\sin\omega t + \frac{2U_m}{\pi}\sum_{n=1}^{\infty}\frac{\sin\omega t}{n}\sin nD\pi\cos(n\omega_S t - nD\pi) \tag{6-14}$$

其包含的谐波频率可以表示为

$$f_h = f \pm nf_s \tag{6-15}$$

可见负载侧电压 u_S 的谐波集中在整数倍开关频率的附近，当 $f_S \gg f$ 时，u_S 经过较小的 LC 滤波器即可滤除高频分量，得到的输出电压 u_o 可表示为

$$u_o(t) = DU_m\sin\omega t \tag{6-16}$$

由上式可见，改变占空比 D 的大小，即可改变输出电压 u_o 的幅值。

根据上述分析，单相 Buck 型交流调压器的一种典型工作波形如图 6-14 所示。

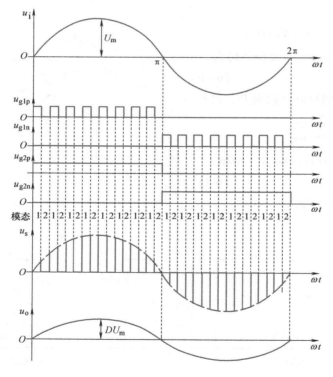

图 6-14　单相 Buck 型交流调压器的工作波形

一种三相斩控式交流调压器如图 6-15 所示，采用了 3 个单相桥式双向开关 $S_A \sim S_C$ 和 1 个三相桥式双向开关 S_N。三相斩控式交流调压器的工作原理与单相斩控式交流调压器相似，其中 3 个单相桥式双向开关共用一路驱动信号 u_g，当 3 个开关 $S_A \sim S_C$ 同时导通时，负载上的电压等于电源线电压；三相桥式双向开关 S_N 的驱动信号 u_n 与 u_g 互补，即当 $S_A \sim S_C$ 均关断时，S_N 起续流作用，负载上的电压等于零。

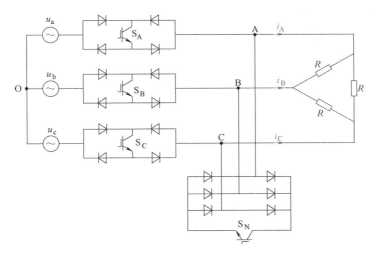

图 6-15　三相斩控式交流调压器电路

6.2　交流电力控制电路

交流电力控制电路包括交流调功电路与交流电力电子开关，它们的电路拓扑与相控式交流调压器（图6-1）完全相同，只是控制方式上有所不同。对于温度调节等具有大惯性环节的被控对象，没有必要在每个周期调节输出电压，只需要控制输出功率，因此可以采用交流调功电路。交流电力电子开关则是以接通和断开交流电路为目的，只起开关的作用。

6.2.1　交流调功电路

交流调功电路的基本原理是通过改变通断周波数的比值来调节负载消耗的平均功率，下面以带电阻负载为例说明交流调功电路的通断控制方式。在导通段期间令晶闸管在输入电压过零时触发导通，即 $\alpha = 0$，在电流过零时自然关断。由于交流调功电路采用了零触发的控制方式，故晶闸管导通期间输入电压和输入电流均为正弦波，几乎没有造成通常意义的谐波污染。

设交流调功电路导通 m 个电源周期，关断 n 个电源周期，其典型输出波形如图 6-16 所示。设输入电压 $u_i = \sqrt{2}\,U_i \sin\omega t$，那么输出电压的有效值为

$$U_o = \sqrt{\frac{1}{2(m+n)\pi}\int_0^{2m\pi} u_i^2 \mathrm{d}(\omega t)} = \sqrt{\frac{m}{m+n}}\,U_i = \sqrt{D}\,U_i \tag{6-17}$$

式中，D 为周期占空比，$D = \dfrac{m}{m+n}$。

一个通断周期内，负载功率为

$$P_o = \frac{U_o^2}{R_L} = \frac{D U_i^2}{R_L} \tag{6-18}$$

因此，通过控制周期占空比 D，可以调节输出功率的大小。对于负载为感性负载的交流调功电路来说，晶闸管导通后仅需要 3~4 个电源周期电流就可以达到稳定。晶闸管关断需

等到电流下降到零之后，但这个过程与 m 个导通周期相比可以忽略不计。因此，带感性负载的交流调功电路的分析可以使用以上公式进行近似计算。

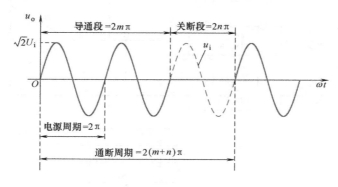

图 6-16　交流调功电路的输出波形 （$m=2$，$n=1$）

6.2.2　交流电力电子开关

在交流电路中使用反并联晶闸管或双向晶闸管代替机械开关，可以实现快速、频繁的开关动作，故称为交流电力电子开关。交流电力电子开关同样采用通断控制，由于它不以控制电路的平均功率为目的，通常也没有明确的控制周期，常用于投切交流电力电容器以控制电网的无功功率。晶闸管投切电容器（Thyristor Switched Capacitor，TSC）如

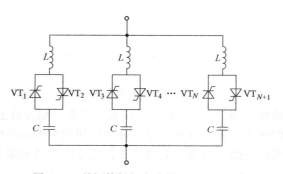

图 6-17　晶闸管投切电容器（TSC）电路

图 6-17 所示，由若干个电容支路并联而成，支路电容与交流电力电子开关串联，通过对交流电力电子开关的控制实现电容的投入或切除。具体工作原理见第 8 章 8.5.2 节的介绍。

6.3　直接交交变频器

根据所采用的电力电子器件类型，直接交交变频器也可分为相控式和斩控式。典型的相控式直接变频器是周波变换器，典型的斩控式直接变频器是矩阵变换器。本节主要介绍这两种变换器。

6.3.1　周波变换器

6.3.1.1　单相周波变换器

将两个三相桥式全控整流器 P 和 N 反并联，即可构成单相周波变换器，其电路拓扑如图 6-18 所示。

定义整流器 P 工作时，流过负载 Z 的电流为正；整流电路 N 工作时，流

图 6-18　单相周波变换器电路

过 Z 的电流为负。如果让两个整流器 P 和 N 按照一定的频率交替工作，那么可以在负载上得到该频率的交流电。改变两组整流器的切换频率，就可以改变输出频率。改变整流器的触发延迟角 α，就可以改变负载电压的大小。

周波变换器的负载可以是电阻负载、阻感负载、阻容负载或交流电动机负载，下面以阻感负载为例，分析周波变换器在一个周期内的工作过程。由于三相桥式可控整流器具有整流和有源逆变两种工作状态，故单相周波变换器有 4 种工作状态，其等效电路如图 6-19 所示。

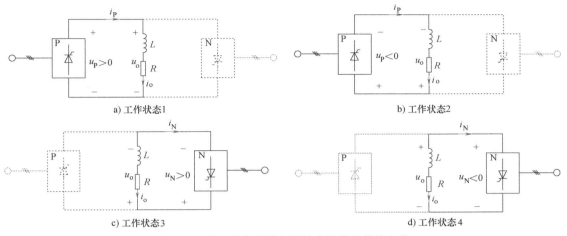

a) 工作状态1　　　　　　　　　　　　　　b) 工作状态2

c) 工作状态3　　　　　　　　　　　　　　d) 工作状态4

图 6-19　带阻感负载单相周波变换器的等效电路

工作状态 1，整流器 P 工作在整流状态，整流器 N 阻断不工作。此时整流器 P 的输出电压 u_P 和输出电流 i_P 均为正，即输出功率为正。负载电压 $u_o = u_P > 0$，负载电流 $i_o = i_P > 0$。

工作状态 2，整流器 P 工作在逆变状态，整流器 N 阻断不工作。此时整流器 P 的输出电压 u_P 为负，但输出电流 i_P 仍为正，即输出功率为负。负载电压 $u_o = u_P < 0$，负载电流 $i_o = i_P > 0$。

工作状态 3，整流器 N 工作在整流状态，整流器 P 阻断不工作。此时整流器 N 的输出电压 u_N 和输出电流 i_N 均为负，输出功率为正。负载电压 $u_o = u_N < 0$，负载电流 $i_o = i_N < 0$。

工作状态 4，整流器 N 工作在逆变状态，整流器 P 阻断不工作。此时整流器 N 的输出电压 u_N 为正，但输出电流 i_N 仍为负，即输出功率为负。负载电压 $u_o = u_N > 0$，负载电流 $i_o = i_N < 0$。

上述工作过程在一个输出电源周期内的理想工作波形如图 6-20a 所示。由于相控式整流器的输出电压波形为电网电压波形的一部分，周波变换器的输出电压实际上由多段电网电压拼接而成，如图 6-20b 所示。当 $\alpha = 0$ 时，整流器输出电压的平均值为最大值；当 $\alpha = \pi/2$ 时，输出电压为零。因此，可以按一定规律让触发延迟角 α 从 $\pi/2$ 逐渐减小到 0 或某个值，然后再逐渐增大到 $\pi/2$，从而使输出平均电压按正弦规律变化。因此，整流器输出电压含有的脉波数越多，输出电压波形就越接近正弦波，但会造成周波变换器的输出频率不高，其上限一般为电网频率的 $1/3 \sim 1/2$。

6.3.1.2　三相周波变换器

三相周波变换器由三组输出电压相位相差 120° 的单相周波变换器组成，其主要接线方式有两种，公共交流母线联结方式和输出星形联结方式，如图 6-21 所示。

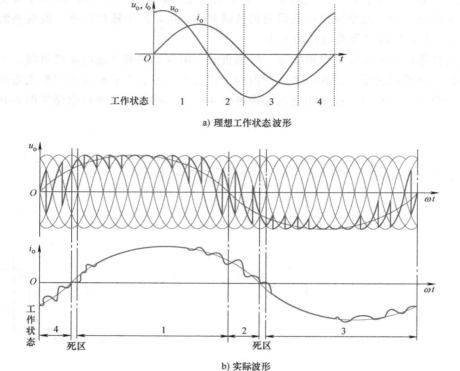

a) 理想工作状态波形

b) 实际波形

图 6-20　带阻感负载单相周波变换器的工作波形

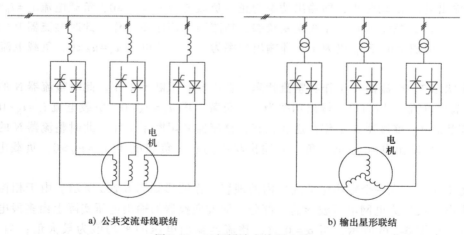

a) 公共交流母线联结　　　　　　　　b) 输出星形联结

图 6-21　三相周波变换器电路

公共交流母线联结方式中，三组输出电压相位相差 120°的单相周波变换器通过电抗器连接在公共的交流母线上。由于进线端共用，所以输出端必须隔离，因此需将交流电机的 3 个绕组拆开引出 6 条线。这种电路一般用于中等容量的交流调速系统。

输出星形联结方式中，三组输出电压相位相差 120°的单相周波变换器的输出端采用星形联结，电机的 3 个绕组也是星形联结，电动机中性点不与变频器中性点连接，故其电源进线通过 3 个变压器进行隔离。

6.3.2 矩阵变换器

矩阵变换器的结构如图 6-22 所示，包含 9 个开关单元。为了满足功率双向流动，要求所用的开关单元为图 6-11 所示的双向开关。端子 A、B、C 接三相输入交流电压，端子 U、V、W 输出三相交流电压。

矩阵变换器的基本工作原理为：在输出电压的正半周期，哪相输入电压最高，就对哪相的开关进行斩波控制；在输出电压的负半周期，哪相输入电压最低，就对哪相的开关进行斩波控制，从而得到所需要的波形。根据连接负载方式的不同，分为相电压输出和线电压输出两种形式。单相输出的矩阵变换器电路如图 6-23 所示。

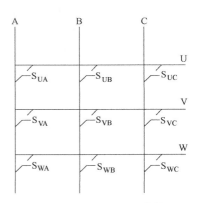

图 6-22　矩阵变换器结构

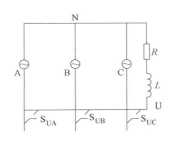

a) 相电压输出

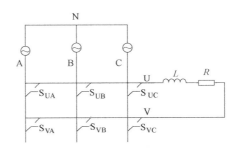

b) 线电压输出

图 6-23　单相矩阵变换器电路

以相电压输出方式为例说明矩阵变换器的工作过程。在输出电压的正半周期，若 A 相电压最高时，控制开关 S_{UA} 导通，电能向负载传递，输出电压 $u_o = u_A$；工作一段时间后控制开关 S_{UA} 关断，若此时是 B 相电压最低，则控制开关 S_{UB} 导通进行续流，输出电压 $u_o = u_B$。上述两个工作模式的等效电路如图 6-24 所示。电路其他相的工作方式同理，此处不再详细描述。

线电压输出方式的工作过程与相电压输出方式完全相同，但负载电压变为线电压，因此

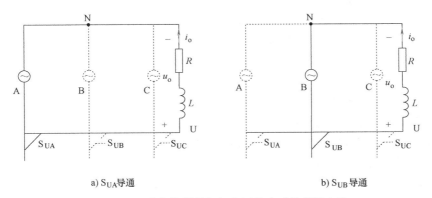

a) S_{UA}导通

b) S_{UB}导通

图 6-24　矩阵变换器单相相电压输出时的等效电路

需要两个不同相的开关同时导通，构成电流回路。

设输入交流电压的幅值为 U_m，根据导通过程可知，对于单相相电压输出的矩阵变换器，输出交流电压的最大幅值为输入相电压交点处的电压，即 $U_m/2$；对于单相线电压输出的矩阵变频电路，输出交流电压的最大幅值为输入线电压交点处的电压，即 $\sqrt{3}\,U_m/2$。

将三组单相输出的矩阵变换器进行组合，使用同一组三相电源进行供电，可得如图 6-25 所示三相输出的矩阵变换器。当负载对称时，可以去掉中性线。

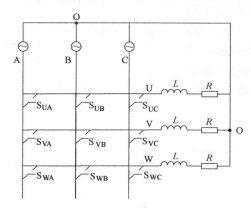 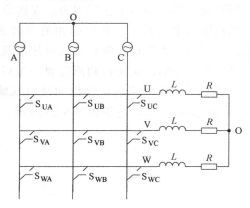

a) 有中性线联结　　　　　　　　　　　　b) 无中性线联结

图 6-25　三相矩阵变换器电路

利用开关函数 s_{jk}（j＝U，V，W；k＝A，B，C）表示开关的通断，其中 s_{jk}＝1 表示开关导通，s_{jk}＝0 表示开关关断，可得输出相电压与输入相电压的关系为

$$\begin{bmatrix} u_U \\ u_V \\ u_W \end{bmatrix} = \begin{bmatrix} s_{UA} & s_{UB} & s_{UC} \\ s_{VA} & s_{VB} & s_{VC} \\ s_{WA} & s_{WB} & s_{WC} \end{bmatrix} \begin{bmatrix} u_A \\ u_B \\ u_C \end{bmatrix} \tag{6-19}$$

输出线电压与输入相电压的关系为

$$\begin{bmatrix} u_{UV} \\ u_{VW} \\ u_{WU} \end{bmatrix} = \begin{bmatrix} s_{UA}-s_{VA} & s_{UB}-s_{VB} & s_{UC}-s_{VC} \\ s_{VA}-s_{WA} & s_{VB}-s_{WB} & s_{VC}-s_{WC} \\ s_{WA}-s_{UA} & s_{WB}-s_{UB} & s_{WC}-s_{UC} \end{bmatrix} \begin{bmatrix} u_A \\ u_B \\ u_C \end{bmatrix} \tag{6-20}$$

矩阵变换器是由电压源提供电压，因此输入不能短路，又由于负载大多具有感性特质，所以输出不能开路，否则会产生很高的尖峰电压，损坏开关管。因此，每个输入相的各开关在任何时刻有且仅有一个导通，开关函数满足如下关系式

$$s_{Uk}+s_{Vk}+s_{Wk}=1 \tag{6-21}$$

矩阵变换器采用全控型开关器件，可以应用 PWM 控制技术，生成任意频率的正弦波。因此，矩阵变换器具有以下优点：

1）能量可以双向流动，适用于四象限运行的交流传动系统。

2）输入功率因数可任意调节，且与负载特性无关。

3）控制自由度大，且输出频率不受输入电源频率限制。

4）容易得到正弦输入电流和输出电压，谐波含量小。

5）没有中间储能环节，无需使用滤波电抗器或电容器，有利于减小变换器体积。

同时，矩阵变换器的不足之处主要包括：存在相间安全换流和开关保护困难等问题；由于输入不能短路、输出不能开路，故其有效的开关状态仅有 27 种；输入输出最大电压增益只能达到 0.866；矩阵变换器需要 9 个全控型双向开关器件，其控制较为复杂，计算量大。

6.4　间接交交变频器

间接交交变频器属于组合式变换器，最常见的是 AC-DC-AC 型，按照有无变压器隔离可分为非隔离型和隔离型。由于间接交交变频器由若干个变换器组成，电路拓扑形式多样，因此本节只介绍其基本结构。

非隔离型 AC-DC-AC 变换器，其结构如图 6-26 所示，低频交流电经整流器得到直流电，然后经逆变器逆变为交流电输出。根据前端整流器类型，非隔离型 AC-DC-AC 变换器可分为高网侧功率因数型和低网侧功率因数型。低网侧功率因数型的整流部分采用二极管不可控整流器或晶闸管相控整流器，而高网侧功率因数型的整流部分采用全控型 PWM 整流器。

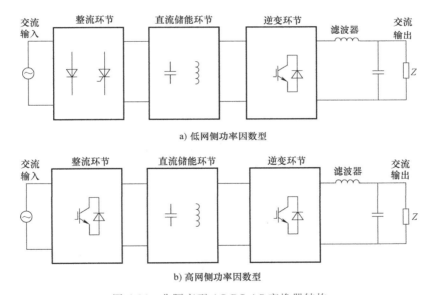

图 6-26　非隔离型 AC-DC-AC 变换器结构

为了提高间接交交变频器的电压匹配能力和安全性，可以在图 6-26 所示电路中增加变压器，构成隔离型 AC-DC-AC 变换器。一种方案是在逆变环节的后级加入变压器，结构如图 6-27a 所示。低频交流电先整流为直流电，再逆变为交流电，接着经变压器隔离，滤波后送至负载。如果输出的交流为低频，该方案只能采用低频变压器，体积重量较大。另一种方案是在整流和逆变环节之间加入隔离型 DC-DC 变换器，结构如图 6-27b 所示。低频交流电先整流为直流电，再逆变为高频交流电，经过高频变压器隔离后，再次整流为直流电，最后逆变为所需电压和频率的交流电，滤波后输出至负载。采用高频变压器可以有效减小变换器的体积和重量。因此，隔离型 AC-DC-AC 变换器具备电气隔离功能，而且适用于多输出的场合。

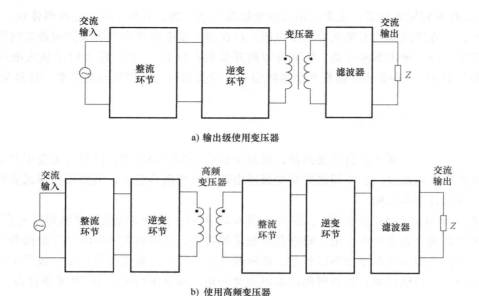

a) 输出级使用变压器

b) 使用高频变压器

图 6-27 隔离型 AC-DC-AC 变换器结构

6.5 设计实例

6.5.1 单相 Buck 型交流调压器的设计

已知输入电压为 220V/50Hz 的交流电，要求输出交流电压为 0~220V 连续可调，输出电流有效值为 5A，最大功率为 1.1kW。可采用如图 6-12 所示的单相 Buck 型交流调压器实现，设开关频率为 10kHz。

1. 开关管

开关管承受的最大电压为输入电压的幅值，即 $220 \times \sqrt{2} V = 311V$，按照 2~3 倍耐压选取，开关管的额定电压为 600~900V。流过开关管的电流等于输出电流，已知输出电流有效值为 5A，取 1.5~2 倍电流裕量，开关管的额定电流为 7.5~10A。

2. 输出滤波电感

单相 Buck 型交流调压器是由 Buck 变换器演变而来的，故可采用类似于 Buck 电路的方法来设计滤波电感。

假设占空比为 D，在开关管导通期间，输出电压为 u_o，滤波电感值应满足

$$L = \frac{u_i - u_o}{\Delta I} DT = \frac{u_i D(1-D)T}{\Delta I}$$

已知输入电压峰值为 311V，电流有效值为 5A，设电感电流纹波 ΔI 为输出电流有效值的 40%，即 $\Delta I = 0.4 I_o$。当占空比 $D = 0.5$ 时，电感取得最大值 $L_{\max} = 3.89 \text{mH}$，实际可选用 4.7mH 的电感。

3. 输出滤波电容

在一个开关周期内，已知输出电压纹波 Δu_o 与滤波电容 C 的关系是

$$\Delta u_{\mathrm{o}} = \frac{\Delta I}{8C} T$$

若取 $\Delta u_{\mathrm{o}} \leqslant 0.02U_{\mathrm{o}}$，可得 $C \geqslant 4.02\mu\mathrm{F}$，实际可选用 $10\mu\mathrm{F}$ 的电容。

按上述 LC 取值构成低通滤波器，其截止频率可以表示为 $f_{\mathrm{T}} = \dfrac{1}{2\pi\sqrt{LC}} = 734\mathrm{Hz}$，满足根

据经验公式 $10f \ll f_{\mathrm{T}} \ll \dfrac{1}{10}f_{\mathrm{S}}$ 的要求，其中，f 为输入电源频率，f_{S} 为开关频率。

6.5.2 三相相控式交流调压器的设计

设计一个如图 6-6 所示的三相三线制交流调压器，已知输入电压为三相 220V/50Hz 交流电，额定容量 66kVA，过电流限制不超过 150A，输入电压波动范围 ±10%。要求输出电压为输入电压的 0~98%。

1. 晶闸管

由 6.1.2 节分析可知，若输出电压为输入电压的 0~98%，则会出现无晶闸管导通的模态，此时晶闸管将承受的电压最大，为输入电压的峰值。由于输入电压波动范围为 ±10%，因此晶闸管承受最大电压为 $220 \times 1.1 \times \sqrt{2}\mathrm{V} = 342\mathrm{V}$，取 2~3 倍裕量，实际可选用额定电压为 1000V 的晶闸管。

由额定容量 66kVA 可知，各相负载的额定电流为 100A，即流过每个晶闸管的电流有效值为 $\dfrac{100}{\sqrt{2}}\mathrm{A} = 70.7\mathrm{A}$，则晶闸管的通态平均电流为 $I = 70.7/1.57\mathrm{A} = 45\mathrm{A}$，取 1.5~2 倍裕量，实际可选用额定电流为 90A 的晶闸管。

2. 熔断器

快速熔断器的选取原则为熔体额定电流 I_{KR} 小于晶闸管的额定电流对应的有效值，即 141A，同时大于流过晶闸管实际电流的有效值，即 100A，故可以选择在各相线路上安装熔断电流为 70.7A 的快速熔断器。

6.5.3 三相间接交交变频器的设计

设计一个如图 6-28 所示的三相间接交交变频器，其中整流部分采用二极管不可控整流

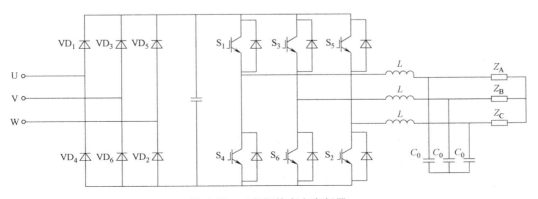

图 6-28 三相间接交交变频器

器，逆变部分采用三相全桥逆变器。已知输入电压为三相 220V/50Hz 交流电，功率因数为 0.9。要求输出电压为三相 220V 交流电，频率为 0～400Hz，额定容量为 5kVA，效率在 85% 以上。

1. 整流模块

由第 3 章 3.2.2 节分析可知，三相桥式不可控整流电路输出的直流电压为

$$U_d = 2.34 U_i = 2.34 \times 220V = 515V$$

由于直流环节电容 C_0 的滤波作用，直流侧电压基本维持在 515V 左右。

考虑电路中功率开关的损耗，效率按照最低设计标准取为 0.85，已知额定容量为 5kV·A，那么输入功率大小为

$$P_d = \frac{5 \times 10^3}{0.85}W = 5.88 \times 10^3 W$$

已知功率因数为 0.9，输入到逆变器的直流电流平均值为

$$I_d = \frac{P_d}{U_d \times 0.9} = 12.7A$$

考虑 1.5～2 倍裕量，可选择最大输出电流为 25A，反向耐压为 1000V 的整流模块。

2. 直流环节电容

直流环节电容的经验公式为

$$C = \frac{(3 \sim 5) T}{R_L}$$

式中，T 是直流侧电压的脉动周期，三相不可控整流电路的输出电压频率为输入交流电压频率的 6 倍，即 300Hz；R_L 为直流侧等效负载电阻。已知直流母线电压为 515V，电路的额定容量为 5kV·A，考虑阻性负载，故有 $R_L = U_d^2/S = 53\Omega$。计算可得 $C = 189 \sim 315\mu F$。

为了提供更稳定的直流母线电压，实际中可用 2 个 560μF/450V 的电解电容串联，相当于一个 280μF/900V 的电容。考虑到高频情况下电解电容的等效串联阻抗较大，可以在电解电容两端并联两个 4.7nF/2kV 的高压陶瓷电容。

3. 逆变部分开关管

考虑输出允许过载 20%，输出相电压有效值为 220V，那么通过每个开关管的电流有效值为

$$I_o = \frac{1.2S}{3U_o} = \frac{1.2 \times 5 \times 10^3}{3 \times 220}A = 9.09A$$

已知开关管承受的最大电压等于直流侧电压 515V，考虑安全裕量后，可以选择规格为 1200V/25A 的开关管。

6.6 本章小结

AC-AC 变换器根据相控、斩控、PWM 调制方式，控制开关器件导通和关断，一是把交流输入电压转换成含有谐波的交流电压，然后通过滤波，提供各种等级、不同频率的交流电压给交流负载供电；二是控制交流输入电压通断，控制输入到负载的功率或替代机械开关作用。

AC-AC 变换器的主要特点如下：

1）交流调压器维持输出频率不变，改变输出电压幅值，广泛应用于灯光调节、异步电机的软起动和调速等场合。

2）交流电力控制电路也不改变频率，但控制对象不是输出电压，通常用于电阻炉等大惯性环节的功率控制以及投切交流电力电容器控制电网无功功率。

3）交交变频器可分为直接变换和间接变换，其中直接变频器不通过中间直流环节，直接把电网频率的交流电变换成不同频率、电压等级的交流电；间接变频器则将交流电变换成直流电，再把直流电变换成不同频率、电压等级的交流电，交交变频器广泛应用于交流调速传动系统中。

习　题

6-1　一个单相交流调压器，负载为阻感串联，其中 $R=1\Omega$，$L=2\text{mH}$，要求负载输出功率在 $0\sim10\text{kW}$ 之间调节。试求：

（1）负载电流的最大有效值及触发角 α 的调节范围；

（2）变压器二次额定电压、额定容量以及最大输出功率时电源侧的功率因数。

6-2　一个交流调功电路，输入电压 $U_i=220\text{V}$，负载电阻 $R=5\Omega$。晶闸管导通 20 个周期，关断 40 个周期。试求：

（1）输出电压有效值 U_o；

（2）负载功率 P_o；

（3）输入功率因数 $\cos\varphi_i$。

6-3　晶闸管相控整流器和晶闸管交流调压器在控制上有何区别？

6-4　交流调压器和交流调功电路有什么区别？二者分别适用于什么样的负载？

6-5　单相交流调压器带电阻负载和带阻感负载时所产生的谐波有何异同？

6-6　斩控式交流调压器与相控式交流调压器相比有何优点？

6-7　简述采用以交流电源周波数为控制单位的交流调功电路（也称过零触发控制方式）的调功原理，并指出这种交流调功法的不足之处。

6-8　简述交流电力电子开关与交流调功电路的区别。

6-9　周波变换器的最高输出频率是多少？制约输出频率提高的因素是什么？

6-10　周波变换器变频的基本原理是什么？为什么只能降频，而不能升频？

6-11　试述矩阵变换器的基本原理和优缺点。

第7章 电力电子变换器通用技术

电力电子变换器的应用越来越广泛，对电力电子变换器的工作性能提出了越来越高的要求。本章将专门介绍电力电子变换器的一些通用技术，具体包括电力电子器件及模块的均压、均流技术；提高效率和减小电磁污染的软开关技术；降低谐波的多重化技术和多电平技术；降低损耗的同步整流技术以及能够改善电能质量的功率因数校正技术。

7.1 均压和均流技术

对于高压大功率的电力电子装置，单个电力电子器件或者模块的额定电压或额定电流往往不能满足要求，因此需要将多个电力电子器件或模块串联或并联起来使用。本节首先介绍电力电子器件串联时遇到的均压问题、并联时遇到的均流问题以及一些解决措施；然后以模块化 DC-DC 变换器为例，介绍电力电子模块串并联过程中的均压和均流问题。

7.1.1 电力电子器件的串联均压

当电力电子器件的额定电压小于实际应用要求时，可以将多个型号相同的开关器件串联使用。理想情况下，串联的各个开关器件关断时承受的电压应力相等。实际上由于开关器件参数存在分散性，即便是同一批次的器件，其参数也可能存在差异，这将导致开关器件的电压分配不均。开关器件的电压分配不均问题通常可分为两类：由开关器件关断时静态伏安特性不同引起的电压分配不均问题称为静态不均压；由开关器件开关过程中动态参数和特性差异造成的电压分配不均问题称为动态不均压。由于静态不均压和动态不均压的产生机理不同，对应的均压措施也有差异。

静态均压首先选择参数和特性尽可能一致的电力电子器件，然后采用电力电子器件并联电阻的方式进一步实现均压。如图 7-1 所示，以 IGBT 为例，关断时，其静态伏安特性可以等效为一个非线性电阻 R_T，阻值一般为数兆欧，此时串联器件所承受的电压应力大小与 R_T 相关。如果 IGBT 并联一个阻值较小的均压电阻 R_E，那么并联后器件的阻值 $R_T//R_E$ 主要由均压电阻 R_E 决定。通过挑选合适的均压电阻，可以实现电压在各串联 IGBT 器件间的平均分配。但是，均压电阻的阻值也不可以太小，否则器件的损耗

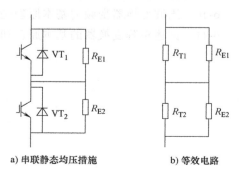

a) 串联静态均压措施　　　b) 等效电路

图 7-1 IGBT 的静态均压

较大。

由于 IGBT 器件的开关过程较短，一般只有数微秒，且 IGBT 的动态特性与其驱动电路有较大关系，相较于静态不均压问题，动态不均压的解决方法较为复杂。动态不均压的解决方法，可以分为驱动同步、电压控制和峰值钳位三种。其中，驱动同步的目的是使各 IGBT 栅极电压波形一致，电压控制的目的是使各 IGBT 集射极电压波形一致，而峰值钳位是使各 IGBT 集射极电压的峰值不超过设定值。

由于 IGBT 器件的驱动功率较大，且各串联 IGBT 的发射极电位不相等，实际使用时往往需要为每个 IGBT 器件配备独立的驱动电路。为了解决驱动电路不同引起的动态不均压问题，可以采用驱动同步方法。该方法可分为离线和在线两种方式，其中离线方式是在驱动电路中串联共模电感，抑制差模信号，保证各栅极驱动信号波形一致，如图 7-2 所示。而在线方式通过在线监测各 IGBT 驱动信号的实时波形，调整驱动电压或者逻辑信号，以保证各 IGBT 同步导通。

对于 IGBT 器件本身动态性能差异引起的电压不均衡问题，一般采用电压控制方法。电压控制方法是以 IGBT 的集射极电压作为控制量，通过改变驱动电压波形，使得串联各 IGBT 的集射极电压跟踪预先设定的电压曲线，达到动态电压均衡。

与驱动同步、电压控制两种方法不同，峰值钳位方法不是通过改变驱动信号来实现电压均衡，而是直接为 IGBT 器件并联钳位电路，以限制 IGBT 电压幅值。下面以图 7-3 所示的 RCD 钳位电路为例进行说明。当 IGBT 的集、射极电压超过电容电压时，二极管导通，对电容充电，限制集射极电压上升；当 IGBT 导通时，电容通过电阻（R_{C1}、R_{C2}）放电。通过选择合适的钳位电容和钳位电阻参数，RCD 钳位电路可以将集射极电压限制在一定的范围内。

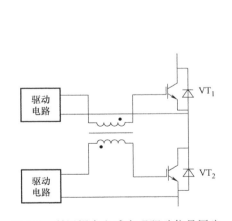

图 7-2 利用耦合电感实现驱动信号同步

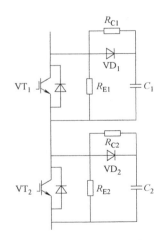

图 7-3 RCD 钳位电路

7.1.2 电力电子器件的并联均流

当电力电子器件的额定电流不能满足要求时，可以将多个型号相同的开关器件并联使用。与开关器件串联类似，开关器件并联时存在静态和动态不均流问题。过电流引起开关器件损坏的主要原因是结温超过额定值引起的热击穿，因此开关器件并联均流的主要措施包括降额使用、驱动控制和阻抗平衡 3 种方式。下面仍以 IGBT 的并联均流为例进行介绍。

解决并联电流不均衡导致热击穿问题的简单方法是降额使用，使流过开关器件的电流远低于额定值，将器件结温限制在允许范围内，但降额的幅度要适宜。

驱动控制方式以 IGBT 的结温或电流有效值作为参考量，对栅极电压进行调节，保证各 IGBT 器件伏安特性尽可能一致，减少降额幅度。由于均流控制的目标是使结温或电流的有效值一致，且目标值的变化较为缓慢，相对于控制集、射极电压波形一致的均压控制来说，更易实现。

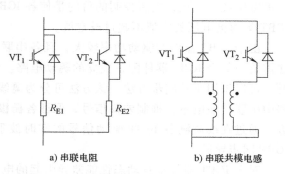

a) 串联电阻　　　b) 串联共模电感

图 7-4　IGBT 的并联均流

阻抗平衡方式如图 7-4 所示，为 IGBT 串联电阻或共模电感。通过串联电阻，各 IGBT 器件的导通电阻均增加了一个较大的数值，从而减少了因导通电阻不一导致电流不均衡的影响。但是串联电阻会导致较大的损耗，因此还可以为 IGBT 串联共模电感。共模电感能够抑制差模信号，从而缓解 IGBT 器件之间电流不均衡的状况。

7.1.3　电力电子变换器模块式均压和均流

除了采用电力电子器件串并联技术外，还可以将多个电力电子变换器模块串联或并联以承受高压大电流。本节以模块化 DC-DC 变换器为例进行说明。

按照输入输出串并联形式，模块化 DC-DC 变换器可以分为并联型和串联型两类，如图 7-5 所示。一般情况下，选用的电力电子模块具有相同的额定电压和额定电流。并联型变换器的均流方法有输出阻抗控制、最大电流控制和平均电流控制，串联型变换器的均压方法主要有输出导纳控制、最大电压控制和平均电压控制。两类控制方法大同小异，下面只介绍并联型模块化 DC-DC 变换器的均流措施。

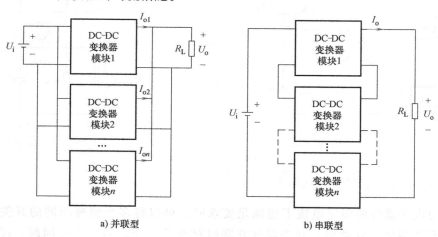

a) 并联型　　　　　　　b) 串联型

图 7-5　模块化 DC-DC 变换器的连接方式

输出阻抗控制是通过控制并联 DC-DC 变换器模块的输出阻抗相等，来实现并联模块均流。一般情况下，DC-DC 变换器模块的输出电压 U_o 和输出电流 I_o 可以近似用以下线性关系式表示：

$$U_o = U_{omax} - RI_o \qquad (7\text{-}1)$$

式中，R 为变换器模块的输出阻抗；U_{omax} 为变换器模块空载时的输出电压。

当两个变换器模块并联的时候，如果两个模块的输出阻抗不一致，其输出特性如图 7-6 所示。设法控制两个模块的输出阻抗相同，便可以实现电流在各模块之间的平均分配。输出阻抗控制的优点是各模块的控制可以独立进行，但该方法会导致变换器的电压调整率增大，使变换器的输出特性变差。

最大电流控制是一种特殊的主从控制方法，传统主从控制的思路是令一个并联模块作为主模块，其他并联模块作为从模块，控制从模块的输出电流跟随主模块的输出电流，以实现各模块之

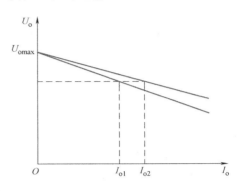

图 7-6 并联型 DC-DC 变换器模块的输出特性

间的均流。最大电流控制没有特定的主模块，在所有并联模块中输出电流最大的模块自动成为主模块，而其他模块成为从模块。控制时，最大电流作为目标电流，各从模块根据自身的输出电流与目标电流之间的差值调节工作状态，以实现各模块之间负载电流的均匀分配。平均电流控制与最大电流控制的原理类似，只是参考电流由模块输出的最大电流变为各模块的平均电流。

7.2 软开关技术

在电力电子变换器中，开关器件通过周期性的导通和关断实现电能变换。图 7-7 是开关器件导通和关断过程的典型电压和电流波形。从图中可见，开关器件开通时其两端电压 u_S 不是瞬间下降到零，而是有一个下降的时间，同时流过开关的电流 i_S 也不是立刻上升到通态电流，需要经历一个上升时间，因此在开关器件开通期间电压和电流有一个交叠区，从而产生损耗，该损耗称为开通损耗 P_{on}。类似地，在开关器件关断期间，开关电流下降到零、电压上升到关断电压同样也需要时间，此时电压和电流交叠所产生的损耗称为关断

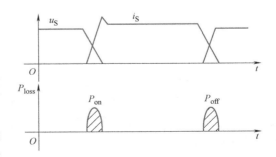

图 7-7 开关器件开通和关断过程的电压
电流波形和开关损耗

损耗 P_{off}。开通损耗和关断损耗统称为开关损耗 P_{loss}。在通态电流和关断电压大小不变的情况下，一个开关周期内开关损耗是固定的，因此电力电子变换器总的开关损耗与开关频率成正比，开关频率越高，开关损耗越大，变换器效率越低。可见，开关损耗的存在限制了变换器开关频率的提高，进而限制了变换器的小型化与轻量化。

减少开关损耗的主要措施是软开关技术，其思路是消除或减少开关过程中电压与电流的交叠，具体可以分为零电压开通、零电流开通、零电压关断和零电流关断等四种方式。

1）当开关器件导通时，限制开关电流的上升率，从而减少电压和电流的交叠区，称为零电流开通。

2）在开关器件导通前，先使得开关两端的电压下降到零，以消除电压和电流的交叠区，称为零电压开通。

3）在开关器件关断时，限制开关电压的上升率，从而减少电压和电流的交叠区，称为零电压关断。

4）在开关器件关断前，先使得流过开关的电流下降到零，以消除电压和电流的交叠区，称为零电流关断。

在上述方式中，零电压开通和零电流开通降低的是开关器件的开通损耗，零电压关断和零电流关断降低的是开关器件的关断损耗。在实际应用中，开关器件与电感串联可以实现零电流开通，开关器件与电容并联则可以实现零电压关断。因此，软开关技术中的零电压开关（Zero Voltage Switching，ZVS）和零电流开关（Zero Current Switching，ZCS）特指零电压开通和零电流关断，其原理如图 7-8 所示，图中 u_g 为开关器件的驱动信号，实线为采用软开关技术的电压电流波形，虚线为不采用软开关技术即硬开关工作时的电压电流波形。

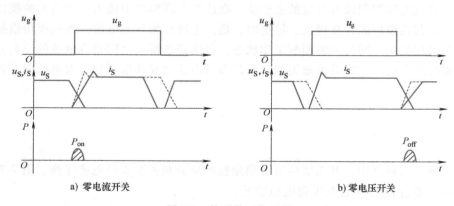

a) 零电流开关　　　　　　　　b) 零电压开关

图 7-8　软开关工作过程

使用软开关技术，除了可以降低变换器的开关损耗之外，还可以减少开关过程中的开关电压和电流变化率，减少对外界的电磁干扰。同时，使用软开关技术有助于优化开关器件的开关轨迹。如图 7-9 所示，在硬开关过程中，开关器件的开关轨迹十分接近器件安全工作区边界；而在软开关过程中，开关器件的开关轨迹接近坐标轴，不会超过安全工作区。

下面分别介绍几种典型的软开关变换器，具体包括准谐振变换器、零开关 PWM 变换器和零转换 PWM 变换器。

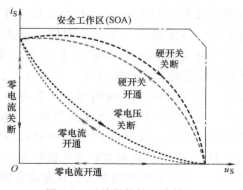

图 7-9　开关器件的开关轨迹

7.2.1　准谐振变换器

按照软开关实现方式的不同，准谐振变换器（Quasi Resonant Converter，QRC）分为零电流开关准谐振变换器和零电压开关准谐振变换器。同时根据变换器的谐振变量是否具有双向流动的特征，每一类准谐振变换器又可以分为全波模式和半波模式。

7.2.1.1　零电流开关准谐振变换器

本节以零电流开关准谐振 Buck 变换器为例，介绍零电流开关准谐振变换器的工作原理，图 7-10a、b 分别为半波模式和全波模式的零电流开关准谐振 Buck 变换器。

首先假设所有器件均为理想器件，且滤波电感 L_f 的电感值足够大，在一个开关周期内输出电流可以看作一个恒定值。因此，图 7-10 中滤波电感 L_f、滤波电容 C_f 和负载电阻 R_L 可以用电流源 I_o 等效替代。

根据开关管和二极管的导通关断状态，半波模式的零电流开关准谐振 Buck 变换器电路可以分为 4 个工作模态，对应的等效电路如图 7-11 所示；全波模式的零电流开关准谐振 Buck 变换器可以分为 5 个工作模态，对应的等效电路如图 7-12 所示。

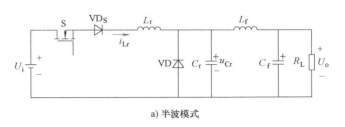

a) 半波模式

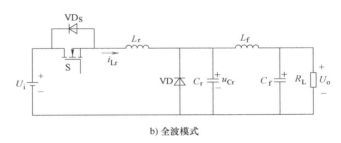

b) 全波模式

图 7-10　零电流开关准谐振 Buck 变换器

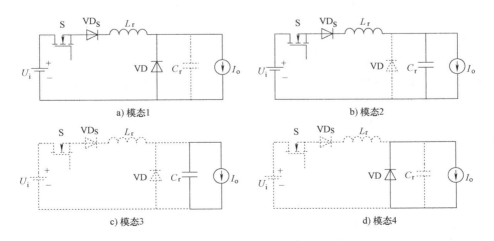

a) 模态1　　　　　　　　　　　　b) 模态2

c) 模态3　　　　　　　　　　　　d) 模态4

图 7-11　半波模式零电流开关准谐振 Buck 变换器的等效电路

下面介绍半波模式零电流开关准谐振 Buck 变换器工作模态的情况。

模态 1，如图 7-11a 所示，开关管 S 和二极管 VD 均导通。谐振电感 L_r 电压为电源电压，

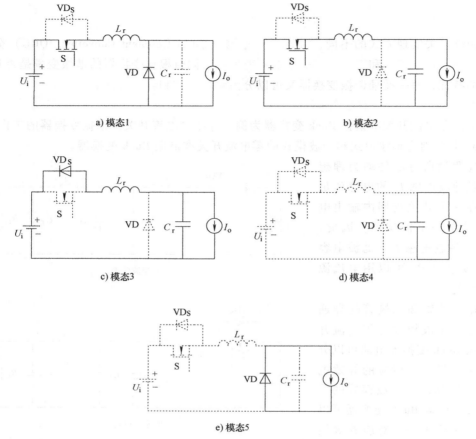

a) 模态1   b) 模态2

c) 模态3   d) 模态4

e) 模态5

图 7-12　全波模式零电流开关准谐振 Buck 变换器的等效电路

谐振电感电流线性上升。当谐振电感 L_r 的电流上升到输出电流 I_o 时，二极管 VD 的电流下降到零，VD 自然关断，模态 1 结束。

模态 2，如图 7-11b 所示，电路工作在谐振状态。电感电流先上升后下降，电容电压上升。当电感电流下降至零时，开关管电流也为零，模态 2 结束。由于二极管 VD_S 与开关 S 串联，开关管电流保持为零，在模态 2 后对开关管 S 施加关断信号则可以实现零电流关断。

模态 3，如图 7-11c 所示，开关管 S 关断，谐振电容 C_r 向负载放电，当电容电压下降到零时，二极管 VD 导通，模态 3 结束。

模态 4，如图 7-11d 所示，输出电流 I_o 经过二极管 VD 续流，此模态一直持续到下一周期开始。

对比图 7-11 和图 7-12 可见，全波模式零电流开关准谐振 Buck 变换器的模态 1、模态 2、模态 4、模态 5 分别与半波模式零电流开关准谐振 Buck 变换器的模态 1、模态 2、模态 3、模态 4 相同，不同之处在于全波模式增加了模态 3。在全波模式电路中，谐振电感电流 i_{Lr} 在模态 2 结束时下降到零，此时开关管的反并联二极管 VD_S 导通，谐振电感电流由正变负，电路进入模态 3，继续谐振。由于此时 VD_S 导通，开关 S 的电流为零，此时关断开关管同样可以实现零电流关断。当谐振电感电流再次减小到零时，由于开关管已经关断，谐振电感电流无法正向流通，模态 3 结束，进入模态 4。

根据上述工作模态分析，半波模式和全波模式零电流开关准谐振 Buck 变换器的工作波形如图 7-13 所示。其中 u_{gs} 是开关 S 的驱动信号，i_{Lr} 是流过谐振电感 L_r 的电流，u_{Cr} 是谐振电容 C_r 上的电压，u_S 是开关 S 两端的电压。

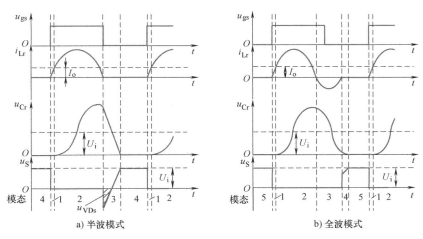

a) 半波模式　　　　　　　　　　b) 全波模式

图 7-13　零电流开关准谐振 Buck 变换器的主要波形

7.2.1.2　零电压开关准谐振变换器

本节以零电压开关准谐振 Boost 变换器为例，介绍零电压开关准谐振变换器的工作原理，图 7-14a、b 分别为半波模式和全波模式的零电压开关准谐振 Boost 变换器。

在分析前先进行以下假设：

1）所有器件均为理想器件。

2）滤波电感 L_f 的电感值足够大，在一个周期内输入电流可以认为是一个恒定值，故滤波电感 L_f 和输入电压源 U_i 可以用电流源 I_i 等效替代。

3）滤波电容 C_f 的电容值足够

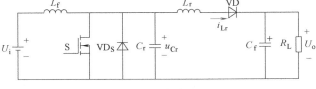

a) 半波模式

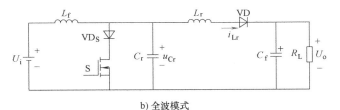

b) 全波模式

图 7-14　零电压开关准谐振 Boost 变换器

大，在一个周期内输出电压可以认为是一个恒定值，故滤波电容 C_f 和负载电阻 R_L 可以用电压源 U_o 等效替代。

根据开关管和二极管的导通和关断状态，半波模式的零电压开关准谐振 Boost 变换器可以分为 5 个工作模态，对应的等效电路如图 7-15 所示；全波模式的零电压开关准谐振 Boost 变换器可以分为 4 个工作模态，对应的等效电路如图 7-16 所示。

下面介绍半波模式零电压开关准谐振 Boost 变换器各工作模态的情况。

模态 1，如图 7-15a 所示，开关 S 和二极管 VD、VD_S 均关断。此时流过谐振电容 C_r 的电流为输入电流，谐振电容电压 u_{Cr} 线性上升。当 u_{Cr} 上升到输出电压 U_o，此时二极管 VD 开始承受正向电压，当 VD 导通时，模态 1 结束。

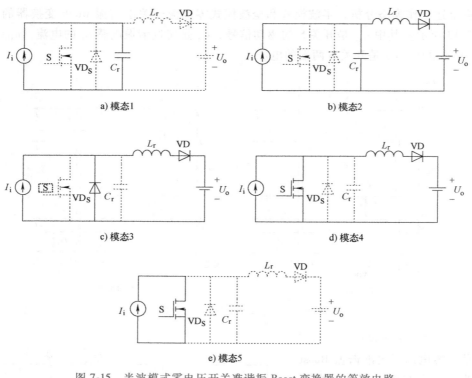

a) 模态1   b) 模态2

c) 模态3   d) 模态4

e) 模态5

图 7-15 半波模式零电压开关准谐振 Boost 变换器的等效电路

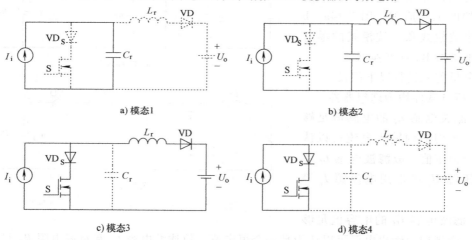

a) 模态1   b) 模态2

c) 模态3   d) 模态4

图 7-16 全波模式零电压开关准谐振 Boost 变换器的等效电路

模态 2，如图 7-15b 所示，此时电路工作在谐振状态。谐振电感电流 i_{Lr} 上升，谐振电容电压 u_{Cr} 先上升后下降。当 u_{Cr} 下降到零时，开关管的反并联二极管 VD_S 导通，模态 2 结束。

模态 3，如图 7-15c 所示，开关管的反并联二极管 VD_S 导通，此时谐振电感线性放电，当谐振电感电流 i_{Lr} 下降到 I_i 时，VD_S 关断，模态 3 结束。在模态 3 期间开关 S 两端电压恒为零，对开关 S 施加导通信号则可以实现零电压导通。

模态 4，如图 7-15d 所示，开关 S 导通，谐振电感继续线性放电，当谐振电感电流 i_{Lr} 下降到零时，由于 VD 只能正向导通，谐振电感电流保持为零，模态 4 结束。

模态 5，如图 7-15e 所示，此阶段与普通 Boost 电路开关管导通的情况一致，输入电压源通过开关 S 向滤波电感 L_f 提供能量。当下一个开关周期到来时，给开关 S 施加关断信号，模态 5 结束。由于谐振电容 C_r 的电压不能突变，缓慢上升，开关 S 可实现零电压关断。

而全波模式零电压开关准谐振 Boost 变换器的模态 1、模态 2、模态 3、模态 4 分别与零电压开关准谐振 Boost 变换器的模态 1、模态 2、模态 4、模态 5 相同，不同的是在全波模式的模态 2 中，谐振电容电压 u_{Cr} 下降到零后电路继续谐振，u_{Cr} 反向增加，该负电压由与开关管串联的二极管 VD_S 承受，开关管两端的电压为零，此时开关管 S 则可以实现零电压导通，模态 2 结束，进入模态 3。

根据上述工作模态分析，半波模式和全波模式零电压开关准谐振 Boost 变换器的工作波形如图 7-17 所示。其中 i_S 是开关 S 的电流。

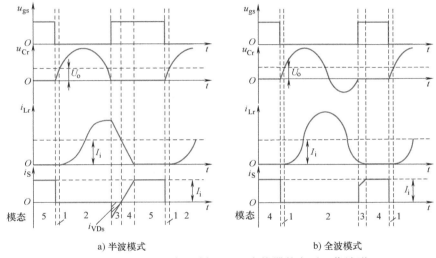

a) 半波模式　　　　　　　　　　b) 全波模式

图 7-17　零电压开关准谐振 Boost 变换器的主要工作波形

7.2.2　零开关 PWM 变换器

上一节介绍的准谐振变换器具有结构简单的优点，但是必须在特定的时刻导通或关断开关管才能实现软开关，因此开关的通断时间由谐振电路的谐振周期确定。当变换器参数确定后，谐振周期也确定，此时若要调节电路的占空比，只能采用变频率调制，这给控制电路以及滤波参数的设计带来了困难。为了解决这一问题，零开关 PWM 变换器通过为谐振电容串联或者为谐振电感并联一个辅助开关管，控制谐振发生的时间，使电路采用 PWM 方式调制。下面以零电流开关 PWM Buck 变换器为例介绍其工作原理。

零电流开关 PWM Buck 变换器的电路如图 7-18 所示，与图 7-10b 中全波模式零电流开关准谐振 Buck 变换器相比，谐振电容 C_r 串联了一个辅助开关 S_2 及其反并联二极管 VD_{S2}。

假设所有器件均为理想器件，且滤波电感 L_f 的电感值足够大，故滤波电感 L_f、滤波电容 C_f 和负载电阻 R_L 可以用电流源 I_o 等效替代。

根据开关管和二极管的导通和关断状态，零电流开关 PWM Buck 变换器可以分为 7 个工作模态，对应的等效电路如图 7-19 所示。各模态的分析如下。

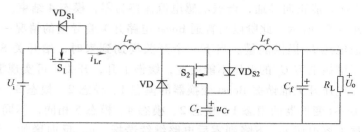

图 7-18　零电流开关 PWM Buck 变换器电路

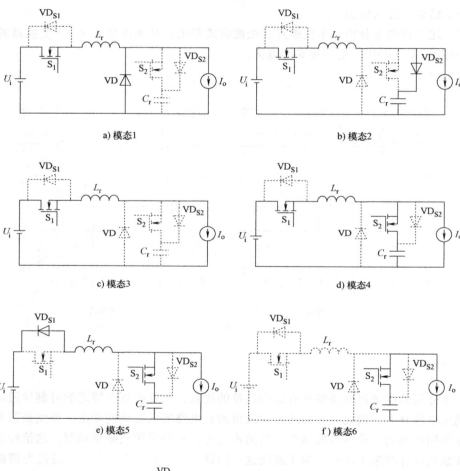

图 7-19　零电流开关 PWM Buck 变换器的等效电路

模态 1，如图 7-19a 所示，开关 S_1 导通，且二极管 VD 依旧导通。此时谐振电感 L_r 电压为电源电压，谐振电感电流 i_{Lr} 线性上升。当 i_{Lr} 上升到输出电流 I_o，此时二极管 VD 的电流下降到零，VD 自然关断，模态 1 结束。

模态 2，如图 7-19b 所示，VD_{S2} 导通，电路工作在谐振状态。谐振电感电流 i_{Lr} 先上升后下降，谐振电容电压 u_{Cr} 上升。当 i_{Lr} 下降至 I_o 时，VD_{S2} 关断，模态 2 结束。

模态 3，如图 7-19c 所示，谐振电感电流 i_{Lr} 维持在 I_o，谐振电容电压 u_{Cr} 维持在最大值 $2U_i$。此模态与普通 Buck 电路开关导通的模态一致。开通开关管 S_2，模态 3 结束。

模态 4，如图 7-19d 所示，开关 S_2 导通，电路处于谐振状态，谐振电容通过开关 S_2 放电，谐振电感电流 i_{Lr} 逐渐下降，当 i_{Lr} 下降至零时，模态 4 结束。

模态 5，如图 7-19e 所示，电路继续谐振，谐振电感电流 i_{Lr} 由正变负，开关 S_1 的反并联二极管 VD_{S1} 导通，谐振电容电压 u_{Cr} 下降，当 i_{Lr} 再次谐振到零时，VD_{S1} 截止，模态 5 结束。在模态 5 期间，由于 VD_{S1} 导通，开关 S_1 的电流保持为零，此时关断开关 S_1 可以实现零电流关断。

模态 6，如图 7-19f 所示，开关 S_1 关断，此时谐振电容经过滤波电感线性放电。当谐振电容电压 u_{Cr} 下降到零，二极管 VD 导通，模态 6 结束。

模态 7，如图 7-19g 所示，开关 S_2 关断，输出电流 I_o 经过二极管 VD 续流，此阶段与普通 Buck 电路的续流阶段一致。当下一周期到来时开通开关管 S_1，由于谐振电感 L_r 的存在，电流 i_{Lr} 从零开始上升，可以实现开关 S_1 的零电流开通。

根据上述工作模态分析，零电流开关 PWM Buck 变换器的工作波形如图 7-20 所示，其中 u_{gs1} 和 u_{gs2} 分别是开关 S_1 和 S_2 的驱动信号，i_{Lr} 是流过谐振电感 L_r 的电流，u_{Cr} 是谐振电容 C_r 上的电压，u_{S1} 和 u_{S2} 分别是开关 S_1 和 S_2 的电压。与全波模式零电流开关准谐振 Buck 变换器相比，在两个谐振阶段之间增加了一个恒流阶段（模态 3），从而可以在开关频率不变的情况下控制变换器的占空比，实现 PWM 调制。

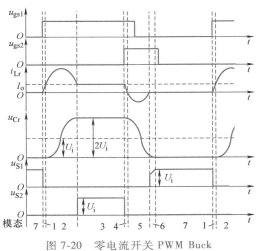

图 7-20　零电流开关 PWM Buck
变换器的主要波形

7.2.3　零转换变换器

在准谐振变换器和零开关 PWM 变换器中，谐振元件均串联在主功率回路中，产生的损耗较大。为了解决这一问题，零转换变换器被提出。与准谐振变换器和零开关 PWM 变换器不同，零转换变换器的谐振回路与主回路并联，并且仅在开关管导通或关断前的很短时间内工作，从而可以减少谐振回路的功率损耗，提高电路效率。本节将以图 7-21 所示的零电压转换 Boost 变换器为例进行介绍。

在分析前先做如下假设：

1）所有器件均为理想器件。

2）滤波电感 L_f 的电感值足够大，在一个周期内输入电流可看作一个恒定值，故滤波电感 L_f 和输入电压源 U_i 可以用电流源 I_i 等效替代。

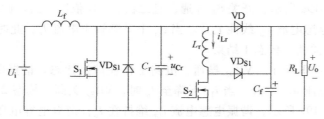

图 7-21　零电压转换 Boost 变换器

3）滤波电容 C_f 的电容值足够大，在一个周期内输出电压可以认为是一个恒定值，故滤波电容 C_f 和负载电阻 R_L 可以用电压源 U_o 等效替代。

根据开关管和二极管的导通和关断状态，零电压转换 Boost 变换器可以分为 8 个工作模态，对应的等效电路如图 7-22 所示。

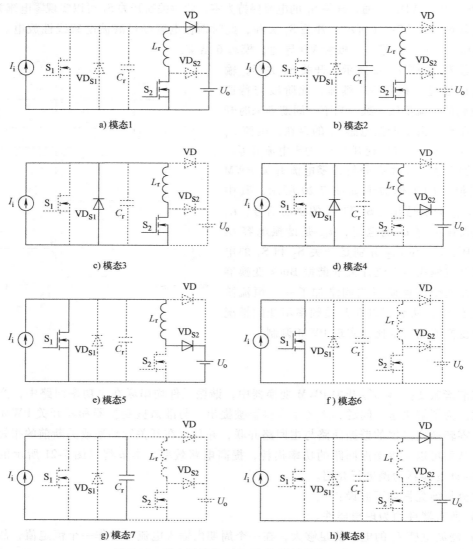

a) 模态1　　　　　　　　　　　　　　　　b) 模态2

c) 模态3　　　　　　　　　　　　　　　　d) 模态4

e) 模态5　　　　　　　　　　　　　　　　f) 模态6

g) 模态7　　　　　　　　　　　　　　　　h) 模态8

图 7-22　零电压转换 Boost 变换器的等效电路

模态 1，如图 7-22a 所示，开关 S_2 导通，二极管 VD 保持通态。谐振电感 L_r 上的电压为输出电压，谐振电感电流 i_{Lr} 线性上升。当 i_{Lr} 上升到输入电流 I_i 时，二极管 VD 关断，模态 1 结束。

模态 2，如图 7-22b 所示，电路工作在谐振状态。谐振电感电流 i_{Lr} 继续上升，谐振电容电压 u_{Cr} 下降。当 u_{Cr} 下降到零时，模态 2 结束。

模态 3，如图 7-22c 所示，谐振电感电流 i_{Lr} 经过开关 S_1 的反并联二极管 VD_{S1} 续流，开关 S_1 两端电压被钳位在零电压，此时导通开关 S_1 可以实现零电压导通。关断 S_2 时，模态 3 结束。由于模态 3 期间流过开关 S_2 的电流不为零，且它关断后，VD_{S2} 导通，S_2 两端的电压立即上升到 U_o，因此 S_2 是硬关断。

模态 4，如图 7-22d 所示，此时谐振电感经过二极管 VD_{S2} 向负载释放能量，谐振电感 L_r 的电压为输出电压，谐振电感电流 i_{Lr} 线性下降。当 i_{Lr} 下降到 I_i 时，开关 S_1 的反并联二极管 VD_{S1} 关断，模态 4 结束。

模态 5，如图 7-22e 所示，此时谐振电感电流 i_{Lr} 继续线性下降，开关 S_1 流过电流。当开关管电流上升到输入电流 I_i 时，i_{Lr} 下降到零，VD_{S2} 关断，模态 5 结束。

模态 6，如图 7-22f 所示，开关 S_1 导通，滤波电感 L_f 存储电能，该模态与普通 Boost 电路的开关管导通模态一致。

模态 7，如图 7-22g 所示，开关管 S_1 关断，谐振电容电压 u_{Cr} 从零开始线性上升，因此开关 S_1 是零电压关断。当 u_{Cr} 上升到 U_o 时，二极管 VD 导通，模态 7 结束。

模态 8，如图 7-22h 所示，输入电压 U_i 和滤波电感 L_f 给滤波电容 C_f 和负载供电，该模态与普通 Boost 电路的二极管导通模态一致。

根据上述工作模态分析，零电压转换 Boost 变换器的工作波形如图 7-23 所示。

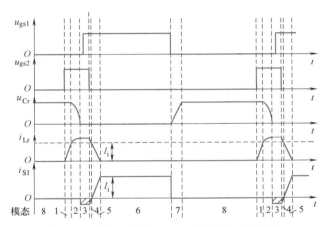

图 7-23　零电压转换 Boost 变换器的主要波形

7.3　多重化技术

多重化技术的思路是将若干个相同的电力电子变换器按照一定规律串联或并联，通过合理设计控制策略，达到减少纹波或谐波的目的。下面分别介绍多重化技术在直流变换、整流和逆变场合中的运用。

7.3.1　多相多重直流变换器

从第 5 章 DC-DC 变换器的设计过程可知，为了减少电压电流的纹波，一方面可以增大电感电容等无源元件的取值，另一方面可以提高变换器的开关频率。然而，使用大电感和大电容会造成变换器的体积较大，较高的开关频率又会带来电磁干扰和开关损耗等问题。多相多重直流变换器是解决纹波问题的另一项技术，其思路是在电源和负载之间接入多个结构相同的基本 DC-DC 变换电路，其中相数是指在一个控制周期中输入电流的脉波数，重数是指输出电流的脉波数。本节将以一个三相三重 Boost 变换器为例，介绍多相多重直流变换电路的工作原理。

如图 7-24 所示，三相三重 Boost 变换器由三个 Boost 电路单元并联组成，开关管 S_1、S_2 和 S_3 依次导通，相位相差 1/3 个周期，导通时间相同。假设每个 Boost 电路均工作在 CCM 状态，按照开关管导通和关断情况，三相三重 Boost 变换器共有 8 种工作模态，对应的等效电路如图 7-25 所示。

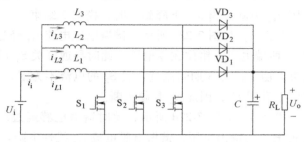

图 7-24　三相三重 Boost 变换器

各工作模态分析如下：

模态 1，如图 7-25a 所示，开关管 S_1、S_2 和 S_3 均关断，电感电流 i_{L1}、i_{L2}、i_{L3} 流过二极管 VD_1、VD_2、VD_3，负载电流为电感电流 i_{L1}、i_{L2}、i_{L3} 之和。

模态 2，如图 7-25b 所示，开关管 S_1 导通，S_2 和 S_3 关断，电感电流 i_{L1} 流过 S_1，二极管 VD_1 关断，电感电流 i_{L2}、i_{L3} 流过二极管 VD_2、VD_3，负载电流为电感电流 i_{L2}、i_{L3} 之和。

模态 3，如图 7-25c 所示，开关管 S_2 导通，S_1 和 S_3 关断。与模态 2 的分析类似，负载电流为电感电流 i_{L1}、i_{L3} 之和。

模态 4，如图 7-25d 所示，开关管 S_3 导通，S_1 和 S_2 关断。与模态 2 的分析类似，负载电流为电感电流 i_{L1}、i_{L2} 之和。

模态 5，如图 7-25e 所示，开关管 S_1 和 S_2 导通，S_3 关断，电感电流 i_{L1} 流过 S_1，二极管 VD_1 关断；电感电流 i_{L2} 流过 S_2，二极管 VD_2 关断；电感电流 i_{L3} 流过二极管 VD_3，负载电流为电感电流 i_{L3}。

模态 6，如图 7-25f 所示，开关管 S_2 和 S_3 导通，S_1 关断。与模态 5 的分析类似，负载电流为电感电流 i_{L1}。

模态 7，如图 7-25g 所示，开关管 S_1 和 S_3 导通，S_2 关断。与模态 5 的分析类似，负载电流为电感电流 i_{L2}。

模态 8，如图 7-25h 所示，开关管 S_1、S_2 和 S_3 均导通，二极管 VD_1、VD_2、VD_3 均截止，输出电容 C 向负载电阻 R_L 供电。

当占空比 $D \in \left[0, \dfrac{1}{3} \right)$ 时，三相三重 Boost 变换器工作在只有一个开关管导通或所有开关管关断的模态，在一个开关周期内将按"模态 2—模态 1—模态 3—模态 1—模态 4—模态 1"的顺序循环工作。

当占空比 $D \in \left[\dfrac{1}{3}, \dfrac{2}{3} \right)$ 时，三相三重 Boost 变换器工作在只有一个开关管导通或两个开关管导通的模态，在一个开关周期内将按"模态 7—模态 2—模态 5—模态 3—模态 6—模态 4"的顺序循环工作。

当占空比 $D \in \left[\dfrac{2}{3}, 1 \right)$ 时，三相三重 Boost 变换器工作在两个开关管导通或三个开关管

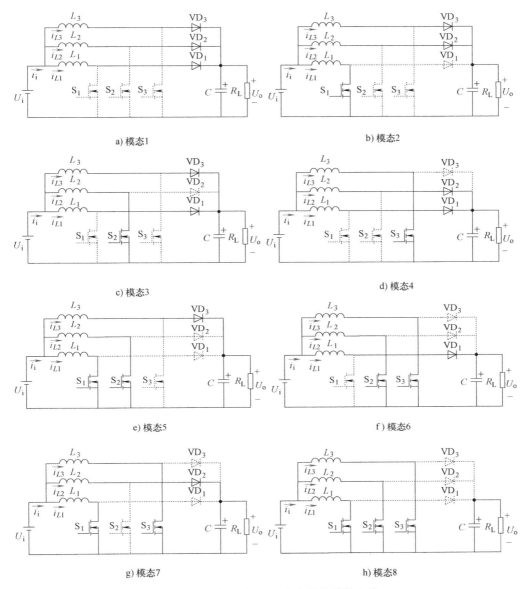

a) 模态1　　　　　　　　　　　　b) 模态2

c) 模态3　　　　　　　　　　　　d) 模态4

e) 模态5　　　　　　　　　　　　f) 模态6

g) 模态7　　　　　　　　　　　　h) 模态8

图 7-25　三相三重 Boost 变换器的等效电路

导通的模态，在一个开关周期内将按"模态8—模态7—模态8—模态5—模态8—模态6"的顺序循环工作。

　　根据上述分析，三相三重 Boost 变换器在不同占空比下的典型工作波形如图 7-26 所示，其中输入电流为三个电感电流之和，即 $i_i = i_{L1} + i_{L2} + i_{L3}$。

　　由于三相三重 Boost 变换器相当于由 3 个 Boost 变换器单元并联而成，故其输入输出电压关系与 Boost 变换器一致，但输入电流为 3 个 Boost 变换器输入电流之和，输入电流平均值和脉动频率均为单个 Boost 变换器输入电流的 3 倍。由于 3 个 Boost 变换器输入电流的脉动相互抵消，因此三相三重 Boost 变换器的电流脉动幅值变小。下面结合图 7-26 对三相三重 Boost 变换器的输入电流进行具体分析。

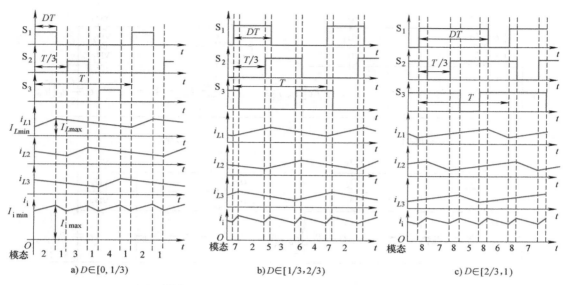

图 7-26 三相三重 Boost 变换器的主要波形

假设各 Boost 变换器电感电流最大值为 I_{Lmax}，最小值为 I_{Lmin}，其平均值为 $\dfrac{I_{Lmax}+I_{Lmin}}{2}$，纹波大小为 $2\dfrac{I_{Lmax}-I_{Lmin}}{I_{Lmax}+I_{Lmin}}$。当占空比 $D\in\left[0,\ \dfrac{1}{3}\right)$ 时，如图 7-26a 所示，在 $t=0$ 和 $t=DT$ 时刻，各 Boost 变换器的电感电流分别为

$$\begin{cases} i_{L1}(0)=I_{Lmin} \\[2mm] i_{L2}(0)=\dfrac{1}{3(1-D)}I_{Lmax}+\dfrac{2-3D}{3(1-D)}I_{Lmin} \\[2mm] i_{L3}(0)=\dfrac{1-3D}{3(1-D)}I_{Lmin}+\dfrac{2}{3(1-D)}I_{Lmax} \end{cases} \tag{7-2}$$

$$\begin{cases} i_{L1}(DT)=I_{Lmax} \\[2mm] i_{L2}(DT)=\dfrac{2}{3(1-D)}I_{Lmin}+\dfrac{1-3D}{3(1-D)}I_{Lmax} \\[2mm] i_{L3}(DT)=\dfrac{1}{3(1-D)}I_{Lmin}+\dfrac{2-3D}{3(1-D)}I_{Lmax} \end{cases} \tag{7-3}$$

相应地，三相三重 Boost 变换器输入电流 i_{i} 的最小值和最大值分别为：

$$I_{imin}=i_{L1}(0)+i_{L2}(0)+i_{L3}(0)=\dfrac{2-3D}{1-D}I_{Lmin}+\dfrac{1}{1-D}I_{Lmax} \tag{7-4}$$

$$I_{imax}=i_{L1}(DT)+i_{L2}(DT)+i_{L3}(DT)=\dfrac{1}{1-D}I_{Lmin}+\dfrac{2-3D}{1-D}I_{Lmax} \tag{7-5}$$

因此，总输入电流 i_{i} 的平均值为 $\dfrac{I_{imax}+I_{imin}}{2}=\dfrac{3}{2}\left(I_{Lmax}+I_{Lmin}\right)$，是单个 Boost 电路电感电流的 3 倍；其纹波大小为 $2\dfrac{I_{imax}-I_{imin}}{I_{imax}+I_{imin}}=\dfrac{1-3D}{3-3D}\times 2\dfrac{I_{Lmax}-I_{Lmin}}{I_{Lmax}+I_{Lmin}}$，因此三相三重 Boost 变换器的输

入电流纹波比单个 Boost 变换器电感电流纹波的 1/3 还小。

当占空比 $D \in \left[\dfrac{1}{3} , \dfrac{2}{3} \right)$ 和占空比 $D \in \left[\dfrac{2}{3} , 1 \right)$ 时，三相三重 Boost 变换器的输入电流分析类似，可以得到同样的结论。

从以上分析可以看出，使用多相多重直流变换器可以有效降低输入和输出电流的纹波。此外，三相三重 Boost 变换器纹波频率是单个 Boost 变换器的 3 倍，相当于提高了变换器的等效工作频率，这将极大地减小多相多重直流变换器输入输出滤波器的体积。多相多重直流变换器还具有备用的功能，各 DC-DC 电路单元可以互为备用。当某一个 DC-DC 电路单元发生故障后，其余单元可以继续工作，从而提高了多相多重直流变换器的整体可靠性。

7.3.2　多重化整流器

大功率整流器所产生的谐波、无功等问题对电网的影响不容忽视，为了降低整流器对电网的干扰，可采用多重化整流器。多重化整流器的思路是将若干个结构相同的整流单元进行串联或并联，以减少交流输入电流的谐波和直流输出电压的纹波。本节以一个串联二重整流电路为例，介绍多重化整流器的工作原理。

串联二重整流器的电路原理如图 7-27a 所示，包括 1 个变压器和 2 个三相桥式可控整流单元，其中变压器有 2 个二次绕组，利用变压器二次绕组的不同接法，可以得到两路相位不同的三相交流电源。如果二次绕组 Ⅰ 采用星形联结，二次绕组 Ⅱ 采用三角形联结，那么第 Ⅱ 组交流电源的相位比第 Ⅰ 组交流电源的相位滞后 30° 或 $\pi/6$。为了保证 2 个三相整流单元的输入线电压大小相等（即 $U_{a1b1} = U_{a2b2}$），一次绕组、二次绕组 Ⅰ 和 Ⅱ 的匝数比为 $1 : 1 : \sqrt{3}$。在串联二重整流电路中，两个三相整流单元的输出端串联，设两个整流单元的触发角均为 α，那么整流输出电压为 $U_d = U_{d1} + U_{d2} = \dfrac{6\sqrt{6}}{\pi} U_2 \cos\alpha$。由于两个三相整流单元的输入交流电压相位相差 $\pi/6$，故 u_{d1} 和 u_{d2} 的波形相位也相差 $\pi/6$。已知三相桥式可控整流器的输出电压在每个交流电源周期内含有 6 个脉波，故串联二重整流电路的输出电压 u_d 在每个交流电源周期中脉动 12 次，因此该电路也称为 12 脉波整流器。显然，整流输出电压在一个周期内的脉波数越多，其直流电压纹波越小。

图 7-27b 是串联二重整流器的输入电流波形图，图中 i_{a1}、i_{a2} 分别为整流单元 Ⅰ 和 Ⅱ 的 a 相电流，变压器一次绕组的 A 相电流为 $i_A = i_{a1'} + i_{ab2'}$，其中 $i_{a1'}$ 是 i_{a1} 折算到一次绕组的电流，且 $i_{a1'} = i_{a1}$，$i_{ab2'}$ 是 i_{ab2} 折算到变压器一次绕组的电流，且 $i_{ab2'} = \sqrt{3} i_{ab2}$。从图中可见，一次绕组的相电流 i_A 是一个具有六电平的电流，对其进行傅里叶级数展开，可得

$$i_A = \frac{4\sqrt{3}}{\pi} I_d \sin\omega t + \frac{4\sqrt{3}}{n\pi} I_d \sum_{\substack{n = 12k \pm 1 \\ k = 1,2,3,\cdots}}^{\infty} (-1)^k \sin n\omega t \tag{7-6}$$

由式（7-6）可以得出，i_A 含有 11、13、23、25 等 $12k \pm 1$ 次谐波，各谐波的幅值与其次数成反比。与三相桥式可控整流器相比，12 脉波整流器所含谐波更少，且很好地抑制了 5、7、17、19 等低次谐波，总谐波含量更低，功率因数更高。

类似地，利用变压器二次绕组接法的不同，可以实现更多三相整流单元的串联。如果将变压器二次绕组互相错开 20°，则可以构成串联三重整流器，其整流输出电压 u_d 在每个交

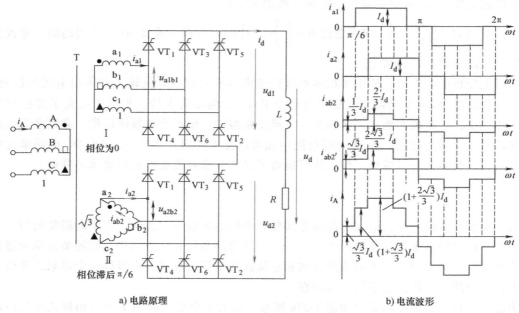

a) 电路原理   b) 电流波形

图 7-27 串联二重整流器电路及其工作波形

流电源周期内脉动 18 次，一次绕组输入电流的谐波次数为 $18k\pm1$（$k=1$，2，3，…），故该整流器也称为 18 脉波整流器；如果将变压器二次绕组互相错开 15°，则可以构成串联四重整流器，其输出整流电压 u_d 在每个交流电源周期内脉动 24 次，一次绕组输入电流的谐波次数为 $24k\pm1$（$k=1$，2，3，…），故该电路称为 24 脉波整流器。虽然利用两个以上整流单元构成的串联多重整流器可以使交流输入电流所含的谐波更少，而且在一定程度上提高了功率因数，但变压器二次绕组的接法比较复杂。

7.3.3 多重化逆变器

在高压大功率逆变场合，由于大功率开关器件的开关时间较长，难以实现高频导通和关断，此外减少开关次数还有利于降低开关损耗，因此高压大功率逆变器通常采用方波调制。但是，对于采用方波调制的电压型或电流型逆变器，其输出电压或电流为矩形波，含有较多的谐波，对负载产生不利的影响。为了减少输出波形中所含的谐波，需设法使之接近正弦波。多重化逆变技术的思路是将多个逆变电路单元的输出波形叠加到一起，让其中一些主要谐波成分相互抵消，得到较为接近正弦波的输出波形。本节将以最简单的单相二重方波逆变器为例，介绍多重化逆变器的工作原理。

单相二重方波逆变器如图 7-28a 所示，两个单相电压型全桥逆变单元的输出电压经变压器串联在一起，因此输出电压为两个单相全桥逆变单元的输出之和，即 $u_o = u_{o1} + u_{o2}$。当单相全桥逆变器采用方波调制时，其输出电压为脉宽为 π 的矩形波，如果控制两个全桥逆变单元的输出电压相位相差 $\pi/3$，得到的输出波形如图 7-28b 所示，

已知两个全桥逆变单元输出电压的傅里叶展开式表示为

$$u_{o1} = \frac{4U_m}{\pi} \sum_{n=1,3,5,L}^{\infty} \frac{\sin n\omega t}{n} \tag{7-7}$$

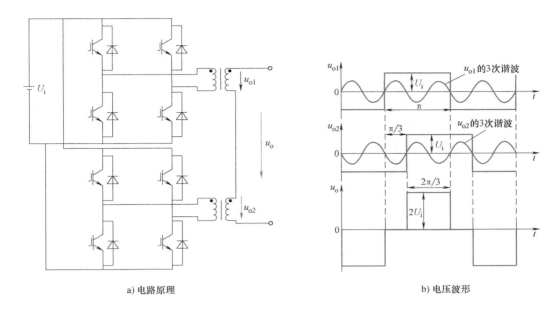

a) 电路原理   b) 电压波形

图 7-28 单相二重方波逆变器电路及其工作波形

$$u_{o2} = \frac{4U_m}{\pi} \sum_{n=1,3,5,L}^{\infty} \frac{\sin n\left(\omega t + \dfrac{\pi}{3}\right)}{n} \tag{7-8}$$

那么单相二重波逆变器的输出电压为

$$u_o = u_{o1} + u_{o2}$$

$$= \frac{4U_m}{\pi} \sum_{n=1,3,5,L}^{\infty} \frac{\sin n\omega t + \sin\left(n\omega t + \dfrac{n\pi}{3}\right)}{n} \tag{7-9}$$

$$= \frac{4U_m}{\pi} \sum_{n=1,3,5,L}^{\infty} \frac{2\sin\left(n\omega t + \dfrac{n\pi}{6}\right)\cos\left(\dfrac{n\pi}{6}\right)}{n}$$

显然，当 n 为 3 或者 3 的倍数时，$\cos(n\pi/6) = 0$，因此输出电压 u_o 中不再含有 3 次及 3 倍次谐波。

在实际应用中，可以使用 N 重方波逆变器抵消输出电压中的前 $2N-1$ 次谐波，各逆变电路单元输出电压偏移的相位 $\theta_0 \sim \theta_N$ 可以通过求解以下方程组得到。

$$\begin{cases} \sin 3(\omega t + \theta_0) + \sin 3(\omega t + \theta_1) + \cdots + \sin 3(\omega t + \theta_N) = 0 \\ \sin 5(\omega t + \theta_0) + \sin 5(\omega t + \theta_1) + \cdots + \sin 5(\omega t + \theta_N) = 0 \\ \cdots \\ \sin(2N-1)(\omega t + \theta_0) + \sin(2N-1)(\omega t + \theta_1) + \cdots + \sin(2N-1)(\omega t + \theta_N) = 0 \end{cases} \tag{7-10}$$

从上述分析可见，多重化电压型逆变器通常采用串联多重技术，将若干个电压型逆变器的输出串联起来，以减少输出电压的谐波。而多重化电流型逆变器可采用并联多重技术，将若干个电流型逆变器的输出并联起来，以减少输出电流的谐波。

7.4 多电平变换器技术

为了减少输出波形的谐波，除了多重化技术之外，还可以采用多电平技术。多电平变换器技术的思路是通过改变变换器的电路结构，使输出波形具有较多的电平数。以多电平电压型逆变器为例，由于输出电压的电平数增加，电压波形更加容易接近正弦波，从而有效降低了输出电压中的谐波含量。由于多电平变换器是利用拓扑结构的改变实现扩容，不存在器件串并联时面临的动静态均压或均流的问题，克服了单机和器件的容量限制。此外，随着电平数的增加，电压/电流变化率降低，电磁干扰强度也相应下降，因此多电平变换器尤其适用于高压/大电流等大功率应用场合。目前多电平变换器主要包括中点钳位型、飞跨电容型、级联 H 桥型和模块化多电平变换器等四种类型，下面分别介绍它们的拓扑结构和工作原理。

7.4.1 中点钳位型多电平变换器

中点钳位型多电平变换器也称为二极管钳位变换器，中点钳位型三电平变换器的单相电路结构如图 7-29 所示。与单相半桥逆变器相比，该变换器的上下桥臂均由 2 个开关管串联而成，每个桥臂中点和电源中点 N 之间通过一个钳位二极管连接。

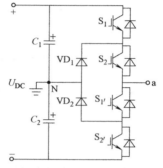

图 7-29　中点钳位型三电平变换器的单相电路结构

为了在交流输出端 a 处得到三种不同的电平，可将开关管分为 $(S_1, S_{1'})$ 和 $(S_2, S_{2'})$ 两对，每对开关管互补导通。根据开关管的通断状态，可以得到以下 4 种工作模式，它们对应的等效电路如图 7-30 所示。

模态 1，如图 7-30a 所示，开关管 S_1 和 S_2 同时导通，钳位二极管 VD_1 截止，此时输出相电压 u_{aN} 为 $U_{DC}/2$。开关管 $S_{1'}$ 和 $S_{2'}$ 关断，钳位二极管 VD_2 导通，保证 $S_{1'}$ 和 $S_{2'}$ 承受的阻断电压为 $U_{DC}/2$。

模态 2，如图 7-30b 所示，开关管 $S_{1'}$ 和 $S_{2'}$ 同时导通，VD_2 截止，此时输出相电压 u_{aN} 为 $-U_{DC}/2$。S_1 和 S_2 关断，VD_1 导通，S_1 和 S_2 承受的阻断电压也为 $U_{DC}/2$。

模态 3，如图 7-30c 所示，开关管 S_2 和 $S_{1'}$ 同时导通，若输出电流流过 VD_1，则 VD_2 承受反压截止，此时输出相电压 u_{aN} 为 0，开关管 S_1 和 $S_{2'}$ 承受的阻断电压为 $U_{DC}/2$。

模态 4，如图 7-30d 所示，开关管 S_2 和 $S_{1'}$ 同时导通，若输出电流流过 VD_2，则 VD_1 截止，此时输出相电压 u_{aN} 为 0，开关管 S_1 和 $S_{2'}$ 承受的阻断电压仍为 $U_{DC}/2$。

综合上述分析，中点钳位型三电平变换器的典型工作波形如图 7-31 所示，其输出相电压 u_{aN} 有 $-U_{DC}/2$、0 和 $U_{DC}/2$ 三种电平，故其输出线电压有 $\pm U_{DC}$、$\pm U_{DC}/2$ 和 0 五种电平。此外，中点钳位型三电平变换器同一桥臂串联的两个开关管无同时导通或关断，故不存在电压动态分配不均的现象；每个开关器件承受的阻断电压被钳位为 $U_{DC}/2$，故也不存在电压静态分配不均的现象，因此该变换器更适用于高压大功率场合。

通过增加桥臂开关管和钳位二极管的数量，可以构造出输出电压具有更多电平数的多电平变换器，如图 7-32 所示为中点钳位型五电平变换器。虽然随着输出电平数的增加，输出波形更加接近正弦波、谐波含量更低，但是变换器所需要的器件越多。当输出相电压具有 m

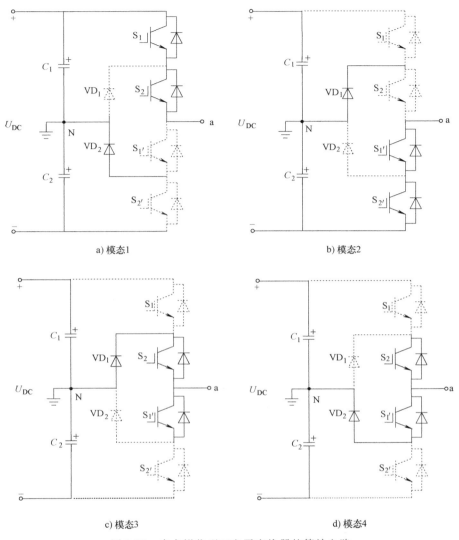

a) 模态1　　　　　　　　　　　　　b) 模态2

c) 模态3　　　　　　　　　　　　　d) 模态4

图 7-30　中点钳位型三电平变换器的等效电路

个电平时，输出线电压有（2m-1）个电平，每相电路需要 2（m-1）个开关管和（m-1）（m-2）个钳位二极管。而且由于开关管的使用频率和导通时间不相同，容易造成通态损耗和开关损耗在各个开关管间分布不均，不利于中点钳位型多电平变换器容量的进一步提升。

7.4.2　飞跨电容型多电平变换器

为了解决中点钳位型多电平变换器中电平数增加、钳位二极管数量急增的问题，飞跨电容型多电平变换器被提出。飞跨电容型三电平变换器的单相电路图如图 7-33 所示，与图 7-29 的中点钳位型三电平变换器相比，上下桥臂的中点仅通过一个电容连接在一起，不需要使用钳位二极管。

为了获得三电平输出，将开关管分为（S_1，$S_{2'}$）和（S_2，$S_{1'}$）两对，每对开关管互补导通。根据两对开关管的通断状态，可以得到 4 种工作模态，对应的等效电路如图 7-34 所示。

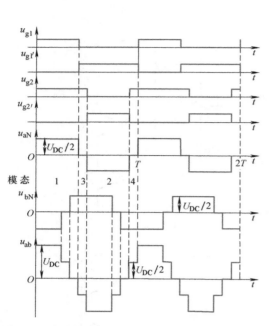

图 7-31　中点钳位型三电平逆变器的输出电压波形

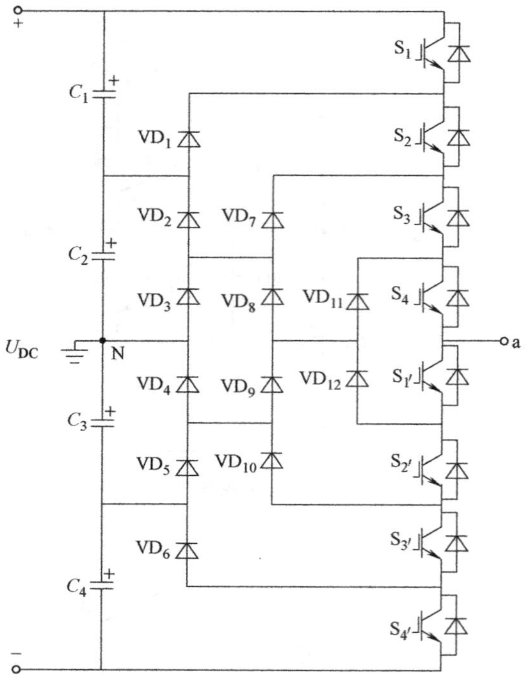

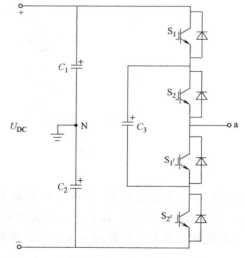

图 7-32　中点钳位型五电平变换器的单相电路

模态 1，如图 7-34a 所示，开关管 S_1 和 S_2 导通，$S_{1'}$ 和 $S_{2'}$ 关断，此时输出相电压 u_{aN} 等于 $U_{DC}/2$。

模态 2，如图 7-34b 所示，开关管 S_1 和 S_2 关断，$S_{1'}$ 和 $S_{2'}$ 导通，此时输出相电压 u_{aN} 为 $-U_{DC}/2$。

模态 3，如图 7-34c 所示，开关管 S_1 和 $S_{1'}$ 导通，S_2 和 $S_{2'}$ 关断，若飞跨电容上的电压为 $U_{C3} = U_{DC}/2$，此时输出相电压 u_{aN} 为 0。

模态 4，如图 7-34d 所示，开关管 S_1 和 $S_{1'}$ 关断，S_2 和 $S_{2'}$ 导通，若飞跨电容上的电压为 $U_{C3} = U_{DC}/2$，此时输出相电压 u_{aN} 也等于 0。

从上述分析可知，飞跨电容型三电平变换器的输出电压 u_{aN} 有 $-U_{DC}/2$、0 和 $U_{DC}/2$ 三种，

图 7-33　飞跨电容型三电平变换器的单相电路

其典型的工作波形如图 7-35 所示。由于电路正常工作时飞跨电容电压必须保持在 $U_{DC}/2$，因此还需从调制方法上保证飞跨电容电压的平衡。

对于飞跨电容型 m 电平变换器，其相电压有 m 个电平，直流侧需要 $(m-1)$ 个储能电容，每相电路需要 $\dfrac{(m-1)(m-2)}{2}$ 个飞跨电容，且每个电容的额定电压相同，均等于 $\dfrac{U_{DC}}{m-1}$。

飞跨电容型五电平变换器单相电路如图 7-36 所示，共需要 8 个开关管 $S_1 \sim S_4$ 和 $S_{1'} \sim S_{4'}$、4

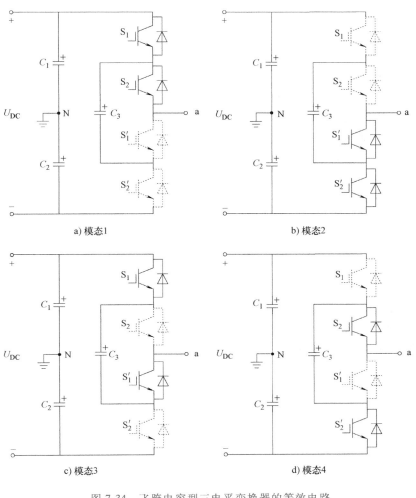

图 7-34 飞跨电容型三电平变换器的等效电路

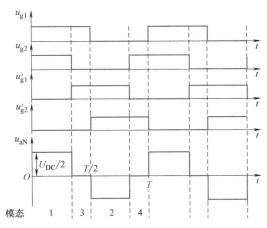

图 7-35 飞跨电容型三电平变换器的工作波形

个储能电容 $C_1 \sim C_4$ 和 6 个飞跨电容 $C_5 \sim C_{10}$。随着电平数的增加，所需的电容数量相应增加，电容电压平衡也变得困难。

7.4.3 级联 H 桥型多电平变换器

级联 H 桥型多电平变换器由一系列桥式逆变电路单元（简称 H 桥）串联组成。一个具有 N 个单相电压型全桥逆变单元的级联 H 桥型多电平变换器如图 7-37a 所示，与 7.3.3 节多重化逆变电路不同的是，级联 H 桥型多电平变换器的每个逆变单元均有独立的直流电源，故逆变单元的输出端可以直接串联，输出相电压为 N 个逆变单元输出电压之和，即 $u_{aN} = \sum_{i=1}^{N} u_{oi}$。通过控制每个逆变单元输出电压的大小和相位，可以使输出相电压接近正弦波。当 $N = 4$、$U_{DC1} = U_{DC2} = U_{DC3} = U_{DC4} = E$ 时，级联 H 桥型多电平变换器的典型输出波形如图 7-37b 所示。

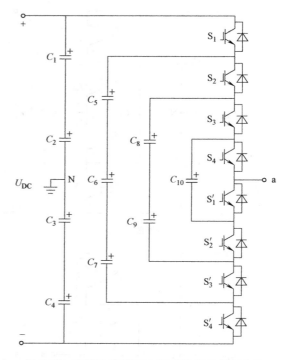

图 7-36　飞跨电容型五电平变换器的单相电路

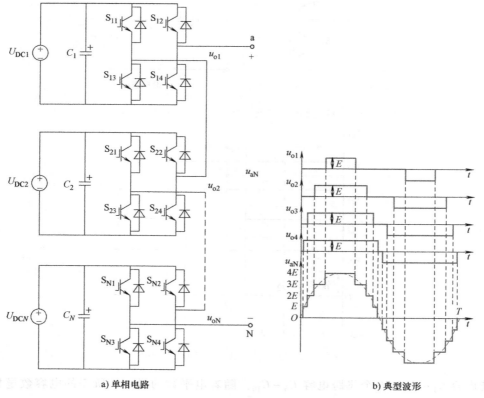

a) 单相电路　　　　　　b) 典型波形

图 7-37　级联 H 桥型多电平变换器电路及其工作波形

设级联 H 桥型多电平变换器中第 i 个全桥逆变单元的直流电压为 U_{DCi}，由第 4 章 4.1.1.3 节单相全桥逆变电路的分析可知，该逆变单元的输出电压 u_{oi} 有 $-U_{DCi}$、0 和 U_{DCi} 三种电平。如果所有全桥逆变单元的输入直流电压相等，那么级联 H 桥型多电平变换器输出相电压的电平数为 $m = 2N+1$，N 为每相全桥逆变单元的数量。如果全桥逆变单元的输入直流电压不同，输出相电压的电平数可以更多。以图 7-38 所示的一个 $N=2$ 的级联 H 桥型多电平变换器为例，该变换器的输出相电压与全桥逆变单元输出电压的关系见表 7-1。当逆变单元的输入直流电压相等时，即 $U_{DC1} = U_{DC2} = E$，输出相电压 u_{aN} 有 $-2E$、$-E$、0、E 和 $2E$ 五

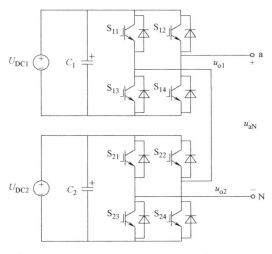

图 7-38　$N=2$ 时级联 H 桥型多电平变换器的单相电路

个电平；当输入直流电压不相等时，若 $U_{DC1} = 2E$ 且 $U_{DC2} = E$，输出相电压 u_{aN} 则有 $-3E$、$-2E$、$-E$、0、E、$2E$ 和 $3E$ 七个电平。

表 7-1　$N=2$ 时级联 H 桥型多电平变换器的输出电压

直流电压	电压值	输出电压	电压值						
U_{DC1}	E	u_{o1}	E	E	0	0	$-E$	0	$-E$
U_{DC2}	E	u_{o2}	E	0	E	0	0	$-E$	$-E$
		u_{aN}	$2E$	E	E	0	$-E$	$-E$	$-2E$
U_{DC1}	$2E$	u_{o1}	$2E$	$2E$	0	0	0	$-2E$	$-2E$
U_{DC2}	E	u_{o2}	E	0	E	0	$-E$	0	$-E$
		u_{aN}	$3E$	$2E$	E	0	$-E$	$-2E$	$-3E$

除了逆变电路单元的输入直流电压可以不同之外，级联 H 桥型多电平变换器还可以采用不同拓扑结构的逆变单元。如果将图 7-38 中的一个全桥逆变单元用其他类型的逆变电路替代，如图 7-29 的中点钳位型三电平变换器，可以得到更多的电平数，进一步减少电压的谐波含量。

级联 H 桥型多电平变换器的主要优点在于其模块化结构，通过级联更多的逆变单元，采用传统的低压开关器件就能提高变换器的输出电压和功率容量。但是，它的主要缺点是每个逆变单元都需要一个独立的直流电源，向逆变单元供电的直流电源通常由整流装置、电池、电容器或光伏阵列等提供。如果采用移相隔离变压器供电，会导致整个系统成本更高，体积更大。

7.4.4　模块化多电平变换器

顾名思义，模块化多电平变换器（Modular Multilevel Converter，MMC）由多个模块组成。如图 7-39 所示，模块化多电平变换器的上下桥臂结构相同且对称，每个桥臂由 M 个子

模块（SubModule，SM）和一个电感 L 串联而成，上下桥臂电感的连接点 a 和电源中点 N 构成交流输出端，上下桥臂的端点 p 和 n 为直流输入端。

MMC 的基本子模块有半桥子模块（Half-Bridge Submodule，HBSM）和全桥子模块（Full-Bridge SubModule，FBSM），分别如图 7-40a、b 所示。下面简要介绍它们的工作原理。

如图 7-40a 所示，半桥子模块包括一个直流电容 C、两个开关管 S_1、S_2 及其反并联二极管 VD_1、VD_2。由于 S_1 和 S_2 互补导通，故半桥子模块有如下两种工作模式。

模态 1，如图 7-41a 所示，上开关管 S_1 或其反并联二极管 VD_1 导通，此时子模块输出电压为 $u_{SM} = U_C$。该状态也称为"电容投入"，若子模块电流 i_{SM} 流过反并联二极管 VD_1，则电容 C 处于充电状态；若子模块电流 i_{SM} 流过开关管 S_1，则电容 C 处于放电状态。

模态 2，如图 7-41b 所示，下开关管 S_2 或其反并联二极管 VD_2 导通，此时 $u_{SM} = 0$。该状态也称为"电容切除"，电容电压保持不变。

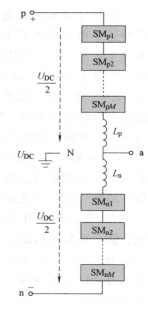

图 7-39　MMC 的单相电路

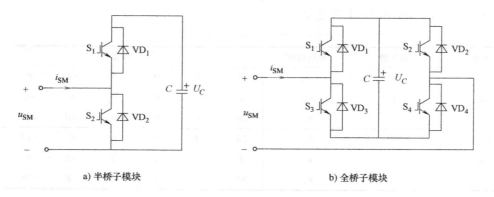

a) 半桥子模块　　　　　　　　b) 全桥子模块

图 7-40　MMC 的子模块电路

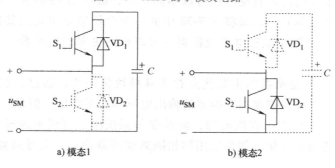

a) 模态1　　　　　　　　b) 模态2

图 7-41　半桥子模块（HBSM）的等效电路

全桥子模块的拓扑结构如图 7-40b 所示，包括一个直流电容 C、4 个开关管 $S_1 \sim S_4$ 及其反并联二极管 $VD_1 \sim VD_4$。与单相全桥逆变电路相似，全桥子模块有三种输出状态，对应的子模块输出电压 u_{SM} 分别为 U_C、0 和 $-U_C$。

综上分析可知，半桥子模块和全桥子模块都可以等效为电压最大值为 U_C 的受控电压源 u_{SM}。

如果将直流侧电压 U_{DC} 看作两个串联的理想直流电压源 $(U_{DC}/2)$，那么稳态时模块化多电平变换器的直流电压 U_{DC}、交流输出相电压 u_{aN}、子模块输出电压 u_{SM} 和各桥臂的子模块数量 M 之间需满足

$$\frac{U_{DC}}{2} + |u_{aN}| \leqslant MU_C \tag{7-11}$$

当控制子模块的电容电压为 $U_C = \dfrac{u_{DC}}{M}$ 时，输出相电压 u_{aN} 的变化范围为

$$-\frac{u_{DC}}{2} \leqslant u_{aN} \leqslant \frac{u_{DC}}{2} \tag{7-12}$$

根据图 7-39，可知模块化多电平变换器的输出相电压与上下桥臂子模块输出电压的关系为

$$\begin{cases} u_{aN} = \dfrac{u_{DC}}{2} - \displaystyle\sum_{i=1}^{M} u_{SMpi} - u_{Lp} \\[3mm] u_{aN} = -\dfrac{u_{DC}}{2} + \displaystyle\sum_{j=1}^{M} u_{SMnj} + u_{Ln} \end{cases} \tag{7-13}$$

式中，下标 p 和 n 分别表示上桥臂和下桥臂。

假设上下桥臂的电感大小相同且 $u_{Lp} = u_{Ln}$，则输出相电压可表示为

$$u_{aN} = \frac{1}{2} \left(\sum_{j=1}^{M} u_{SMnj} - \sum_{i=1}^{M} u_{SMpi} \right) \tag{7-14}$$

从上式可知，输出相电压 u_{aN} 的大小可以通过控制上下桥臂投入子模块的数量决定。如果上下桥臂的半桥子模块数量为 M 时，桥臂输出相电压的最大电平数为 $2M+1$。当 $M=2$ 且采用移相载波控制时，上下桥臂的正弦参考电压（u_{refp} 和 u_{refn}）、4 路载波电压（u_{cp1}、u_{cp2}、u_{cn1}、u_{cn2}）、4 个半桥子模块的输出电压（u_{SMp1}、u_{SMp2}、u_{SMn1}、u_{SMn2}）以及桥臂输出相电压（u_{aN}）的典型波形如图 7-42 所示。显然，增加子模块的数量 M，输出相电压将更接

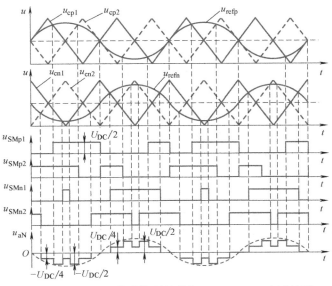

图 7-42　采用移相载波控制的单相 HBSM MMC 主要波形

近正弦波，谐波含量将更少。

与其他类型的多电平变换器相比，MMC 具有以下独特的优点：

1）MMC 的子模块不需要独立的直流电压源。

2）可以通过增加 MMC 桥臂的子模块数满足输出电压大小和功率容量的要求。

3）MMC 的总谐波含量（THD）低，有利于减小无源滤波器的尺寸。

4）子模块电容的存在使直流侧无需高压直流电容。

因此，MMC 已成为目前电压源型高压直流输电系统采用的多电平变换器拓扑。

7.5 同步整流技术

在隔离型 DC-DC 变换器中，变压器二次侧所连接的整流部分通常采用如图 7-43 所示的不可控全波整流器或全桥整流器。由于全波整流器的电流回路只有一个二极管压降，而全桥整流器有两个二极管压降，因此全波整流器更适用于输出电压较低的情况。但是在低压大电流的场合，即使采用全波整流器，二极管的导通压降仍会限制电路效率的提高。例如，快恢复二极管或者超快恢复二极管的导通压降可达 $1.0 \sim 1.2\text{V}$，即使是低压的肖特基二极管，也会产生大约 0.6V 的压降。因此，对于 5V 及以下的低压输出场合，使用不可控整流器将会导致电路损耗明显增大、效率大幅降低。

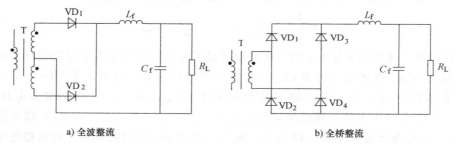

a) 全波整流   b) 全桥整流

图 7-43 不可控整流器电路

由于低电压电力 MOSFET 的导通电阻非常小（通常只有几毫欧），与二极管相比，即使流过大电流，电力 MOSFET 的导通损耗也将极大地降低。因此，为了解决二极管导致变换器损耗较高的问题，可采用具有低导通电阻的电力 MOSFET 代替二极管。例如将电力 MOS-FET 替代图 5-31 所示半桥变换器中整流侧的二极管，得到的电路如图 7-44 所示。图中电力 MOSFET 的体二极管或反并联二极管与原二极管的导通方向一致，该接法一方面利用了 MOSFET 的反向导通能力，另一方面保持了电感续流或开关切换死区期间的二极管导电功能。由于电力 MOSFET 的导通时段需要与所替代的二极管一致，其通断控制必须与变压器二次电压保持同步才能实现整流功能，因此该技术称为同步整流技术。

此外，同步整流技术除了可以应用于整流器外，还可以用于其他 DC-DC 变换器中，以达到降低损耗、提高变换器效率的目的。如用电力 MOSFET 替代图 5-1 所示 Buck 变换器中的二极管，得到的电路如图 7-45 所示。虽然 Buck 变换器本身与整流没有任何关系，但这种变换器也习惯性地称为同步整流 Buck 变换器。在同步整流 Buck 变换器中，开关管 S_1、S_2 的驱动信号互补。当 S_1 导通、S_2 关断时，开关电流 i_1 等于电感电流 i_L，正向流过 S_1；当

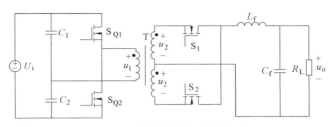

图 7-44　半桥同步整流器电路

S_1 关断、S_2 导通时，开关电流 i_2 等于电感电流 i_L，反向流过 S_2。假设 S_2 的导通电阻为 R_{on}，开关电流 i_2 的有效值为 I_{rms}，则 S_2 的导通损耗为 $I_{rms}^2 R_{on}$，小于原二极管的导通损耗。

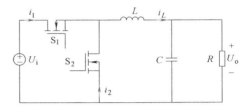

图 7-45　同步整流 Buck 变换器电路

7.6　功率因数校正技术

　　第 3 章 3.1.2 节介绍的电容滤波单相不可控整流器，具有结构简单、无需控制、成本低廉、可靠性高等优点，因此常用于中小功率电力电子变换器的输入端。但由于输入电流不是正弦波，导致输入电流谐波较高、输入功率因数较低。输入电流谐波较高通常会带来电气设备过热、震动、噪声等问题，而功率因数过低会导致电网的无功功率增加，电能传输损耗增加，设备容量增大。为了解决这个问题，应设法控制整流电路的输入电流接近正弦波，且与交流输入电压同相位。能实现上述功能的技术称为功率因数校正技术（Power Factor Correction，PFC）。根据采用的元器件不同，功率因数校正技术分为无源功率因数校正和有源功率因数校正两类。

　　无源功率因数校正技术通过在不可控整流器中增加由电感、电容等无源器件组成的滤波器，将输入电流进行移相和整形，以降低输入电流的谐波含量，达到提高功率因数的目的。无源功率因数校正方法简单可靠、无需控制，但缺点在于所使用的无源元件体积较大、重量较重，降低了变换器的功率密度，而且功率因数通常只能达到 0.8 左右，谐波含量仅能降低到 50% 左右，难以满足高电能质量的要求。

　　有源功率因数校正技术（Active Power Factor Correction，APFC）通常采用电力电子器件对输入电流的波形进行控制，一种典型的单相有源功率因数校正变换器如图 7-46a 所示，可以看作在不可控整流器后级联了一个 Boost 变换器。单相 Boost APFC 变换器通常采用双闭环反馈控制，即电压外环和电流内环。由于输入交流电压 u_S 经不可控整流器后得到正弦半波电压 $u_{in}(t) = U_m |\sin\omega t|$，因此电压外环的功能是控制输出电压 U_o 为恒定值。当 Boost APFC 变换器工作在电感电流连续模式（CCM）时，其占空比 D 的表达式为

$$D = 1 - \frac{u_{in}}{U_o} = 1 - \frac{U_m}{U_o} |\sin\omega t| \tag{7-15}$$

　　上式说明在一个电源周期内，占空比 D 为时变值，且必须按正弦绝对值变化。

　　已知单相 Boost APFC 变换器的电感电流与输入电流的关系是 $i_L = |i_S|$，为了获得高功率因数，需要控制电感电流 i_L 为与 u_i 同相位的正弦半波电流。单相 Boost APFC 变换器的电流

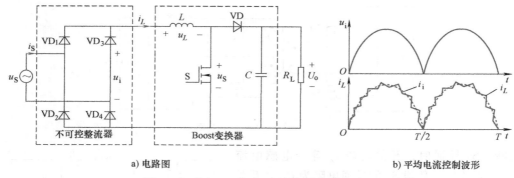

a) 电路图   b) 平均电流控制波形

图 7-46　单相 Boost APFC 变换器电路及波形

内环常用平均电流控制法，即控制电感电流的平均值按正弦绝对值变化，相关波形如图 7-46b 所示，电感电流 i_L 将围绕正弦半波电流 $i_i(t) = I_m |\sin\omega t|$ 脉动。尽管输入电流 i_S 除正弦基波外还包含高次谐波，当开关频率与电网频率之比远大于 1（$f_S/f \gg 1$）时，电路的输入功率因数将接近 1。

另一种典型的单相有源功率因数校正变换器是单相反激式 APFC 变换器，如图 7-47a 所示，该电路由单相不可控整流器和反激变换器级联而成。单相反激式 APFC 变换器同样采用电压和电流双闭环反馈控制，已知反激变换器的开关电流与输入电流的关系是 $i_1 = |i_S|$，当反激变换器工作在断续导通模式（DCM）时，可以采用峰值电流控制法，通过控制开关电流 i_1 的峰值，使输入电流平均值近似为正弦半波，相关波形如图 7-47b 所示。

参考第 5 章 5.2.2 节反激变换器的分析，当开关管 S 导通时，一次绕组上的电压即励磁电感电压 u_1 等于正弦半波电压 u_i，有

$$u_1 = u_i = L \frac{di_1}{dt} \tag{7-16}$$

由于反激变换器工作在 DCM 模式，开关电流 i_1 在每一个开关周期内从零开始上升。如果当 i_1 达到指令电流 i_i 时关断开关管 S，那么开关管导通的时间 t_{on} 为

$$t_{on} = L \frac{i_i}{u_i} \tag{7-17}$$

由于 $i_i(t) = I_m |\sin\omega t|$ 与 $u_i(t) = U_m |\sin\omega t|$ 成比例，因此 t_{on} 为常数。

当开关管 S 关断时，开关电流下降到零。设开关周期为 T，开关电流的平均值为

$$\bar{i}_1(t) = \frac{1}{2} \frac{t_{on}}{T} i_i(t) \tag{7-18}$$

由于 t_{on} 为常数，使用峰值电流控制可以保证开关电流平均值跟随 $i_i(t)$ 按照正弦半波规律变化，进而使输入功率因数接近 1。

在上述两种电流控制方法中，峰值电流控制较为简单，但是变换器工作在 DCM 模式，电流峰值将达到平均电流的两倍以上，开关器件的电流应力较大，因此主要应用于低功率的场合。采用平均电流控制时，变换器工作在 CCM 模式，电感电流峰值较小，但控制较为复杂，因此主要应用于功率较大的场合。

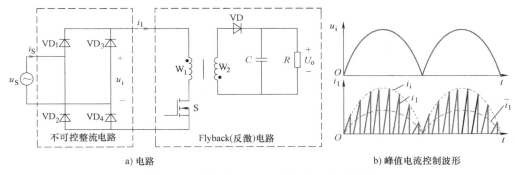

a) 电路　　　　　　　　　　　　　　b) 峰值电流控制波形

图 7-47　单相反激 APFC 变换器电路及波形

7.7　本章小结

电力电子变换器通用技术是在基本电力电子变换器基础上，通过附加少量元器件，或采用变换器串并联组合方式，或采用器件替代技术，或采用控制技术等，在不影响变换器工作特性条件下，提高电力电子变换器的性能。主要技术归纳如下：

1) 电力电子器件或模块的串联均压和并联均流技术，一是采用附加电阻、电容、电感的技术，解决了多个器件串并联的均压和均流问题，二是采用多个相同结构电力电子变换器模块串并联方式，通过控制，实现模块的均压和均流。

2) 软开关技术通过附加电感、电容或利用寄生电感、电容，引入谐振实现电力电子器件的零电压导通和零电流开断，改善了开关条件，降低了开关损耗和电磁干扰。

3) 多重化技术将多个结构相同的电力电子变换器单元连接在一起，通过控制，在实现扩容的同时达到减少谐波含量和纹波大小的效果。

4) 多电平技术通过均压电容及改变变换器的结构，增加输出电压的电平数量，使电压波形更加接近正弦波，从而减少输出电压中的谐波含量。

5) 同步整流技术将整流二极管替换为电力 MOSFET，利用导通损耗更小的全控型器件，以降低通态损耗、提高变换器效率。

6) 功率因数校正技术实际上是一种控制输入电流和输入电压同相位且成比例的技术，使整流器的网侧功率因数尽可能接近于 1，减少对电网的影响。

习　　题

7-1　简述多个开关器件串联时采用的静态均压措施及其原理。

7-2　多个开关器件并联时采用的均流措施有哪些？

7-3　什么是软开关？试说明采用软开关技术的目的。

7-4　软开关变换器可以分为哪几种类型？它们各自的特点是什么？

7-5　请简述采用多重化技术的目的。

7-6　多相多重直流变换器的优点有哪些？

7-7 多重化逆变器如何实现？多重化逆变器与级联 H 桥型多电平变换器有何异同？

7-8 目前多电平变换器的形式主要有哪些？它们各自的特点是什么？

7-9 什么是 MMC？试说明 MMC 的特点。

7-10 功率因数校正电路有什么作用？校正方法有哪些？其基本原理是什么？

7-11 假设一台开关电源的输出电压为 5V，输出电流为 10A，在采用全波整流器的情况下，试分别计算采用快恢复二极管、肖特基二极管和同步整流技术时整流器的总损耗。忽略开关损耗，元件参数如下表所示。

元件类型	电压/V	电流/A	通态压降（通态电阻）
快恢复二极管	80	20	0.72V
肖特基二极管	40	40	0.53V
电力 MOSFET	70	75	0.02Ω

第8章 电力电子变换器应用

电力电子变换器是实现电能高效地生产、传输、转换、存储和控制的关键技术，目前应用十分广泛，涉及所有需要电能变换的领域，其功率变换范围小到数瓦，大到数百兆瓦甚至吉瓦。本章在前几章基本掌握电力电子变换器原理的基础上，通过了解电力电子变换器在开关电源、不间断电源、调速系统、电力系统、新能源发电、电动汽车等领域的应用，加深和巩固对电力电子变换器的学习。

8.1 开关电源

开关电源是一种高频化电力电子装置，通过开关管的开通和关断来实现电能的变换。开关电源基本结构如图8-1所示，通常包括AC-DC变换器和隔离型DC-DC变换器两部分，先将交流电变换为直流电，然后再调节直流输出。高频开关电源具有体积小、重量轻、效率高、输出纹波小等特点，广泛用于各种电子设备、仪器以及家电等领域。

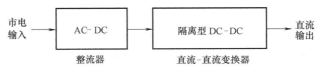

图 8-1　开关电源基本结构

根据应用场合的不同，开关电源的功率等级也有区别。手机等移动电子设备的充电器功率仅有几瓦；台式计算机、笔记本计算机、电视机和DVD播放机以及家用空调器、电冰箱控制电路等的电源功率通常为几十瓦至几百瓦；通信交换机、巨型计算机等大型设备的电源可达数千瓦至数百千瓦。

通信电源系统是通信系统的一个重要组成部分，常被称为通信系统的"心脏"，在通信系统中占有极为重要的地位。随着电力电子技术的发展，采用开关电源的通信电源系统也获得迅速发展。

根据给通信设备供电的电源电压种类，通信电源系统可分为交流供电和直流供电。目前，电信网络设备主要采用-48V直流电源系统供电，少数传输和中继设备采用-24V直流电源系统供电；数据通信设备采用380V/220V交流不间断电源系统供电。-24V直流供电系统、-48V直流供电系统和380V/220V交流UPS供电系统，称为一次电源；而从一次电源输出端到通信设备的部分称为二次电源，图8-2是通信电源系统的主要示意图。

在直流供电系统的一次电源中，交流电压经过AC-DC变换器，整流成所需的-24V或

−48V 直流母线电压。而在交流供电系统的一次电源中，交流电压先经过 AC-DC 变换器整流，然后再经过 DC-AC 变换器逆变为 220V 或 380V 交流母线电压。由于微电子技术的发展，各种专用集成电路在通信设备中大量应用，这些集成电路通常需要 3.3V、5V、12V 等低压直流电源供电。因此，在二次电源系统中，直流母线电压 −24V/−48V 经过 DC-DC 变换器转换成所需的低压直流，或交流母线电压 220V/380V 先经过 AC-DC 变换器整流，再由 DC-DC 变换器转换成所需的低压直流，向通信设备电路供电。

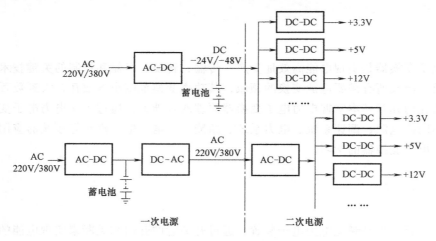

图 8-2　通信电源系统结构

8.2　不间断电源

不间断电源（Uninterruptible Power Supply，UPS），是指当交流输入电源（习惯上称为"市电"）发生异常或者断电时，还能继续向负载供电，并能保证供电质量，使负载供电不受影响的一种装置。该装置广泛应用于政府、金融、通信、交通及互联网行业等对交流供电可靠性和供电质量要求较高的场合，可以保障用电设备在突然遇到停电或供电质量差的情况后还能正常使用一段时间，防止因停电带来的损失或严重后果。

UPS 的基本结构由整流器、蓄电池组、逆变器和转换开关四个部分组成，如图 8-3 所示。在市电正常时，市电经整流器和逆变器给负载供电，同时为蓄电池组充电；而当市电异常时，转换开关切换线路，变成由蓄电池组经逆变器为负载供电。根据工作方式的不同，UPS 可以分为后备式、双变换在线式、在线互动式和 Delta 变换式四大类。四种类型的 UPS 在系统结构、工作方式和可靠性方面存在一些差异，适用于不同的场合。

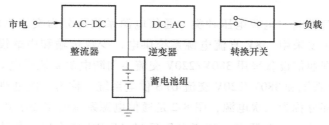

图 8-3　UPS 的基本结构

8.2.1　后备式 UPS

后备式 UPS 又称为非在线式不间断电源（Off-Line UPS），只是"备援"性质的 UPS，其结构如图 8-4 所示。当市电正常时，一路市电经过滤波器滤掉一些频率干扰，仅经过自动稳压后就直接给用电设备供电，而不做其他任何变换；而另一路市电经过滤波器和整流器为蓄电池组充电，此时逆变器处于空载运行状态。一旦市电供电品质不稳或出现故障，市电供电的回路通过转换开关自动切断，整流器停止工作，逆变器开始工作，蓄电池组的直流电经过逆变器转换成 220V/50Hz 的交流电，保证负载不间断供电，直到市电恢复正常。

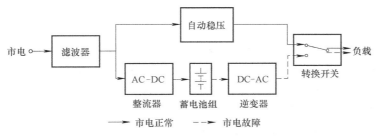

图 8-4　后备式 UPS 结构

值得注意的是，从市电出现异常到蓄电池组提供电能，后备式 UPS 需要一定的转换时间（约 5 ~ 12ms），且其容量范围一般在 2kVA 以下。因此，后备式 UPS 系统的供电质量不高，但结构简单、成本低、效率高。

8.2.2　双变换在线式 UPS

顾名思义，双变换在线式 UPS 是指市电需要经过两次变换，其结构如图 8-5 所示。该 UPS 包括三条供电路径：当市电正常时，市电首先经过滤波器滤除输入电流中的干扰，再依次经过整流器和逆变器两次变换后得到稳定可靠的交流电，给负载供电；与此同时，市电经滤波器和整流器为蓄电池组充电；当市电供电品质不稳或出现故障时，转换开关切换到由蓄电池组/逆变器组合为负载供电，供电时长由蓄电池组的储能决定；当逆变器发生故障时，转换开关切换为旁路工作方式，由市电直接供电。在转为旁路工作方式的过程中，为了确保不间断地转换，逆变器的输出和市电输入必须同步；如果输入和输出电压等级不同，在旁路

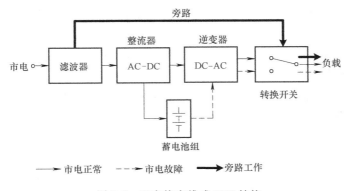

图 8-5　双变换在线式 UPS 结构

电路中还需安装变压器。

双变换在线式 UPS 电源系统是一种以逆变器供电为主的工作方式，与市电质量或正常与否无关，负载始终由逆变器连续供电，因此供电质量好；而且由于市电与负载之间被整流器和逆变器隔离，有效地避免了浪涌/尖峰、线路噪声、雷击等来自市电的各种干扰的影响；此外，市电转换到蓄电池组供电时可以实现零切换时间。然而，由于该 UPS 系统的电能传输需经过两次转换，导致系统效率低、成本高、结构较复杂。如果整流器采用不可控整流或者晶闸管相控整流，输入功率因数较低，无功功率和谐波电流对电网的危害大。双变换在线式 UPS 的容量范围非常宽，可以从几百瓦到兆瓦级，但对于 5kV·A 以下来说并不经济。

8.2.3 在线互动式 UPS

在线互动式 UPS 是一种介于后备式和双变换在线式之间的一类 UPS 系统，其结构如图 8-6a 所示，典型电路如图 8-6b 所示，由带抽头的变压器、双向变换器和蓄电池组组成。当市电正常时，市电经过带抽头的变压器直接给负载供电，不经过任何变换。供电时，通过选择不同的抽头来改变变压器的电压比，使输出电压保持稳定。与此同时，双向变换器处于 AC-DC 整流工作状态，给蓄电池组充电。当市电不稳定或出现故障时，双向变换器进入 DC-AC 逆变工作状态，逆变器将蓄电池组中的直流电逆变为交流电，并经变压器向负载供电，维持负载的不间断供电。

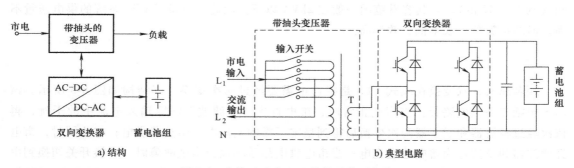

a) 结构 b) 典型电路

图 8-6 在线互动式 UPS 结构及典型电路

在线互动式 UPS 的输出容量范围一般为 0.5~5kV·A，由于采用了双向变换器，系统省去了输入整流器和充电器，电路结构简单、效率高、成本较低、可靠性好；逆变器直接接在 UPS 输出端，并处于热备份状态，对输出电压尖峰干扰有一定的抑制作用。由于在线互动式 UPS 时刻监视着市电质量，并根据市电电压变化做出相应的调整，因此可以允许市电电压变化范围较宽，减少切换到蓄电池工作的次数，有效延长了蓄电池寿命。市电与蓄电池组供电切换过程存在切换时间，但远小于后备式 UPS，一般为 3~8ms。然而，在线互动式 UPS 在市电供电时，仅对电网电压粗略稳压，输出的电能质量较差，因此主要应用在对交流电压精度要求不高的场合。

8.2.4 Delta 变换式 UPS

Delta 变换式 UPS 是指一种对输出电压的差值进行调整和补偿的系统，由于采用希腊字母 Δ（Delta）表示差值，因此称为 Delta 变换式，其结构如图 8-7 所示，由滤波器、Delta 变压器、Delta 变换器、主变换器、蓄电池组和转换开关组成。其中 Delta 变换器和主变换器均为双向变换器，即同时具有 AC-DC 整流功能和 DC-AC 逆变功能。当市电正常时，Delta 变换式 UPS 具有三种工作情况：

1）若市电输入电压与系统输出电压相等，市电经滤波后，经过 Delta 变压器直接为负载供电，不经过其他任何变换。

2）若市电输入电压低于系统输出电压，主变换器从输出端吸收功率差值 ΔP，依次经过主变换器（整流）、Delta 变换器（逆变），向 Delta 变压器输入功率，在 Delta 变压器一次侧产生正极性补偿电压 ΔU，弥补市电输入电压的不足，使供电回路电压保持平衡。

3）若市电输入电压高于系统输出电压，Delta 变压器吸收输入功率差值 ΔP，并依次经过 Delta 变换器（整流）、主变换器（逆变）输出功率，在 Delta 变压器一次侧产生负极性补偿电压 $-\Delta U$，抵消市电输入过多的电压，使供电回路电压保持平衡。

只要市电正常，无论输入电压与输出电压是否平衡，UPS 系统都可以给蓄电池组充电。当市电不稳定或出现故障时，UPS 经转换开关切换至蓄电池组供电，此时主变换器工作在逆变状态，将蓄电池组的直流电转化为交流电供给负载。而只有当 UPS 系统出现故障时，才切换为旁路工作方式，市电直接经旁路给负载供电。

Delta 变换式 UPS 在市电正常时，主变换器和 Delta 变换器只对输入输出的电压差进行调整和补偿，因此变换器承担的功率小，仅为输出功率的 20% 左右，功率裕量很大，极大增强了 UPS 的输出能力，其容量范围可以达到 5kV·A～1.6MV·A。而且 Delta 变换器具有输入端功率因数校正功能，可以做到功率因数接近于 1，供电质量高。此外，主变换器始终与输出端相连，从市电切换至蓄电池组供电的过程中不会产生供电中断，实现零切换时间。但是 Delta 变换式 UPS 的主电路和控制电路相对复杂，系统可靠性低、成本较高。

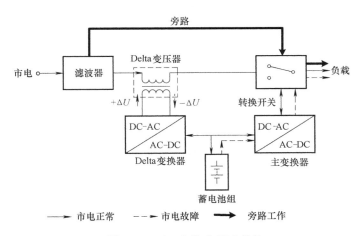

图 8-7　Delta 变换式 UPS 结构

8.3　交直流调速系统

调速系统是最基本和最重要的一种电力拖动自动控制系统，通过对电动机转速的控制，实现对运动机械的运动控制，以完成所需的工业生产等任务。按照电动机的不同，调速系统分为直流调速系统和交流调速系统，以直流电动机作为系统驱动对象的称为直流调速系统，以交流电动机作为系统驱动对象的称为交流调速系统。直流调速系统出现较早，调速范围广，静差率小，动态性能好，但交流调速系统与直流调速系统相比，具有以下特点：①容量大；②转速高且耐高压；③交流电动机环境适应能力强；④交流调速系统能显著地节能；⑤交流电动机比相同容量的直流电动机体积小；⑥高性能的交流调速系统已经能媲美直流调速系统。目前交流调速系统和直流调速系统两者并存，交流调速系统正逐步取代大部分直流调速系统。

8.3.1　直流调速系统

直流电动机可以通过调节电枢电压、减弱励磁磁通、改变电枢回路电阻三种方式进行调速。调压调速能够在一定范围内实现无级平滑调速，是直流调速系统的主要调速方式；弱磁调速是在额定转速以上调速，电动机的最高转速受换向器和机械强度限制，调速范围有限；电枢电阻调速损耗较大，只能进行有级调速，通常用于少数小功率场合。因此实际生产中常采用调压调速方案。

PWM 直流调速系统采用 PWM 变换器作为调速系统的主电路，采用 PWM 控制技术直接将恒定的直流电压调制成极性可变、大小可调的直流电压，进而实现对直流电动机的调压调速。图 8-8 是 PWM 直流调速系统示意图，交流电先经过 AD-DC 整流器变换成直流电，直流电

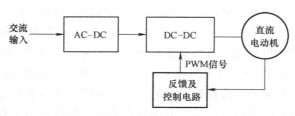

图 8-8　PWM 直流调速系统示意图

经过 DC-DC 变换器调节后，向直流电动机供电，反馈和控制电路实时检测并采用 PWM 控制技术调节 DC-DC 变换器的输出电压，实现调压调速。

8.3.2　交流调速系统

交流调速系统目前广泛应用于各种工业领域。如风机、水泵、压缩机等场合应用变频、串级调速可以大幅度降低能耗；电梯等垂直升降装置应用无级调速可以实现平稳运行；纺织、造纸、印刷等生产机械采用交流无级变速可以提高产品的质量和生产效率。小功率场合交流输入采用单相 220V，输出多为 220V。而中大功率场合输入采用三相 380V，输出可高达 6kV、10kV。

交流调速系统的调速类型包括变极调速、变频调速、调压调速、转子串电阻调速、串级调速等。其中变频调速是效率最高、性能最佳的调速方法，因此也是应用最多的方法。变频器是交流调速系统实现变频调速的关键，根据变频过程有无中间直流环节，分为直接交交变频器和间接交交变频器两类。图 8-9a 是使用直接交交变频器的交流变频调速系统示意图，在该系统中，工频交流输入经过 AC-AC 变换器，向交流电动机提供变压变频的交流电；图 8-9b 是使用间接交交变频器的交流变频调速系统示意图，在该系统中，工频交流先经过整流器变换成直流电，直流电再通过逆变器变换为交流电，提供给交流电动机。与采用直接交交变频器相比，采用间接交交变频器的交流变频调速系统虽然多了中间的直流环节，但逆变器的控制更灵活方便，输出频率调节范围更宽。

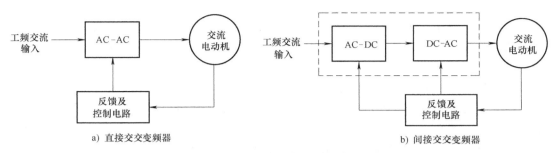

a) 直接交交变频器   b) 间接交交变频器

图 8-9 交流变频调速系统

8.4 有源电力滤波器

有源电力滤波器（Active Power Filter，APF）是一种可实现动态谐波抑制和无功补偿的电力电子装置。"有源"是相对于仅采用电感电容的无源滤波器而言的，LC 无源滤波器只能吸收固定频率和大小的谐波，而 APF 能够对不同大小和频率的谐波进行快速跟踪补偿。

APF 的基本原理是对所采样的负载电流进行基波与谐波的分离，得到指令电流；根据指令电流控制 APF 主电路的输出电流，从而抵消线路中的谐波电流，实现动态跟踪补偿。APF 的基本结构如图 8-10 所示，由指令电流运算电路和补偿电流发生电路两部分组成。其中补偿电流发生电路包括补偿电流跟踪电路、隔离驱动电路和主电路。APF 主电路为电压型逆变器（储能元件为电容）或电流型逆变器（储能元件为电感）。负载电流 i_L 包含正弦基波电流 i_{L1} 和谐波电流 i_{Lh}，即 $i_L = i_{L1} + i_{Lh}$。指令电流运算电路检测出负载电流中的谐波电流 i_{Lh}，经过数字信号处理计算得到需要补偿电流的指令信号 i_c^*，补偿电流跟踪电路根据指令信号 i_c^* 产生 PWM 脉冲，进而控制主电路开关器件的通断，产生与谐波电流 i_{Lh} 大小相同、相位相反的补偿电流 i_c，即 $i_c = -i_{Lh}$，然后注入线路中。此时电网电流为 $i_s = i_L + i_c = i_{L1}$，刚好抵消线路中谐波电流 i_{Lh} 成分，从而使电网电流 i_s 只含基波分量 i_{L1}，波形趋于标准正弦波。

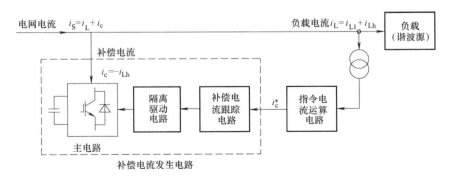

图 8-10 有源电力滤波器的基本结构

根据 APF 接入电网方式的不同，以及是否与 LC 无源滤波器混合使用，APF 大致可以分为并联型、串联型和混合型三类。其中并联型 APF 与负载并联使用，如图 8-11a 所示，主要用于补偿可以看作电流源的谐波源，通过向电网注入与负载谐波电流大小相等但相位相反的补偿电流，抵消负载所产生的谐波电流。并联型 APF 是投入运行最多的一种方案，但是由于电源电压直接加在逆变电路上，对于开关元件的电压等级要求较高。串联型 APF 通过变压器串联在电源与负载之间，如图 8-11b 所示，主要用于补偿可以看作是电压源的谐波源，如二极管不可控整流电路，起到消除电压谐波、平衡和调节负载及电网终端电压的作用，同时还被用于消除负序电压分量。但是串联型 APF 流过了全部负载电流，损耗较大，且投切或发生故障时的退出控制也较并联型 APF 复杂。混合型 APF 是一种将 APF 和 LC 无源滤波器混合使用的一种装置，特别适用于需要补偿大容量谐波源的场合。谐波抑制主要由 LC 无源滤波器完成，而 APF 主要起改善补偿特性的作用，因此极大地降低了成本。两种典型的混合型 APF 结构分别如图 8-11c 和 d 所示。

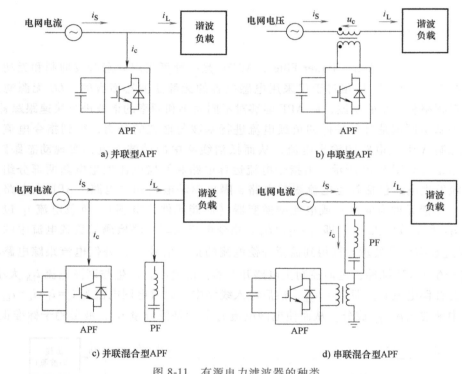

图 8-11　有源电力滤波器的种类

8.5　无功补偿装置

无功补偿对于稳定电力系统以及提高供电质量具有非常重要的作用。早期的无功补偿装置多为无功补偿电容器和同步调相机，但无功补偿电容器的阻抗是固定的，不能实现动态无功补偿，而同步调相机属于旋转设备，损耗大、噪声大、响应慢，因此这些设备已经远远无法满足当下电力系统的发展需求。随着电力电子技术的发展，出现了静止无功补偿装置（Static Var Compensator，SVC），SVC 凭着优良的性能得到广泛应用。

SVC 是一种采用电力电子开关的快速无功功率补偿或者稳定电网电压装置，通常专指使用晶闸管器件的静止补偿装置，包括晶闸管控制电抗器和晶闸管投切电容器两种。随着技术的发展，还出现了采用自换相变流电路的静止无功补偿装置，即静止无功发生器。下面将对这三种 SVC 加以简要阐述。

8.5.1　晶闸管控制电抗器

晶闸管控制电抗器（Thyristor Controlled Reactor，TCR）由两个反并联的晶闸管与一个电抗器串联而成，单相结构如图 8-12a 所示；而实际中多以三相三角形联结结构并入电网中，如图 8-12b 所示。TCR 通过控制晶闸管的触发角 α，调节流过电抗器上电流的大小，从而实现感性无功的连续调节。由于电抗器中所含电阻很小，可以近似为纯电感。而纯电感的功率因数角为 90°，因此，TCR 相当于带纯电感负载的交流调压电路。晶闸管触发角 α 的变化范围为 90°~180°。

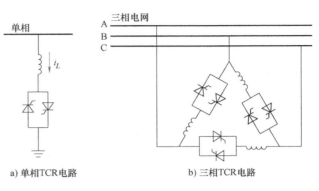

a) 单相TCR电路　　　b) 三相TCR电路

图 8-12　晶闸管控制电抗器

当触发角 α 在 0°~90° 变化时，电感电流 i_L 的有效值保持不变，如图 8-13a 所示；当触发角 α 大于 90° 时，电流波形为间断脉冲波，电感电流 i_L 的有效值随着触发角 α 的增加而下降，如图 8-13b、c 分别表示当 $\alpha=$ 120°、$\alpha=$150° 时的波形。从图中可以看出，此时的电感电流 i_L 并不是标准正弦波，除了基波分量外，还包含 3 次、5 次、7 次、9 次等奇数次谐波分量，各谐波分量也与触发角 α 有关。为了防止 3 次和 3 的倍数次谐波流入电网，通常将三相 TCR 接成如图 8-12b 所示的三角形。而其他谐波则通过与 TCR 并联的无源滤波器消除。

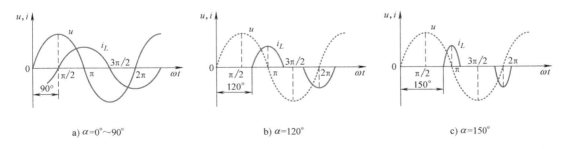

a) α=0°~90°　　　　　b) α=120°　　　　　c) α=150°

图 8-13　在不同触发角下单相 TCR 的电压与电流

8.5.2　晶闸管投切电容器

晶闸管投切电容器（Thyristor Switched Capacitor，TSC）由两个反并联的晶闸管与一个电容器串联而成。一对反并联晶闸管构成电力电子开关，实现电容器投入电网或者从电网切除，其单相基本结构如图 8-14a 所示。而在实际应用中，为了避免较大容量的电容器组同时投入或者切除时对电网造成的冲击，常常采用分组投切式结构，如图 8-14b 所示。理论上希望电容器值的级数越多越好，使无功功率断续可调，但考虑到经济性和控制复杂性，电容器组也不宜过多。当 TSC 用于三相电路时，可以采用三角形联结或星形联结。

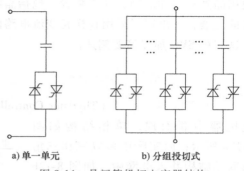

a) 单一单元　　　　　b) 分组投切式

图 8-14　晶闸管投切电容器结构

TSC 投切电容时刻的选择前提是避免产生电流冲击，因此可选择交流电源电压和电容电压相等的时刻，此时电源电压变化率为零，不会产生冲击电流。如果电容投切时刻选取不当，将产生过大的冲击电流，可能损坏晶闸管或者给电网带来高频振荡等不良影响。

单相 TSC 的理想投切时刻如图 8-15 所示，假设投入前电容电压 u_C 已经充电到电源电压 u_S 的正峰值。当需要投入电容器时，选择在 u_S 与 u_C 相等的时刻 t_1 触发 VT_2 导通，电容器电流从零开始增加，接着在每半个电源周波轮流触发 VT_1 和 VT_2。当需要切除电容器时，选择 i_C 降为零的时刻，如 t_2 时刻，撤除触发脉冲，使 VT_1 不再导通，此时电容电压 u_C 保持 VT_2 关断时电源电压的负峰值，为下次投入电容做准备。

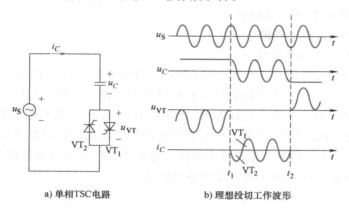

a) 单相TSC电路　　　　　b) 理想投切工作波形

图 8-15　晶闸管投切电容器及理想投切时刻工作波形

8.5.3　静止无功发生器

静止无功发生器（Static Var Generator，SVG）又称为静止同步补偿器，是一种利用逆变器发出和吸收无功功率的无功功率动态补偿装置，SVG 主电路将直流电压或直流电流转变成交流电，再将交流电通过变压器并入电网，从而实现无功补偿。其中，SVG 主电路根据直流侧储能元件的类型，分为电压型和电流型两种；根据桥臂和相数的不同，又可以分为两桥臂和三桥臂结构。SVG 主电路的典型结构如图 8-16 和图 8-17 所示。值得注意的是，除了上述介绍的两电平结构之外，主电路还可采用第 7 章介绍的中点钳位型多电平变换器、飞跨电容型多电平变换器、级联 H 桥型多电平变换器等结构，不仅可以降低所用功率开关器件的电压额定值，而且可以极大改善输出特性，减少输出电压中的谐波含量。

下面以两桥臂电压型电路 SVG 为例，且不考虑电抗器和变换器的损耗，简要介绍 SVG

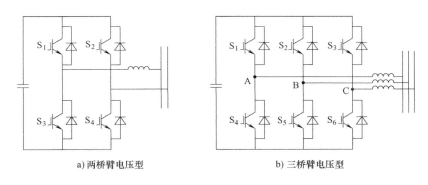

图 8-16　电压型静止无功发生器的主电路

a) 两桥臂电压型　　　　　　　b) 三桥臂电压型

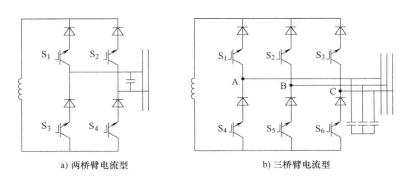

a) 两桥臂电流型　　　　　　　b) 三桥臂电流型

图 8-17　电流型静止无功发生器的主电路

的工作原理。图 8-18a 为图 8-16a 的等效电路，其中 u_S 和 u_{SVG} 分别表示电网电压和 SVG 输出的交流电压，电抗器的电压为 $u_L = u_S - u_{SVG}$。改变 SVG 输出电压 u_{SVG} 的幅值和相位，可以改变电感电压 u_L，从而控制 SVG 从电网吸收电流 i_L 的相位和幅值，即 SVG 吸收无功功率的性质和大小。图 8-18b 为 SVG 两种工作模式下的相量关系图。当 $\dot{U}_{SVG}$ 大于 $\dot{U}_S$ 时，电感电流 $\dot{I}_L$ 超前电压 90°，此时 SVG 吸收容性无功功率；当 $\dot{U}_{SVG}$ 小于 $\dot{U}_S$ 时，电感电流 $\dot{I}_L$ 滞后电压 90°，此时 SVG 吸收感性无功功率。根据电网实时需求，令 SVG 在两种模式下切换运行，从而达到动态无功功率补偿的目的。

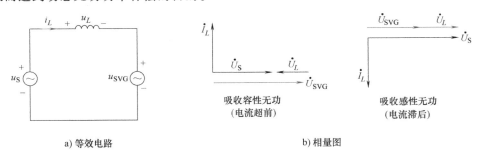

a) 等效电路　　　　　　　　　　b) 相量图

图 8-18　两桥臂电压型静止无功发生器的工作原理

8.6 高压直流输电

8.6.1 高压直流输电系统

高压直流输电（HVDC）是通过换流站的整流作用将三相交流电转变成直流电，经过高压输电线路进行远距离输送，在目的地换流站再将直流电逆变成交流电的技术。HVDC 具有以下优点：

1）适合于点对点的超远距离、超大功率电能输送。

2）可以实现不同频率的交流电网互联。

3）稳定性好，适合跨海输电。

4）传输功率的可控性强，控制速度快。

高压直流输电系统结构可分为两端（或端对端）直流输电系统和多端直流输电系统两大类。其中两端直流输电系统只有一个整流站和一个逆变站，与交流系统有两个连接端口，如图 8-19a 所示。而多端直流输电系统与交流系统有三个或三个以上的连接端口，具有三个或三个以上换流站。三端直流输电系统如图 8-19b 所示，包括三个换流站，与三个交流系统相连，它可以两个换流站作为整流站运行、一个换流站作为逆变站运行，也可以两个换流站

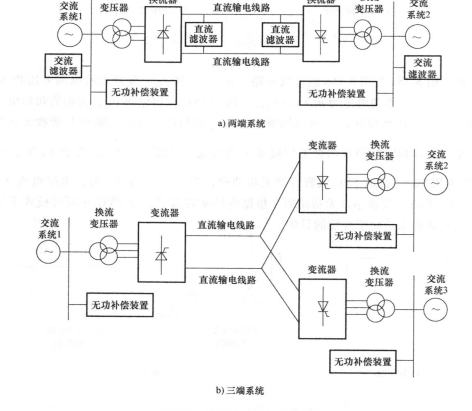

a) 两端系统

b) 三端系统

图 8-19　高压直流输电系统结构

作为逆变站运行、一个换流站作为整流站运行。在高压直流输电系统中，除了换流站所需要的整流器和逆变器外，还需要换流变压器、滤波器、无功补偿设备等装置。

高压直流输电系统采用由晶闸管组成的可控整流电路作为变流器，如图 8-20 所示为 ±500kV 高压直流输电系统的单极结构图，交流电与直流电之间的变换通过 12 脉波变流器实现。12 脉波变流器由两个三相桥式可控整流电路（或 6 脉波变流器）串联而成，其中一个 6 脉波变流器连接的变压器接线方式为 Y/Y 联结，另一个 6 脉波变流器连接的变压器接线方式为 Y/Δ 联结。由于变压器不同的接线方式，两组三相交流电压之间相位错开30°，使得直流输出电压 U_d 在每个交流电源周期中脉动 12 次，对应的交流电流谐波次数为 $12n\pm1$（n 为自然数）次。

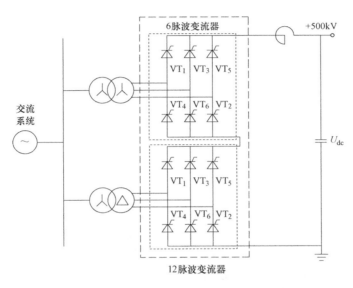

图 8-20　±500kV 高压直流输电系统换流站的单极结构

8.6.2　柔性直流输电系统

柔性高压直流输电（Flexible HVDC）也称为轻型直流输电（HVDC Light）或电压源型直流输电（VSC HVDC），是一种基于全控型开关器件的新型直流输电技术。柔性直流输电系统与传统高压直流输电系统最大的不同在于，采用 IGCT、IGBT 等全控型电力电子器件构成电压源换流器，通过运用 PWM 控制技术，控制开关器件的导通关断，调节换流器输出电压大小及其与系统电压的功角差，实现有功功率和无功功率独立控制。此外，柔性直流输电系统具有无换相失败、无需无功补偿、无需换流站间复杂的通信系统等诸多优点，故具有广阔的发展前景。

目前 VSC HVDC 系统中采用的换流器主要有两电平电压型换流器、三电平电压型换流器以及模块化多电平换流器（MMC）三种，而基于模块化多电平换流器的 MMC-HVDC 系统具有更低的开关损耗、更低的谐波率、易于扩展和维护等优点。图 8-21 是 ±160kV MMC-HVDC 系统换流站双极结构图，交流系统通过变压器与换流站的交流侧连接，换流站的直流侧与 ±160kV 直流母线相连，实现交直流变换。

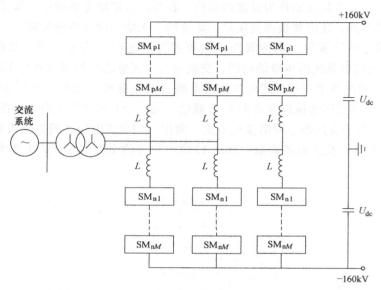

图 8-21 ±160kV MMC-HVDC 系统换流站双极结构

8.7 风力发电

风力发电将风能转换为机械能，再将机械能转换为电能，具有环境友好、资源丰富等优点，是目前可再生能源利用中最有发展前景的技术之一。按照风力发电机的运行特征，可以将其分为变速恒频、恒速恒频两大类。恒速恒频风力发电机组由于其自身结构上的限制，只能够在额定风速条件下达到最优运行效率，当风速偏离额定转速时运行效率会降低。变速恒频风力发电机组可以实现风机转速的灵活调节，从而在较宽范围内维持最优运行效率。目前，绝大多数风力发电机组采用了变速恒频的运行方式。在采用变速恒频运行方式的风力发电机组中，可使用的发电机类型包括笼型异步发电机、绕线式双馈异步发电机、永磁同步发电机、电励磁同步发电机等，其中应用最为广泛的是永磁同步发电机和双馈异步发电机，相应的风力发电系统称为永磁同步风力发电系统和双馈风力发电系统。

8.7.1 永磁同步风力发电系统

永磁同步风力发电系统分为直驱式和半直驱式，两者原理基本相同，区别在于后者使用了单级齿轮箱，增大了风机的转速，从而可以有效减小发电机的极对数与体积。直驱式永磁同步风力发电系统的典型结构如图 8-22 所示，其中叶片直接与永磁同步发电机连接，中间不需要齿轮箱，且转子为永磁式，不需要外部提供励磁电源，定子侧通过全功率变流器接入交流电网。发电机侧变流器将随风速变化的发电机交流输出转换为直流电压，经过直流母线传输到电网侧变流器，逆变成恒压恒频的电网电压，实现并网。

永磁同步风力发电系统中永磁同步发电机与电网隔离，安全性更高。在发电系统端电压降低至一定值的情况下，永磁同步风力发电系统可以保持不脱网运行，甚至还可以为系统提供一定无功以帮助系统恢复电压，低电压穿越能力强。采用全功率变流器在定子侧对输出功率进行直接控制，对变流器的容量要求较高，建设成本高，比较适合于远海风力发电等对于风机可靠性要求较高的场合。

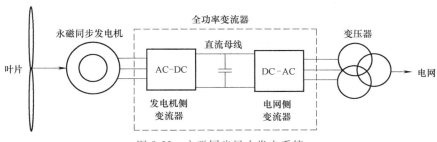

图 8-22 永磁同步风力发电系统

8.7.2 双馈风力发电系统

双馈风力发电系统的典型结构如图 8-23 所示，双馈异步发电机定子侧直接接入三相交流电网，转子侧通过一组"背靠背"连接的三相 AC-DC 和 DC-AC 变流器接入交流电网。根据所处位置的不同，将靠近风机一侧的变流器命名为发电机侧变流器，靠近电网一侧的变流器命名为电网侧变流器。在发电机侧变流器作用下，幅值和频率随风速变化的发电机交流输出被整流成直流电压；在电网侧变流器作用下，直流母线电压被变换成幅值和频率恒定的电网电压，实现变速恒频风力发电。

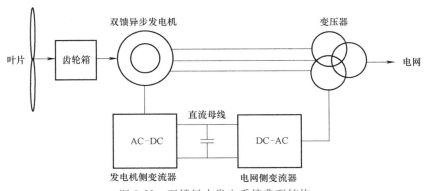

图 8-23 双馈风力发电系统典型结构

双馈风力发电系统对变流器的容量要求低，易于维护安装，且成本低，具有很强的市场竞争力。与永磁同步风力发电系统相比，双馈风力发电系统低电压穿越能力差，通常需要增加动态电压恢复器（Dynamic Voltage Regulator，DVR）、静止无功补偿器（Static Var Compensator，SVC）等装置来提高低电压穿越能力，而且相同工况下发电质量和发电量比永磁同步风力发电系统低。

8.8 光伏发电

光伏发电根据光生伏特效应原理把太阳能直接转变为电能，具有清洁性、广泛性、安全性、资源充足性以及潜在的经济性等优势。但太阳能光伏电池所发出的电能是随太阳光辐照度、环境温度、负载等变化而变化的，难以满足用电负载对电源品质要求。为此需要应用电力电子技术对光伏电池发出的直流电进行 DC-DC 或 DC-AC 变换，以获得稳定的高品质直流电或交流电供给负载或电网。

光伏电池的输出特性与负载相关，实时调整负载的伏安特性使其相交于光伏电池伏安特性的最大功率输出点处，可以提高发电效率，减少发电成本，而实现光伏发电系统的"最大功率点跟踪（Maximum Power Point Tracking，MPPT）"是光伏直流变换电路的主要功能之一。

图 8-24a 为离网型光伏发电系统的典型结构，离网型光伏发电系统的逆变电路一般采用电压源型逆变器。当白天光照充足时，光伏电池阵列输出的直流电经过 DC-DC 变换器后，直接给直流负载供电，或者给蓄电池充电存储能量，或者经过 DC-AC 逆变器转换成交流电后为交流负载供电；在夜晚或者光照不充足时转由蓄电池为负载供电。

图 8-24b 为并网型光伏发电系统的典型结构，光伏电池阵列输出的直流电经过 DC-DC 变换后再通过 DC-AC 逆变为交流电，接入电网。为了实现向电网无扰动平滑供电，并网型光伏发电系统逆变电路输出电压的幅值、频率、相位需与电网一致，且输出电流波形谐波小。按功率级数划分，并网型光伏发电系统可分为单级式和两级式。单级式结构简单，没有 DC-DC 环节，光伏阵列的输出直接经逆变器并网，电网与光伏发电系统的直流母线之间无能量解耦环节，实现 MPPT、逆变、并网等控制的算法会很复杂。两级式结构则是先通过前级的 DC-DC 变换器实现 MPPT，再经后级的 DC-AC 变换器进行逆变和并网控制。两级控制有能量解耦环节，因此其控制算法较为简单易行。此外，为了改善并网电压电流的波形，并网型光伏发电系统的逆变器可采用多电平电路结构。

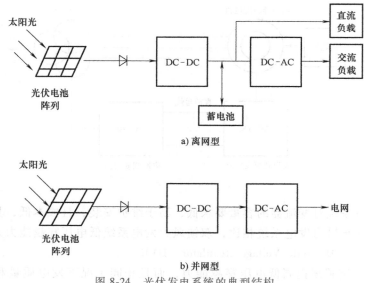

图 8-24　光伏发电系统的典型结构

8.9　电动汽车

电动汽车是一个高度集成的电气化系统，涉及电力电子技术的部分主要包括电机驱动系统、充电系统、电池管理系统和电动辅助系统等。其中，电机驱动及充电系统是电动汽车的核心部分，也是区别于传统燃油汽车的最大不同之处，其质量好坏直接关系着整台电动汽车的性能优劣。

电动汽车充电及电机驱动系统的结构示意图如图 8-25 所示。当汽车处于充电状态时，逆变器及电机停止工作，来自电网的交流电先后通过 AC-DC 整流器、功率因数校正器和单向 DC-DC 变换器转换为直流总线上的直流电，再通过双向 DC-DC 变换器为蓄电池组充电。当汽车处于行驶状态时，充电系统停止工作，蓄电池组通过双向 DC-DC 变换器将储存的电能注入到直流总线，并经过逆变器将直流电转换为交流电驱动电机，电机再通过汽车机械传动装置驱动车轮转动；同时部分电能通过单向 DC-DC 变换器为汽车上的电子仪器仪表供电。

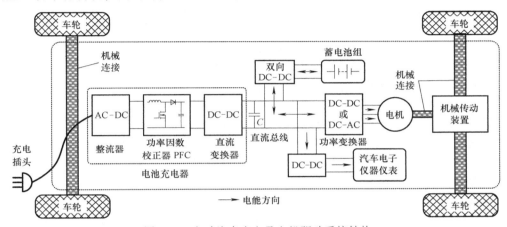

图 8-25　电动汽车充电及电机驱动系统结构

在电动汽车充电系统中，根据 AC-DC 整流器是否安装在电动汽车上，电池充电器可以分为车载充电器（安装在汽车上）和非车载充电器（安装在地面充电桩内）；按照蓄电池组的电能能否回馈电网，电池充电器又可分为单向充电器和双向充电器。单向充电器结构简单，可采用由二极管构成的不可控整流器，具有控制简单、成本较低、重量及体积较小等优势。而双向充电器要求 AC-DC 整流器和 DC-DC 变换器均为双向变换器，不仅能将电网的交流电转换为蓄电池组中的直流电能，而且能实现将存储在蓄电池组中的电能注入电网中，即 Vehicle to Grid（V2G）功能。

在电动汽车电机驱动系统中，根据电机类型，功率变换器可分为 DC-DC 变换器和 DC-AC 逆变器。对于直流电动机驱动系统，功率变换器采用双向 DC-DC 变换器，可将直流总线的直流电压转换为驱动电机所需要的直流电压，并能将汽车制动所产生的能量存储到蓄电池中。对于交流电动机驱动系统，功率变换器采用 DC-AC 逆变器，常见的是三相电压型桥式逆变电路。当该变换器工作在逆变模式时，可将直流电转换为频率和电压均可调的交流电，驱动牵引电机运行；当该变换器工作在 PWM 整流模式时，可将电机的制动能量转换为直流电，存储在蓄电池中。

8.10　本章小结

各种电力电子变换器在电能变换领域都发挥了各自的作用，根据应用场合以及负载的需要，可以是单独一个变换器构成产品、装置和系统，也可以是多个变换器组合构成产品、装置和系统。本章介绍的电力电子变换器典型应用，各自具有以下特点：

1）开关电源输出直流电压，通常采用 AC-DC 变换器和隔离型 DC-DC 变换器，要求体积小、重量轻、效率高、输出纹波小，广泛用于各种电子设备、仪器、家电及通信等领域。

2）不间断电源输出工频交流电，通常采用 AC-DC 变换器和 DC-AC 变换器，要求输出电压、频率稳定，广泛应用于政府、金融、通信、交通及互联网行业等对交流供电可靠性和供电质量要求较高的场合。

3）交直流调速系统输出幅值、频率可变的交流电或幅值可变的直流电，在直流调速系统，通常采用 AC-DC、DC-DC 变换器；在交流调速系统，通常采用 AC-AC、AC-DC 和 DC-AC 变换器，交直流调速系统广泛应用于工业生产的各种场合。

4）有源电力滤波器提供与电网谐波大小相等但相位相反的电流，通常采用 DC-AC 变换器。与有源滤波器原理基本相同，无功补偿装置则提供电网所需的无功电流，通常采用 AC-AC、DC-AC 变换器，要求瞬时响应特性好，广泛应用于配电系统中。

5）高压直流输电要实现电能的交直变换和直交变换，因此采用 AC-DC 变换器和 DC-AC 变换器，要求电压等级高、纹波小，在远距离输电系统中得到广泛应用。

6）风力发电和光伏发电都是要将时变的电能转换成稳定电能，前者将时变的交流电转换为工频交流电，一般采用 AC-DC 和 DC-AC 变换器；后者将时变的直流电压转换为稳定的直流电或工频交流电，一般采用 DC-DC 和 DC-AC 变换器。风力发电和光伏发电是目前主要的新能源发电技术。

7）电动汽车的电机驱动系统、充电系统、电池管理系统和电动辅助系统都涉及电力电子变换器，既有 AC-DC 变换器，还有 DC-DC 和 DC-AC 变换器，要求提供电机驱动的变频变压电源、电池充电的直流电源。高效、高功率密度电力电子变换器是目前电动汽车的发展方向之一。

本章的目的是让读者对电力电子变换器的应用有一个初步的了解，因此只是对典型应用中的电力电子装置做了模块式整体功能介绍，没有涉及装置具体的电路结构和工作原理。感兴趣的读者可以进一步深入学习。

习　题

8-1　开关电源的结构和特点是什么？

8-2　UPS 的作用是什么？可分为哪几种类型？

8-3　交流调速系统与直流调速系统相比，具有什么特点？

8-4　变频器可以分为哪几种类型？有何特点？

8-5　有源滤波器由哪些部分组成？简述其基本工作原理。

8-6　简述静止无功发生器的工作原理。

8-7　高压直流输电与交流输电相比具有哪些优点？

8-8　柔性直流输电系统有哪些特点？

8-9　风力发电系统可分为几种类型？它们的特点是什么？

8-10　简述并网型光伏发电系统中逆变器的作用。

8-11　简述电动汽车充电及电机驱动系统的工作原理。

各章习题解答

第 1 章

1-1 什么是电力电子学？

答：电力电子学是一门有效地使用电力电子器件，对电能进行高效变换和控制的学科，它可以分为电力电子器件、电力电子变换器、电力电子系统动力学及电力电子可靠性分析等几大部分。

1-2 如何理解电力电子学是一门交叉学科？

答：一般认为，电力电子学是由电力学、电子学和控制理论三个学科交叉而形成。

1-3 利用电力电子技术可实现哪些电力变换？

答：可分为四大类别：交流变直流（AC-DC）、直流变交流（DC-AC）、直流变直流（DC-DC）和交流变交流（AC-AC）。

1-4 电力电子技术在日常生活中还有哪些应用？

答：电力电子技术除了在工业生产、交通运输、电力系统、信息处理、新能源发电等领域广泛应用以外，也与日常生活密切相关。例如变频空调、变频冰箱、变频洗衣机、微波炉供电电源、LED 照明、调速电风扇等，几乎所有需要供电的日常电器，都可以用电力电子技术提高性能。

第 2 章

2-1 比较二极管、晶闸管、电力 MOSFET 以及 IGBT 四种开关器件的导通条件。

答：当二极管的正向电压大于门槛电压时，二极管导通；当晶闸管承受正向电压且门极有触发电流时，晶闸管导通，晶闸管一旦被导通，门极就失去控制作用，即使门极触发电流消失，晶闸管依然保持导通；当电力 MOSFET 漏极和源极之间电压大于零，且栅极和源极之间电压大于开启电压时，漏极和源极导电；当 IGBT 集电极和发射极之间电压大于零，且栅极和发射极之间电压大于开启电压时，集电极和发射极导电。

2-2 电力电子器件一般工作在什么状态？电感和电容在电力电子变换器中起什么作用？

答：电力电子器件一般工作在开关状态。电感和电容一般能起到储能、滤波、扼流、限压以及减少开关应力等作用。

2-3 图 2-21 中的阴影部分为晶闸管处于导通区间的电流波形，各波形的电流幅值均为

$I_m = 100A$，试计算各波形的电流平均值 I_{d1}、I_{d2} 和电流有效值 I_1、I_2。若考虑两倍的电流安全裕度，额定电流为 100A 的晶闸管能否满足上述波形电流的要求？

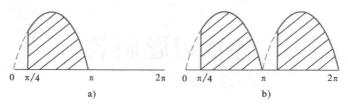

图 2-21 晶闸管电流波形

答：图 a 中电流平均值和有效值分别为：

$$I_{d1} = \frac{1}{2\pi}\int_{\pi/4}^{\pi} I_m\sin\theta d\theta = \frac{I_m}{2\pi}(-\cos\theta)\Big|_{\frac{\pi}{4}}^{\pi} = \frac{I_m}{2\pi}\times 1.707 = 27.2\ A$$

$$I_1 = \sqrt{\frac{1}{2\pi}\int_{\pi/4}^{\pi} I_m^2\sin^2\theta d\theta} = \sqrt{\frac{I_m^2}{2\pi}\left(\frac{\theta}{2}-\frac{1}{4}\sin 2\theta\right)\Big|_{\frac{\pi}{4}}^{\pi}}$$

$$= 0.477I_m = 47.7A$$

图 b 中电流平均值和有效值分别为：

$$I_{d2} = 2\times I_{d1} = 54.4A$$

$$I_2 = \sqrt{2\times I_1^2} = \sqrt{2}I_1 = 67.45A$$

额定电流为 100A 的晶闸管其电流最大有效值为 157A，考虑两倍安全裕度，均能满足图中两种电流波形的要求。

2-4 已知某电力电子变换器的输出电压波形如图 2-22 所示，其有效值为 100V，试计算输出平均电压 U_d。

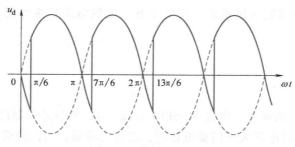

图 2-22 输出电压波形

答：输出平均电压为：

$$U_d = \frac{1}{\pi}\int_{\frac{\pi}{6}}^{\frac{7\pi}{6}} \sqrt{2}U_2\sin\omega t dt = \frac{\sqrt{6}}{\pi}U_2 = 77.97V$$

2-5 已知某电力电子变换器的输入电流 $i(t)$ 波形如图 2-23 所示，试计算

（1）电流的有效值 I；

（2）电流的 3、5、7 次谐波分量有效值 I_3、I_5、I_7。

答：（1）电流有效值 I 为：

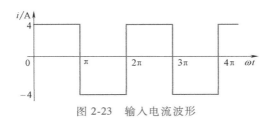

图 2-23　输入电流波形

$$I = \sqrt{\frac{1}{\pi}\int_0^\pi i^2(t)\,\mathrm{d}t} = 4\mathrm{A}$$

（2）由傅里叶变换得到，电流的 3、5、7 次谐波分量有效值 I_3、I_5、I_7 分别为

$$I_3 = \frac{2\sqrt{2}}{3\pi}I = 1.2\mathrm{A}$$

$$I_5 = \frac{2\sqrt{2}}{5\pi}I = 0.72\mathrm{A}$$

$$I_7 = \frac{2\sqrt{2}}{7\pi}I = 0.51\mathrm{A}$$

2-6　简述电力电子变换器的相控原理、斩控原理？

答：开关变换器的调制原理主要包括相控原理、斩控原理。相位控制方式，即通过控制晶闸管触发脉冲的相位来控制直流输出电压大小；而斩波控制方式是通过调节开关管的导通时间、开关周期或者两个同时改变来调节输出电压大小。

2-7　根据面积等效原理，试举例说明 PWM 调制原理。

答：在采样控制理论中有一条重要的结论：冲量相等而形状不同的窄脉冲加在具有惯性的环节上时，其效果基本相同。冲量即窄脉冲的面积。效果基本相同是指环节的输出响应波形基本相同。上述原理称为面积等效原理。以正弦 PWM 控制为例，把正弦半波分成 N 等份，就可以把其看成是 N 个彼此相连的脉冲列所组成的波形。这些脉冲宽度相等，都等于 π/N，但幅度不等，且脉冲顶部不是水平直线而是曲线，各脉冲幅值按正弦规律变化。如果把上述脉冲列利用相同数量的等幅而不等宽的矩形脉冲代替，使矩形脉冲的中点和相应正弦波部分的中点重合，且使矩形脉冲和相应的正弦波部分面积（冲量）相等，就得到 PWM 波形。各 PWM 脉冲的幅值相等而宽度是按正弦规律变化的。根据面积等效原理，PWM 波形和正弦半波是等效的。对于正弦波的负半周，也可以用同样的方法得到 PWM 波形。可见，所得到的 PWM 波形和期望得到的正弦波等效。

第 3 章

3-1　试分别说明整流器中电阻负载和阻感负载的特点。

答：电阻负载的特点是电压与电流成正比，两者波形相同；阻感负载的特点是负载电感对电流有平波作用，负载电流不能突变。

3-2　在带阻感负载的单相半波可控整流器中，$R = 5\Omega$，电感 L 足够大，$U_2 = 220\mathrm{V}$，触发延迟角 $\alpha = 30°$，在负载两端并联有续流二极管 VD，如图 3-48 所示。

（1）画出 u_o、i_o、u_{VT}、i_{VT} 和 i_{VD} 的波形，并求输出电压的平均值 U_o；

（2）指出外加续流二极管 VD 的作用，以及触发延迟角 α 的移相范围。

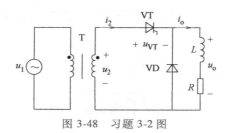

图 3-48　习题 3-2 图

答：（1）因为大电感的存在，负载上的电流始终连续，当 u_2 过零变负后二极管 VD 导通，晶闸管 VT 承受反压关断，阻感负载通过 VD 续流直至下一次晶闸管 VT 导通为止。依题意画出波形图如下。

输出电压平均值 U_o 为

$$U_o = \frac{1}{2\pi} \int_{\alpha}^{\pi} \sqrt{2} U_2 \sin\omega t \mathrm{d}\omega t = \frac{\sqrt{2}}{2\pi} U_o (1 + \cos\alpha) = 92.4\text{V}$$

（2）二极管 VD 的作用是为阻感负载续流，并使 VT 承受反压关断，使 u_o 不再出现负极性部分，提高了输出电压的平均值 U_o。触发角 α 的移相范围为 $0° \sim 180°$。

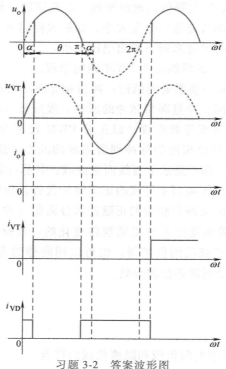

习题 3-2　答案波形图

3-3　在带阻感负载的单相桥式可控整流器中，$U_2 = 100\text{V}$，负载中 $R = 2\Omega$，L 值极大，当 $\alpha = 30°$ 时，要求：

（1）画出 u_o、i_o 和 i_2 的波形；

（2）求整流输出电压的平均值 U_o、输出电流的平均值 I_o、变压器二次电流有效值 I_2；

（3）考虑安全裕量，确定晶闸管的额定电压和额定电流；

（4）如果将反电动势 $E = 60\text{V}$ 与阻感负载串联，求 U_o、I_o 和 I_2。

答：（1）u_o、i_o 和 i_2 的波形如图所示。

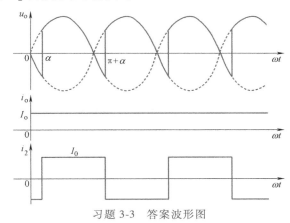

习题 3-3　答案波形图

（2）输出电压表达式为

$$U_o = \frac{1}{\pi}\int_{\alpha}^{\pi+\alpha}\sqrt{2}U_2\sin\omega t\,\mathrm{d}(\omega t) = \frac{2\sqrt{2}}{\pi}U_2\cos\alpha = 0.9U_2\cos\alpha$$

代入数据可知，$U_o = 78\text{V}$

输出电流的平均值为

$$I_o = \frac{U_o}{R} = 78/2\text{A} = 39\text{A}$$

变压器二次电流有效值为

$$I_2 = I_o = 39\text{A}$$

（3）晶闸管承受的最大反压为 $\sqrt{2}\,U_2 = 100\,\sqrt{2}\,\text{V} = 141.4\text{V}$

考虑安全裕量，晶闸管额定电压为

$$U_N = (2 \sim 3)\times 141.1\text{V} = 283 \sim 424\text{V}$$

流过晶闸管的有效电流为

$$I_{VT} = I_o/\sqrt{2} = 27.6\text{A}$$

晶闸管的额定电流为

$$I_N = (1.5 \sim 2)\times I_{VT}/1.57 = 26 \sim 35\text{A}$$

（4）已知 $U_o = 78\text{V}$，反电动势 $E = 60\text{V}$，则输出电流的平均值 $I_o = \dfrac{U_o - E}{R} = \dfrac{77.97 - 60}{2}\text{A} = 9\text{A}$

变压器二次电流有效值为 $\qquad I_2 = I_o = 9\text{A}$

3-4　一种单相半控桥式整流器如图 3-49 所示，设阻感负载的电感 L 很大。

（1）当触发脉冲突然消失或 α 突然增大到 π 时，电路会产生什么现象？画出此情况下输出电压 u_o 的波形；

（2）如果将阻感负载换成电阻负载，画出 VT_2 被烧断时输出电压 u_o 的波形。

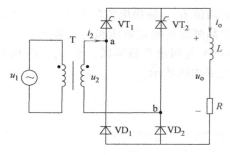

图 3-49 习题 3-4 图

答：（1）在触发脉冲正常的条件下，当触发脉冲到来时，原先未导通的晶闸管将会承受正压开通，另一个晶闸管承受反压关断。若晶闸管触发脉冲丢失或增大到 π 时，由于阻感负载中电感量很大，流过负载的电流始终连续，已导通的晶闸管无法取得关断条件会一直导通，两个二极管轮流导通。当晶闸管阳极电压为负极性时，晶闸管和同一桥臂上的二极管导通，为负载续流，此时负载电压为零。

因此，电路会出现"失控"的现象，即一个晶闸管一直导通，两个二极管轮流导通的情况。u_o 的波形如下图所示。

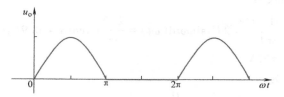

（2）VT_2 被烧断时，电路只有在电压正半周才有输出，变成单相半波可控整流电路，输出电压 u_o 的波形如下图所示。

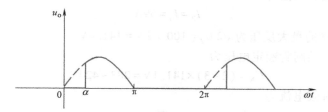

3-5 另一种单相半控桥式整流器如图 3-50 所示，其中 $U_2 = 100V$，$R = 2\Omega$，L 值很大，当 $\alpha = 60°$时求流过晶闸管、二极管以及负载的电流有效值，并画出 u_o、i_o、i_{VT1}、i_{VD2} 的波形。

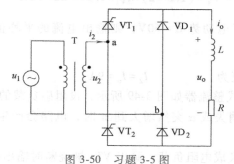

图 3-50 习题 3-5 图

答：u_o、i_o、i_{VT1}、i_{VD2} 的波形如下图所示。

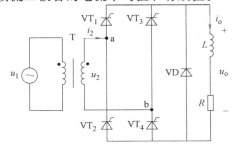

由图中可得，输出电压的平均值为

$$U_o = 0.9 U_2 \frac{1+\cos\alpha}{2} = 0.9 \times 100 \frac{1+\cos 60°}{2} \text{V} = 67.5 \text{V}$$

负载电流的平均值为

$$I_o = \frac{U_o}{R} = 33.75 \text{A}$$

晶闸管电流的有效值为

$$I_{VT} = \sqrt{\frac{\pi - \pi/3}{2\pi}} I_o = 19.49 \text{A}$$

二极管电流的有效值为

$$I_{VD} = \sqrt{\frac{\pi + \pi/3}{2\pi}} I_o = 27.56 \text{A}$$

3-6   如图 3-51 所示的单相桥式可控整流器，$U_2 = 220$V，$R = 4\Omega$，L 值很大，负载端并联续流二极管 VD。当 $\alpha = 60°$ 时，要求：

（1）画出输出电压、晶闸管电流和续流二极管电流的波形；

（2）求输出电压、输出电流的平均值；

（3）求流过晶闸管和续流二极管的电流平均值、有效值。

图 3-51   习题 3-6 图

答：输出电压、晶闸管电流和续流二极管电流的波形如下图所示。

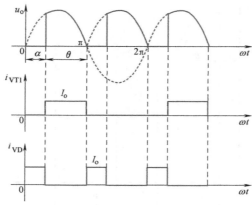

输出电压的平均值为

$$U_o = 0.9U_2 \frac{1+\cos\alpha}{2} = 0.9 \times 220 \frac{1+\cos 60°}{2} \text{V} = 148.5\text{V}$$

输出电流的平均值为

$$I_o = \frac{U_o}{R} = 37.125\text{A}$$

晶闸管电流的平均值、有效值分别为

$$I_{dVT} = \frac{\pi - \pi/3}{2\pi} I_o = 12.375\text{A}, \quad I_{VT} = \sqrt{\frac{\pi - \pi/3}{2\pi}} I_o = 21.43\text{A}$$

二极管电流的平均值、有效值分别为

$$I_{dVD} = \frac{\pi/3}{\pi} I_o = 12.375\text{A}, \quad I_{VD} = \sqrt{\frac{\pi/3}{\pi}} I_o = 21.43\text{A}$$

3-7 在三相半波可控整流器中，如果 a 相触发脉冲丢失，试画出 $\alpha = 60°$ 时，在带纯电阻性负载和大电感性负载两种情况下的整流输出电压波形和晶闸管 VT_2 两端的电压波形。

答：（1）电阻负载

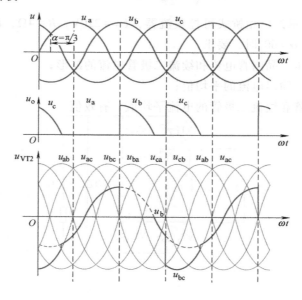

（2）阻感负载

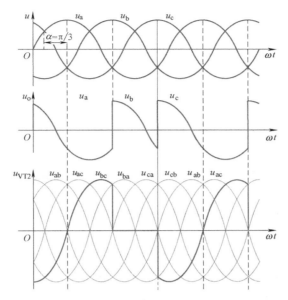

3-8 对于共阴极接法与共阳极接法的两个三相半波可控整流器，a、b 两相的自然换相点是同一点吗？如果不是，它们在相位上差多少度？

答：不是同一点，相差 180°。

3-9 在带反电动势负载的三相半波可控整流器中，串足够大电抗使电流保持连续平直。已知 $U_2 = 220V$，$R = 0.4\Omega$，$I_o = 30A$，当 $\alpha = 45°$ 时，求负载反电动势 E 的大小。

解：因为 $U_o = 1.17U_2\cos\alpha$，$I_o = \dfrac{U_0 - E}{R}$，则 $E = 170V$

3-10 在带电阻负载的三相桥式可控整流器中，如果有一个晶闸管不能导通，试画出此时整流输出电压 u_o 波形；如果有一个晶闸管被击穿而短路，其他晶闸管受什么影响？

答：假设 VT_1 不能导通，整流电压 u_o 波形如下图所示。

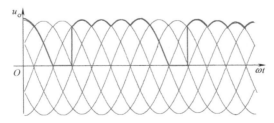

假设 VT_1 被击穿而短路，则当晶闸管 VT_3 或 VT_5 导通时，将发生电源短路，使得 VT_3、VT_5 也可能分别被击穿。

3-11 在带阻感负载的三相桥式可控整流器中，$U_2 = 100V$，$R = 5\Omega$，L 值极大，当 $\alpha = 60°$ 时，计算输出电压和电流的平均值 U_o 和 I_o，晶闸管电流 i_{VT1} 和变压器二次电流 i_2 的有效值 I_{VT} 和 I_2。

答：计算结果如下：

$$U_o = 2.34U_2\cos\alpha = 2.34\times100\times\cos60°\text{V} = 117\text{V}$$

$$I_o = \frac{U_o}{R} = \frac{117}{5}\text{A} = 23.4\text{A}$$

$$I_2 = \sqrt{\frac{2}{3}}I_o = 19.11\text{A}$$

$$I_{\text{VT}} = \frac{I_o}{\sqrt{3}} = \frac{23.4}{\sqrt{3}}\text{A} = 13.51\text{A}$$

3-12 为什么在晶闸管可控整流器中，当 $\alpha\neq0$ 时，网侧电流的基波分量总是滞后于网侧电压？

答：因为采用晶闸管可控整流电路，当 $\alpha\neq0$ 时输入电流滞后于电压，且滞后的角度随着触发角的增大而增大。

3-13 单相桥式可控整流器，其整流输出电压中含有哪些次数的谐波？其中幅值最大的是哪一次？变压器二次电流中含有哪些次数的谐波？其中主要的是哪几次？

答：单相桥式可控整流电路，其整流输出电压中含有 $2k$（$k=1$、2、3…）次谐波，其中幅值最大的是 2 次谐波。变压器二次电流中含有 $2k+1$（$k=1$、2、3…）次即奇次谐波，其中主要的是 3 次、5 次等低次谐波。

3-14 请简述 PWM 整流器与晶闸管可控整流器相比，具有什么优点？

答：采用全控型开关器件的整流电路通常称为 PWM 整流电路。该电路通过适当的 PWM 控制方式，可以使输入电流接近正弦波，且和输入电压同相位，达到功率因数近似为 1 的目标，在不同程度上解决了晶闸管可控整流电路功率因数低、输入电流谐波含量大等问题。

第 4 章

4-1 逆变器的作用是什么？有哪些类型？

答：逆变器的作用是把直流电转变成定频定压或调频调压的交流电。

主要类型有：

1）按直流侧电源性质来看，有电压型逆变器、电流型逆变器；

2）按电路拓扑来看，有单相、三相逆变器。

4-2 调节电压型逆变器输出电压的方法有哪些？各有什么优缺点？

答：调节逆变器输出电压的方法有：

1）移相调压方式。实现简单，但谐波含量较高，只能用在少数对谐波含量要求不高的场合；

2）正弦脉宽调制调压方式（SPWM）。低次谐波含量低，但直流电压利用率低。

4-3 在单相电压型逆变器中，电阻性负载和阻感性负载对输出电压、电流有什么影响？电路结构有哪些不同？

答：电阻性负载时，输出电压和输出电流同相位，波形相似，均为正负矩形波。阻感性负载时，输出电压为正负矩形波，输出电流近似正弦波，相位滞后于输出电压，滞后的角度取决于负载阻抗角。

在电路结构上，阻感性负载电路，每个开关管必须反向并联续流二级管。

4-4 在三相电压型逆变器的 SPWM 调制方式中，单极性调制和双极性调制有何不同？

答：单极性调制时，调制波为正弦波电压，载波在正半周时为正向三角波，负半周时为负向三角波。主电路输出电压正半周为正向 SPWM 波形，负半周为负向 SPWM 波形，其瞬时电压有 $+U_d$、$0V$、$-U_d$ 三种电平。

双极性调制时，调制波为正弦波电压，载波为正负三角波。主电路输出电压为正负 SPWM 波形，其瞬时电压只有 $+U_d$、$-U_d$ 两种电平。

4-5　SPWM 调制是怎样实现变压功能的？又是怎样实现变频功能的？

答：改变调制比 m_a 可以改变输出电压 u_o 基波的幅值，所以 SPWM 调制是通过改变调制波的幅值 U_{rm} 实现变压功能的。

改变正弦调制波的频率 f 可以改变输出电压 u_o 的基波频率，所以 SPWM 调制是通过改变调制波的频率 f 实现变频功能的。

4-6　带电阻负载的单相电压型全桥逆变器，若输出电压波形如图 4-30 所示，分别画出移相控制和方波控制下开关管承受的电压波形。

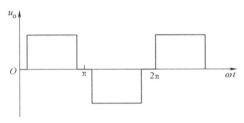

图 4-30　输出电压波形

答：采用移相控制时：　　　　　　　　　采用方波控制时：

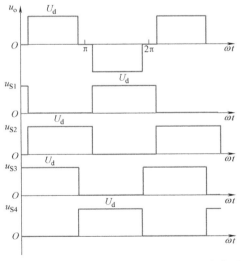 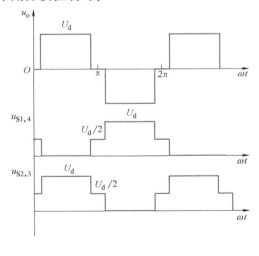

4-7　带电阻负载的三相电压型逆变器可否采用 120°导电方式？试画出 $S_1 \sim S_6$ 的驱动脉冲信号及输出相电压 u_{UO} 波形，并计算相电压 u_{UO} 的有效值 U_{UO} 和基波有效值 U_{UO1}。

答：所谓 120°导电方式是指三相桥式逆变器中开关管的驱动信号为 120°方波，因此相邻相的开关管驱动信号相位互差 120°，相邻序号的开关管驱动信号相位仍互差 60°。每相的上下桥臂有 60°导通间隙，不存在上下直通问题，所以能采用 120°导电方式。

（1）$S_1 \sim S_6$ 的驱动脉冲信号 $u_{gs1} \sim u_{gs6}$ 及输出相电压 u_{UO} 波形如下：

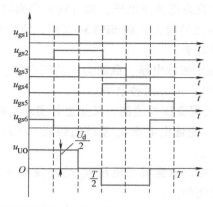

（2）对 u_{UO} 进行傅里叶级数展开

$$u_{\text{UO}} = \frac{\sqrt{3}\,U_{\text{d}}}{\pi}\left(\sin(\omega t) - \frac{1}{5}\sin(5\omega t) - \frac{1}{7}\sin(7\omega t) + \frac{1}{11}\sin(11\omega t) + \cdots\right)$$

由上式及 u_{UO} 波形，可得到输出相电压有效值 U_{UO} 和相电压基波有效值 U_{UO1} 分别为

$$U_{\text{UO}} = \frac{U_{\text{d}}}{2}\sqrt{\frac{2}{3}} = 0.41 U_{\text{d}}$$

$$U_{\text{UO1}} = \frac{\sqrt{3}\,U_{\text{d}}}{\sqrt{2}\,\pi} = 0.39 U_{\text{d}}$$

4-8 什么是 Z 源网络？相较于传统电压型逆变器，Z 源电压型逆变器有哪些优点？

答：一个包含电感 L_1、L_2 和电容 C_1、C_2 的二端口网络接成 X 形，形成一个 Z 源网络。Z 源电压型逆变器的优点有：

（1）Z 源逆变器输出电压根据需要可升可降，不需要额外的中间升压电路，有利于节省成本和提高电路效率；

（2）Z 源逆变器允许桥臂瞬时直通和开路，因此开关管不需加入死区时间，避免了死区引起的波形畸变。同时由电磁干扰所造成的桥臂直通也不会损坏逆变器，大大增加了逆变器的可靠性。

4-9 在单相桥式可控整流器中，若 $U_2 = 220\text{V}$，$E_{\text{M}} = 120\text{V}$，$L$ 很大，$R = 1\Omega$，当 $\alpha = 120°$ 时，能否实现有源逆变？求这时电动机的制动电流多大？并画出这时的输出电压、电流波形。

答：输出电压平均值为

$$U_{\text{d}} = 0.9 U_2 \cos\alpha = -99\text{V}$$

因为 $|E_{\text{M}}| > |U_{\text{d}}|$，所以电路可以实现有源逆变。

制动电流为

$$I_{\text{d}} = \frac{|E_{\text{M}}| - |U_{\text{d}}|}{R} = 21\text{A}$$

输出电压电流波形图如下图所示。

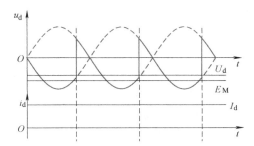

4-10 三相桥式可控整流电路中，$U_2 = 220\text{V}$，$E_M = 400\text{V}$，L 很大，$R = 1\Omega$，当 $\alpha = 120°$ 时，试求：

（1）输出电压 U_d 和输出电流 I_d 的平均值；

（2）晶闸管电流的有效值；

（3）送回电网的平均功率。

答：（1）输出电压平均值为

$$U_d = 2.34U_2\cos\alpha = -257.4\text{V}$$

输出电流平均值为

$$I_d = \frac{|E_M| - |U_d|}{R} = 142.6\text{A}$$

（2）把逆变电流 I_d 看成是连续且为纯直流量，则每个晶闸管处于逆变状态时导通 120°。晶闸管电流有效值为

$$I_{VT} = \sqrt{\frac{120°}{360°}}I_d = 82.33\text{A}$$

（3）回路中变压器不吸收有功功率，所求平均功率即为有功功率为

$$P_d = |E_M|I_d - RI_d^2 = 36.7\text{kW}$$

第 5 章

5-1 Buck 变换器中，电容、电感和二极管各起什么作用？

答：电感 L 和电容 C 可以滤波，同时电感 L 能保持负载电流连续，电容 C 可以稳定输出电压，当开关管关断时，二极管为负载电流提供续流通道。

5-2 Boost 变换器为什么能使输出电压高于输入电压？

答：一是因为储能电感 L 具有使电压泵升的作用，二是因为输出电容 C 能够将电压维持住。开关管 S 导通时，输入电源向电感储存能量；开关管关断时，电源和电感共同向负载供电，由于电容电压不能突变，当电容值较大时能够将输出电压平均值维持在一个大于输入电压的值。

5-3 电感电流断续会对 Boost 变换器产生什么影响？

答：（1）输入输出关系发生变化，通常会使变换器电压增益上升；

（2）电感电流平均值较小，电流纹波的影响明显；

（3）为了使负载电流平滑，输出侧需要较大的电感滤波。

5-4 试比较 Buck-boost 变换器与 Cuk 变换器的异同。

答：（1）相同点：①两者均能实现升降压的功能；②两者均为反极性斩波电路，输出电压极性与输入电压相反；

（2）不同点：①前者的输入、输出均为脉动电流，为了使电流平滑，必须在输出侧增加滤波装置，这会使电路结构更加复杂，对提高系统的可靠性不利；②后者输入、输出回路均有电感，因此输入电流与输出电流都是连续的，且脉动较小。

5-5 试对非隔离型 DC-DC 变换器与隔离型 DC-DC 变换器进行比较。

答：两种类型的 DC-DC 变换器比较见下表：

表 非隔离型 DC-DC 变换器与隔离型 DC-DC 变换器的比较

DC-DC 变换器种类	非隔离型	隔离型
有无变压器	无	有
电压变换倍数	较低	较高
元器件数量	较少	较多
电路结构	较简单	较复杂
实现成本	较低	较高

5-6 已知一个 DC-DC 变换器的输入电压为 40V，输出电压为 60V，输出电流为 5A，输出电压纹波含量小于 1%，电感电流连续。试给出 Boost 和 Buck-Boost 两种变换器的参数设计方案。

答：（1）Boost 变换器：由于升压比为 1.5，可取开关管 S 的占空比 $D=1/3$，负载电阻 $R=12\Omega$；设开关周期 $T=30\mu s$，为使电感电流连续，有

$$K=\frac{2L}{RT}>D(1-D)^2$$

故电感 L 满足

$$L>\frac{RTD(1-D)^2}{2}=\frac{12\times30\times10^{-6}\times\frac{1}{3}\times\left(1-\frac{1}{3}\right)^2}{2}\text{H}=26.67\mu\text{H}$$

要使输出电压纹波含量小于 1%，电容 C 满足

$$C=\frac{U_oDT}{R\Delta u_o}>\frac{\frac{1}{3}\times30\times10^{-6}}{12\times0.01}\text{F}=83.33\mu\text{F}$$

（2）Buck-boost 变换器：由于升压比为 1.5，可取开关管 S 的占空比 $D=0.6$，负载电阻 $R=12\Omega$；设开关周期 $T=30\mu s$，为使电感电流连续，有

$$K=\frac{2L}{RT}>(1-D)^2$$

故电感 L 满足

$$L>\frac{RT(1-D)^2}{2}=\frac{12\times30\times10^{-6}\times(1-0.6)^2}{2}\text{H}=28.8\mu\text{H}$$

要使输出电压纹波含量小于 1%，电容 C 满足

$$C=\frac{U_oDT}{R\Delta u_o}>\frac{0.6\times30\times10^{-6}}{12\times0.01}\text{F}=150\mu\text{F}$$

5-7 在 Buck 变换器中，$U_i=40V$，$C=12\mu F$，$R=10\Omega$，假设开关管 S 和二极管 VD 都是

理想元件。变换器采用脉宽调制方式，开关周期 $T=50\mu s$。试求：

（1）若 $L=0.125mH$，占空比 $D=0.4$，判断此时电感电流是否连续？若不连续，求使得电感电流连续的占空比 D 的取值范围；

（2）若要求输出功率 P_o 为 $50\sim80W$，电感电流连续时占空比 D 的取值范围；

（3）当 $L=0.125mH$、$D=0.65$ 时，求输出电压纹波 Δu_o 的大小；若要求输出电压纹波含量小于 5%，应当如何选择电容 C 的值？

答：（1）由于

$$K=\frac{2L}{RT}=\frac{2\times0.125\times10^{-3}}{10\times50\times10^{-6}}=0.5,\quad 1-D=0.6$$

$K<1-D$，所以此时电感电流处于断续状态。当 $D>0.5$ 时电感电流连续。

（2）电感电流连续时，必有 $D>0.5$。又

$$D=\frac{U_o}{U_i}=\frac{\sqrt{P_oR}}{U_i}$$

为使输出功率在 $50\sim80W$ 变化，有

$$\frac{\sqrt{P_{omin}R}}{U_i}\leq D\leq\frac{\sqrt{P_{omax}R}}{U_i}$$

因此，D 的取值范围为 $0.56\leq D\leq0.71$

（3）由（1）知，$D=0.65>0.5$，电感电流连续，则输出电压纹波

$$\Delta u_o=\frac{U_iD(1-D)T^2}{8LC}=\frac{40\times0.65\times0.35\times50^2\times10^{-12}}{8\times0.125\times10^{-3}\times12\times10^{-6}}V=1.896V$$

要使纹波小于输出电压的 5%，则纹波 $\Delta u_o<26V\times5\%=1.3V$，此时电容值

$$C=\frac{U_iD(1-D)T^2}{8L\Delta u_o}>\frac{40\times0.65\times0.35\times50^2\times10^{-12}}{8\times0.125\times10^{-3}\times1.3}F=1.75\times10^{-5}F=17.5\mu F$$

5-8 在 Boost 变换器中，$U_i=10V$，$R=100\Omega$，假设开关管 S 和二极管 VD 都是理想元件。变换器采用脉宽调制方式，开关周期 $T=50\mu s$。试求：

（1）若 $L=0.2mH$，占空比为 $D=0.4$，输出电压平均值 U_o；

（2）若 $L=1mH$，占空比为 $D=0.4$，要求输出电压纹波 Δu_o 的含量小于 1%，滤波电容 C 的取值范围；

（3）在（2）的条件下，若 C 极大，求开关管 S 的电压、电流最大值。

答：（1）先判断电感电流是否连续：

$$K=\frac{2L}{RT}=\frac{2\times0.2\times10^{-3}}{100\times50\times10^{-6}}=0.08,\quad D(1-D)^2=0.144$$

由于 $K<D(1-D)^2$，故电感电流断续，此时输出电压平均值为

$$U_o=\frac{1+\sqrt{1+\dfrac{4D^2}{K}}}{2}U_i=\frac{1+\sqrt{1+\dfrac{4\times0.4^2}{0.08}}}{2}\times10V=20V$$

（2）先判断电感电流是否连续：

$$K = \frac{2L}{RT} = \frac{2 \times 1 \times 10^{-3}}{100 \times 50 \times 10^{-6}} = 0.4$$

由于 $K > D(1-D)^2$，故电感电流连续，此时输出电压平均值为

$$U_o = \frac{1}{1-D}U_i = \frac{1}{1-0.4} \times 10V = 16.67V$$

滤波电容为

$$C = \frac{U_o DT}{R\Delta u_o} > \frac{0.4 \times 50 \times 10^{-6}}{100 \times 0.01}F = 2 \times 10^{-5}F = 20\mu F$$

（3）由于 C 极大，输出电压近似无纹波，开关管 S 关断时其承受的电压为输出电压值，则开关管电压最大值为

$$U_{sp} = U_o = 16.67V$$

S 导通时，流过 S 的电流即电感电流，由基尔霍夫电压定律

$$U_i = L\frac{di_L}{dt}$$

即电感电流线性上升，故纹波电流峰峰值为

$$\Delta i_L = \frac{U_i}{L}DT$$

故开关管电流最大值为

$$I_{sp} = I_i + \frac{1}{2}\Delta i_L = \frac{U_o^2}{RU_i} + \frac{U_i DT}{2L} = \frac{16.67^2}{100 \times 10}A + \frac{10 \times 0.4 \times 50 \times 10^{-6}}{2 \times 1 \times 10^{-3}}A = 0.38A$$

$$I_{SN} = 1.5I_{sp} = 1.5 \times 0.27A = 0.41A$$

5-9　在 Buck-Boost 变换器中，开关管 S 和二极管 VD 都是理想元件。$L = 0.18mH$，C 极大，$R = 10\Omega$，开关周期 $T = 100\mu s$，输入电压 U_i 在 8~36V 之间变化。若要求电感电流连续，且保持输出电压 $U_o = 15V$，试求占空比 D 的取值范围。

答：根据条件有

$$K = \frac{2L}{RT} = \frac{2 \times 0.18 \times 10^{-3}}{10 \times 100 \times 10^{-6}} = 0.36$$

要使电感电流连续，必有

$$K > (1-D)^2$$

结合 $0 < D < 1$，解得 $0.4 < D < 1$。

当电感电流连续时，输入输出电压关系为

$$\frac{U_o}{U_i} = \frac{D}{1-D}$$

输入电压 U_i 在 8~36V 之间变化时，有

$$\frac{15}{36} < \frac{D}{1-D} < \frac{15}{8}$$

解得

$$0.294 < D < 0.652$$

综上所述，开关管 S 的占空比 D 的取值范围是 $0.4 < D < 0.652$。

5-10 在正激变换器中，已知输入电压 $U_i = 50\text{V}$，开关频率 $f = 20\text{kHz}$，占空比 $D = 0.6$。一次绕组 W_1、二次绕组 W_2、复位绕组 W_3 的匝数分别为 N_1、N_2、N_3。忽略开关管与二极管的通态压降，设变换器工作在负载电流连续状态。试求

（1）为避免磁心饱和，N_1 / N_3 的最小值；

（2）若 $N_1 : N_2 : N_3 = 3 : 15 : 1$，输出电压平均值以及开关管 S 和二极管 VD_1 的最大耐压值。

答：（1）为避免磁心饱和，占空比 D 必须满足

$$D = 0.6 \leqslant \frac{1}{1 + N_3 / N_1}$$

解得

$$\frac{N_1}{N_3} \geqslant 1.5$$

即 N_1 / N_3 的最小值为 1.5。

（2）输出电压平均值

$$U_o = \frac{N_2}{N_1} D U_i = \frac{15}{3} \times 0.6 \times 50\text{V} = 150\text{V}$$

开关管 S 关断时，其承受的最大正向电压值为

$$U_{sp} = U_i \left(1 + \frac{N_1}{N_3}\right) = 50 \times \left(1 + \frac{3}{1}\right) \text{V} = 200\text{V}$$

二极管 VD_1 截止时，其承受的最大反向电压值为

$$U_{VDmax} = U_i \frac{N_2}{N_3} = 50 \times \frac{15}{1} \text{V} = 750\text{V}$$

5-11 在反激变换器中，已知输入直流电压 $U_i = 100\text{V}$，开关频率 $f = 20\text{kHz}$，占空比 $D = 0.4$，输出电压 $U_o = 10\text{V}$，负载电阻 $R = 2\Omega$。忽略开关管与二极管的通态压降，设变换器工作在连续导通模式。计算：

（1）变压器匝比 N_2 / N_1；

（2）开关管 S 承受的最大电压 U_{sp}；

（3）输入电流平均值 I_i。

答：（1）电流连续时，输入电压与输出电压关系为

$$U_o = U_i \frac{N_2}{N_1} \frac{D}{1 - D}$$

所以变压器匝数比为

$$\frac{N_2}{N_1} = \frac{U_o}{U_i} \frac{1 - D}{D} = \frac{10}{100} \times \frac{0.6}{0.4} = 0.15$$

（2）开关管 S 在关断时承受的最大电压为输入电压与一次绕组感应电压之和，即

$$U_{sp} = U_i + \frac{N_1}{N_2}U_o = \left(100 + \frac{1}{0.15} \times 10\right) V = 166.67V$$

（3）由 $U_iI_i = U_oI_o$

可得输入电流平均值为

$$I_i = \frac{U_oI_o}{U_i} = \frac{10 \times \frac{10}{2}}{100}A = 0.5A$$

第6章

6-1 一个单相交流调压电路，负载为阻感串联，其中 $R = 1\Omega$，$L = 2mH$，要求负载输出功率在 $0 \sim 10kW$ 之间调节。试求：

（1）负载电流的最大有效值及触发角 α 的调节范围；

（2）变压器二次额定电压、额定容量以及最大输出功率时电源侧的功率因数。

答：（1）输出功率最大时，负载电流为最大值，则

$$I_{max} = \sqrt{\frac{P_{max}}{R}} = \sqrt{\frac{10000}{1}}A = 100A$$

为降低变压器及晶闸管容量，并提高电网功率因数，应使输出功率最大时触发角 α 达到最小。负载阻抗角为

$$\varphi = \arctan\left(\frac{\omega L}{R}\right) = \arctan\left(\frac{2 \times \pi \times 50 \times 0.002}{1}\right) = 0.561rad = 32.14°$$

因此，触发角 α 的变化范围为

$$\varphi \leq \alpha < \pi$$

即 $0.561 \leq \alpha < \pi$。

（2）当 $\alpha = \varphi$ 时，输出电压最大且与变压器二次电压相等，因此

$$U_2 = I_{max}Z = 100\sqrt{R^2 + (\omega L)^2} = 118V$$

则变压器的额定容量为

$$S = U_2I_{max} = 118 \times 100 VA = 11.8kVA$$

输出功率最大时的功率因数即为负载阻抗角的余弦值，即

$$\cos\varphi = 0.847$$

6-2 一个交流调功电路，输入电压 $U_i = 220V$，负载电阻 $R = 5\Omega$。晶闸管导通 20 个周期，关断 40 个周期。试求：

（1）输出电压有效值 U_o；

（2）负载功率 P_o；

（3）输入功率因数 $\cos\varphi_i$。

答：（1）$U_o = \sqrt{\frac{20}{20+40}}U_i = 127V$

（2） $P_\text{o} = \dfrac{U_\text{o}^2}{R} = \dfrac{127^2}{5}\text{W} = 3226\text{W}$

（3）负载为纯电阻负载，因此输入功率因数 $\cos\varphi_\text{i} = 1$。

6-3　晶闸管相控整流器和晶闸管交流调压器在控制上有何区别？

答：晶闸管相控整流电路和晶闸管交流调压电路都是通过控制晶闸管在每一个电源周期内的导通角的大小（相位控制）来调节输出电压的大小。但二者电路结构不同，在控制上也有区别。

相控整流电路的输出电压在正负半周同极性加到负载上，输出直流电压。而交流调压电路，在负载和交流电源间用两个反并联的晶闸管 VT_1、VT_2 或采用双向晶闸管 VT 相连。当电源处于正半周时，触发 VT_1 导通，电源的正半周施加到负载上；当电源处于负半周时，触发 VT_2 导通，电源负半周便加到负载上。电源过零时交替触发 VT_1、VT_2，则电源电压全部加到负载，输出交流电压。

6-4　交流调压器和交流调功电路有什么区别？二者分别适用于什么样的负载？

答：交流调压器和交流调功电路的电路形式完全相同，二者的区别在于控制方式不同。交流调压器是在交流电源的每个周期对输出电压波形进行控制。而交流调功电路是将负载与交流电源接通几个周波，再断开几个周波，通过改变接通周波数与断开周波数的比值来调节负载所消耗的平均功率。

交流调压器广泛用于灯光控制（如调光台灯和舞台灯光控制）及异步电动机的软起动，也用于异步电动机调速。在供用电系统中，还常用于对无功功率的连续调节。交流调功电路常用于电炉温度这种时间常数很大的控制对象。由于控制对象的时间常数大，没必要对交流电源的每个周期进行频繁控制。

6-5　单相交流调压器带电阻负载和带阻感负载时所产生的谐波有何异同？

答：两种负载所产生的谐波次数均为 3、5、7、…次，随着谐波次数的增加，谐波量减少。但阻感负载时谐波含量要比电阻负载小，而且当触发角相同时，随着负载阻抗角的增加，谐波含量减少。

6-6　斩控式交流调压器与相控式交流调压器相比有何优点？

答：斩控式交流调压器采用由全控型器件组成的双向开关，通过对电源电压的斩波控制输出电压。当开关频率远高于电源频率时，通过在输入及输出侧设置很小的滤波器就可使输入电流及输出电压成为正弦波，大大降低了谐波对电网及负载的影响。

6-7　简述采用以交流电源周波数为控制单位的交流调功电路（也称为零触发控制方式）的调功原理，并指出这种交流调功法的不足之处。

答：调功原理是通过改变接通周波数与断开周波数的比值来调节负载所消耗的平均功率。不足之处：该方式是有级调节，不能连续调节；在电源频率附近，非整数倍频率的谐波含量较大。

6-8　简述交流电力电子开关与交流调功电路的区别。

答：交流调功电路和交流电力电子开关都是控制电路的接通和断开，但交流调功电路是以控制电路的平均输出功率为目的，其控制手段是改变控制周期内电路导通周波数和断开周波数的比。而交流电力电子开关并不去控制电路的平均输出功率，通常也没有明确的控制周期，而只是根据需要控制电路的开通和断开。另外，交流电力电子开关的控制频度通常比交流调功电路低得多。

6-9　周波变换器的最高输出频率是多少？制约输出频率提高的因素是什么？

答：一般来讲，构成周波变换器的两组变流电路的脉冲数越多，最高输出频率就越低。当变流电路采用 6 脉冲三相桥式整流器时，最高输出频率不应高于电网频率的 1/3~1/2。故当电网频率为 50Hz 时，周波变换器输出的上限频率为 20Hz 左右。

输出频率增高时输出电压在一个周期中的电压段数会减少，这样波形的畸变就会更大，电压波形畸变以及由此产生的电流波形畸变和电动机转矩脉动是限制输出频率提高的最主要因素。

6-10　周波变换器变频的基本原理是什么？为什么只能降频，而不能升频？

答：周波变换器由两组晶闸管整流器反并联构成，其中一组整流器作为正组整流器，另外一组为反组整流器。当正组整流器工作时，反组整流器被封锁，负载端输出电压上正下负；当反组整流器工作时，正组整流器被封锁，则负载端得到的输出电压上负下正，这样就可以在负载端获得交变的输出电压。通过改变正组整流器和反组整流器的切换频率，可以改变输出电压的频率。

当输出频率增高时，输出电压一周期所含电网电压数就越少，波形畸变严重。一般认为，输出上限频率不高于电网频率的 1/3~1/2。因此，周波变换器只能降频而不能升频。

6-11　试述矩阵变换器的基本原理和优缺点。

答：矩阵变换器利用全控型开关器件对输入的单相或三相交流电压进行斩波控制，使输出成为正弦交流输出。

优点：输出电压为正弦波，输出频率不受电网频率的限制，输入电流也可控制为正弦波且和电压同相位，功率因数为 1，也可控制为需要的功率因数，能量可双向流动，适用于交流电动机的四象限运行，不需要通过中间直流环节而直接实现变频，效率较高。

缺点：所用开关器件为 18 个，成本较高，控制方法复杂，输入输出最大电压比只有0.866，用于交流电机调速时输出电压偏低。

第 7 章

7-1　简述多个开关器件串联时采用的静态均压措施及其原理。

答：开关器件串联时采用的静态均压措施是每个开关器件均并联一个较小的均压电阻。

并联后开关器件的阻值主要由均压电阻决定，通过挑选合适的均压电阻，可以实现电压在各串联器件间的平均分配。

7-2　多个开关器件并联时采用的均流措施有哪些？

答：并联开关器件的均流措施主要包括降额使用、驱动控制和阻抗平衡 3 种方式。

降额使用方式是使流过开关器件的电流远低于额定值，将器件结温限制在允许范围内。

驱动控制方式以开关器件结温或者其电流的有效值作为参考量，对栅极电压进行调节，来减少降额幅度。

阻抗平衡方式是指通过串联电阻，来增大各开关器件的导通电阻数值，从而减弱其电阻不均衡的问题。

7-3　什么是软开关？试说明采用软开关技术的目的。

答：通过在变换器中增加小电感、小电容等谐振元件，在开关过程中实现零电压开通、零电流关断，从而消除电压和电流的重叠，来达到降低开关损耗和开关噪声的目的，这样的电路称为软开关变换器，具有该开关过程的开关称为软开关。采用软开关技术的目的是进一步提高开关频率和减少损耗。

7-4　软开关变换器可以分为哪几种类型？它们各自的特点是什么？

答：根据变换器中主要的开关元件导通及关断时的电压电流状态，可将软开关变换器分为零电压导通、零电流导通、零电压关断和零电流关断四类；根据软开关技术发展的历程可将软开关变换器分为准谐振变换器，零开关 PWM 变换器和零转换 PWM 变换器。

准谐振变换器中电压或电流的波形为正弦波，电路结构比较简单，但谐振电压或谐振电流很大，对器件要求高，只能采用脉冲频率调制控制方式。

零开关 PWM 变换器引入辅助开关来控制谐振的开始时刻，使谐振仅发生于开关过程前后，此电路的电压和电流基本上是方波，开关承受的电压明显降低，电路可以采用开关频率固定的 PWM 控制方式。

零转换 PWM 变换器还是采用辅助开关控制谐振的开始时刻，但不同的是，谐振电路与主开关并联，输入电压和负载电流对电路的谐振过程的影响很小，电路在很宽的输入电压和负载变化范围内都能工作在软开关状态，无功功率的交换被消弱到最小。

7-5　请简述采用多重化技术的目的。

答：采用多重化技术的目的是减少变换器的纹波和开关损耗；提高纹波的等效频率并减小输入输出滤波器的体积。

7-6　多相多重直流变换器的优点有哪些？

答：多相多重直流变换器因在电源与负载之间接入了多个结构相同的基本 DC-DC 电路，使得输入电源电流和输出负载电流的脉动次数增加、脉动幅度减小，对输入和输出电流滤波更容易，滤波电感减小，因而可以降低输入和输出电流的纹波率和提高纹波的等效频率。

此外，多相多重直流变换器还具有备用功能，各 DC-DC 单元之间互为备用，总体可靠性提高。

7-7　多重化逆变器如何实现？多重化逆变器与级联 H 桥型多电平变换器有何异同？

答：多重化逆变器将多个逆变器单元的输出波形按一定的相位差组合起来，令其中一些主要谐波成分相互抵消，得到较为接近正弦波的输出电压波形。

与多重化逆变器相似，级联 H 桥多电平变换器也是由一系列 H 桥（或单相全桥）逆变器单元组成。区别在于，这些逆变器单元都具有单独的直流电源，这些直流电源通常由变压器/整流器装置提供，或由电池、电容器或光伏阵列提供。

7-8　目前多电平变换器的形式主要有哪些？它们各自的特点是什么？

答：目前主要的多电平变换器包括中点钳位型多电平变换器、飞跨电容型多电平变换器、级联 H 桥型多电平变换器和模块化多电平变换器四种。

中点钳位型三电平变换器：也称为二极管钳位变换器，是在典型的两电平变换器基础上每相增加两个功率二极管。

三相飞跨电容型多电平变换器：用电容替代钳位二极管，减少了钳位二极管的使用。

级联 H 桥型多电平变换器：由一系列 H 桥（或单相全桥）逆变器单元组成，这些逆变器单元具有单独的直流电源，并且直流源通常由变压器/整流器装置提供，或由电池、电容器或光伏阵列提供。

模块化多电平变换器：由多个模块组成，通过改变子模块的投切数量来控制其输出电压。

7-9 什么是 MMC？试说明 MMC 的特点。

答：MMC 是模块化多电平变换器（Modular Multilevel Converter）的简称。

其特点包括：①具有可扩展性，可以满足输出电压大小和功率容量的要求；②具有较低的总谐波失真，可以减小无源滤波器的尺寸；③存在子模块电容，可以节省直流侧高压直流电容；④子模块不需要独立直流电源。

7-10 功率因数校正电路有什么作用？校正方法有哪些？其基本原理是什么？

答：功率因数校正电路的作用是控制输入电流呈正弦波且与输入电压同相位，抑制由交流输入电流严重畸变而产生的谐波注入电网。校正方法有：无源校正和有源校正。

无源校正的基本原理是通过在二极管整流电路中增加由电感、电容这样的无源器件组成的滤波器，对输入电流进行移相和整形，以降低输入电流中的谐波含量，达到提高功率因数的目的。

有源校正的基本原理是在传统的整流电路中加入有源开关，通过控制有源开关的通断来强迫输入电流跟随输入电压的变化，从而获得接近正弦波的输入电流和接近 1 的功率因数。

7-11 假设一台开关电源的输出电压为 5V，输出电流为 10A，在采用全波整流器的情况下，试分别计算采用快恢复二极管、肖特基二极管和同步整流技术时整流器的总损耗。忽略开关损耗，元件参数如下表所示。

元件类型	电压/V	电流/A	通态压降（通态电阻）
快恢复二极管	80	20	0.72V
肖特基二极管	40	40	0.53V
电力 MOSFET	70	75	0.02Ω

答：（1）采用快恢复二极管时，整流元件总损耗为 $2 \times 0.5 U_d I_d = 0.72 \times 10W = 7.2W$；整流部分的效率为 $50/(50+7.2) = 87.4\%$。

（2）采用肖特基二极管时，整流元件总损耗为 $2 \times 0.5 U_d I_d = 0.53 \times 10W = 5.3W$；整流部分的效率为 $50/(50+5.3) = 90.4\%$。

（3）采用同步整流电路时，整流元件总损耗为 $2 \times 0.5 I^2 R = 100 \times 0.02W = 2.0W$；整流部分的效率为 $50/(50+2.0) = 96.2\%$

第 8 章

8-1 开关电源的结构和特点是什么？

答：开关电源通常包括 AC-DC 变换器和隔离型 DC-DC 变换器两部分，先将交流电变换为直流电，然后再调节直流输出。高频开关电源具有体积小、重量轻、效率高、输出纹波小等特点，广泛用于各种电子设备、仪器以及家电等领域。

8-2 UPS 的作用是什么？可分为哪几种类型？

答：当交流输入电源（习惯上称为"市电"）发生异常或断电时，UPS 能继续向负载供电，并能保证供电质量，使负载供电不受影响。根据工作方式的不同，UPS 电源系统可以分为后备式、双变换在线式、在线互动式和 Delta 变换式四大类。

8-3　交流调速系统与直流调速系统相比，具有什么特点？

答：①容量大；②转速高且耐高压；③交流电动机环境适应能力强；④交流调速系统能显著地节能；⑤交流电动机比相同容量的直流电动机小。

8-4　变频器可以分为哪几种类型？有何特点？

答：根据变频过程有无中间直流环节，变频器可以分为直接交交变频器和间接交交变频器两类。直接交交变频器中，工频交流电经过 AC-AC 变换器，向交流电动机提供变压变频的交流电；交-直-交变频器中，工频交流电经过 AC-DC 环节整流成直流电压，直流电压再通过 DC-AC 环节逆变为交流电，提供给交流电动机。相比之下，间接交交变频器的交流变频调速系统多了中间的直流环节，但便于逆变器的控制，输出频率调节范围更宽。

8-5　有源滤波器由哪些部分组成？简述其基本工作原理。

答：有源滤波器由两大部分组成：电流运算电路和补偿电流发生电路。电流运算电路检测谐波，经过信号处理计算得到需要补偿电流的指令信号，补偿电流跟踪电路根据指令信号产生 PWM 脉冲，进而驱动主电路的开关器件，产生与谐波和无功电流大小相同、方向相反的补偿电流注入线路中，抵消谐波成分，从而使电网电流波形趋于标准正弦波。

8-6　简述静止无功发生器的工作原理。

答：静止无功发生器中的逆变电路通过变压器或者电抗器并联在高压母线上，根据输入系统的控制指令来适当调节逆变电路交流侧输出电压的幅值和相位，或者直接控制其交流侧电流，使该电路吸收或者发出所要求的无功功率，从而实现动态无功功率补偿的目的。

8-7　高压直流输电与交流输电相比具有哪些优点？

答：①适合于点对点的超远距离、超大功率输送电能；②可以实现不同频率的交流电网互联；③稳定性好，适合跨海输电；④传输功率的可控性强，控制速度快。

8-8　柔性直流输电系统有哪些特点？

答：柔性高压直流输电是一种基于全控型开关器件和脉宽调制（PWM）技术的新型直流输电技术，其采用 IGCT、IGBT 等全控型电力电子器件构成的电压源换流器进行电能变换，具有无换相失败、无需无功补偿等特点。

8-9　风力发电系统可分为几种类型？它们的特点是什么？

答：按照风力发电机的运行特征，可以将其分为变速恒频、恒速恒频两大类。恒速恒频风力发电机组由于其自身结构上的限制，只能够在额定风速条件下达到最优运行效率，当风速偏离额定转速时运行效率会降低。变速恒频风力发电机组可以实现风机转速的灵活调节，从而在较宽范围内维持最优运行效率。

8-10　简述并网型光伏发电系统中逆变器的作用。

答：使输出电压幅值、频率、相位与电网一致，并减少输出电流波形的谐波，实现向电网无扰动平滑供电。

8-11　简述电动汽车充电及电机驱动系统的工作原理。

答：当汽车处于充电状态时，逆变器及电机停止工作，来自电网的交流电先后通过 AC-

DC 整流器、功率因数校正器和单向 DC-DC 变换器转换为直流总线上的直流电，再通过双向 DC-DC 变换器为蓄电池组充电。当汽车处于行驶状态时，充电系统停止工作，蓄电池组通过双向 DC-DC 变换器将储存的电能注入到直流总线，并经过逆变器将直流电转换为交流电驱动电机，电机再通过汽车机械传动装置驱动车轮转动；同时部分电能通过单向 DC-DC 变换器为汽车上的电子仪器仪表供电。

参 考 文 献

[1] 徐德鸿，马皓，汪槱生. 电力电子技术 ［M］. 北京：科学出版社，2006.

[2] 王兆安，刘进军. 电力电子技术 ［M］. 5 版. 北京：机械工业出版社，2010.

[3] 徐德鸿，陈治明，李永东，等. 现代电力电子学 ［M］. 北京：机械工业出版社，2013.

[4] 张兴，黄海宏. 电力电子技术 ［M］. 北京：科学出版社，2012.

[5] 李永东. 现代电力电子学—原理及应用 ［M］. 北京：电子工业出版社，2011.

[6] 赵争鸣，施博辰，朱义诚. 对电力电子学的再认识——历史、现状及发展 ［J］. 电工技术学报，2017，32（12）：5-15.

[7] 褚旭，罗安，何敏，等. "层次递进、多维融合" 研究生课程与实践教学模式研究与探索 ［J］. 中国高等教育，2019（6）：55-57.

[8] RASHID H M. Power Electronics：Devices，Circuits，and Applications ［M］. London：Pearson Education Limited，2014.

[9] BILLINGS K，MOREY T. Switch-mode Power Supply Handbook ［M］. NewYork：McGraw Hill，2011.

[10] BILLINGS K，MOREY T. Power Electronics for Renewable Energy Systems，Transportation and Industrial Applications ［M］. Singapore：IEEE-Wiley，2014.

[11] 丘东元，张波. 基于仿真平台的 "电力电子技术" 教学模式探讨 ［J］. 电气电子教学学报，2010，32（2）：73-76.

[12] 傅永花，张波，丘东元，等. 一个 AC-AC 变换器教学实例——无功补偿自动投切装置 ［J］. 实验技术与管理，2011，28（2）：79-82.

[13] 刘雯，张波. 单相非正弦电路中的无功功率定义 ［J］. 中国电力教育，2011（3）：121-122.

[14] 丘东元，眭永明，王学梅，等. 基于 Saber 的 "电力电子技术" 仿真教学研究 ［J］. 电气电子教学学报，2011，33（2）：81-84.

[15] 张波，张雪霁，王学梅，等. 晶闸管并联动静态均流原理的教学 ［J］. 电气电子教学学报，2011，33（2）：105-107.

[16] 戴钰，丘东元，张波，等. 基于 MATLAB 的移相全桥变换器仿真实验平台设计 ［J］. 实验技术与管理，2011，28（5）：86-89.

[17] 张波，张世平，王学梅，等. 分布参数对电力电子电路影响的研究 ［J］. 电气电子教学学报，2011，33（3）：48-51.

[18] 丘东元，段振涛，张波，等. 高频开关电源教学实验平台的设计 ［J］. 电气电子教学学报，2011，33（4）：65-69.

[19] 丘东元，刘斌，张波，等. "电力电子技术" 综合性课程设计内容探讨 ［J］. 电气电子教学学报，2012，34（1）：49-51.

[20] 王学梅，易根云，丘东元，等. 基于伏秒平衡原理的 Buck-Boost 变换器分析 ［J］. 电气电子教学学报，2012，34（2）：61-64.

[21] 韦笃取，丘东元，张波. 复杂网路理论在 "电力电子技术" 教学中的应用 ［J］. 电气电子教学学报，2012，34（1）：29-31.

[22] 王尚宁，丘东元，张波. 基于 TRIZ 理论的单级功率因数校正电路拓扑分析 ［J］. 电工电能新技术，2016，35（1）：60-65.